高职高专系列教材

机械制造工艺毕业设计指导

主　编　付长景　刘　刚
　　　　张利新
副主编　丁明伟　李希朝
　　　　段晶莹　张华英
主　审　温云岚

山东大学出版社

图书在版编目(CIP)数据

机械制造工艺毕业设计指导/付长景,刘刚,张利新主编.
—济南:山东大学出版社,2012.8(2019.8 重印)
ISBN 978—7—5607—4628—9

Ⅰ.①机…
Ⅱ.①付… ②刘…③张…
Ⅲ.①机械制造工艺—毕业实践—高等学校—教学参考资料
Ⅳ.①TH16

中国版本图书馆 CIP 数据核字(2012)第 193099 号

山东大学出版社出版发行
(山东省济南市山大南路 20 号 邮政编码:250100)
新 华 书 店 经 销
泰安金彩印务有限公司印刷
787 毫米×1092 毫米 1/16 15.75 印张 362 千字
2012 年 8 月第 1 版 2019 年 8 月第 2 次印刷
定价:28.00 元

出版说明

职业教育作为我国教育事业的一个重要的组成部分，改革开放以来，尤其是近年来获得了长足发展。据不完全统计，目前全国各类高等职业学校有2101所，仅山东省就有74所，为国家和地方培养了一大批高素质的劳动者和专门人才。与此相适应，教材建设也硕果累累，各出版社先后推出了多部具有高职特色的高职高专教材。但总体上看，与迅猛发展的高职教育相比，教材的出版相对滞后，这不仅表现在教材品种相对较少，更表现在内容的针对性不强，某些方面与高职的专业设置、培养目标相去甚远。同时，地方性、区域性的高职教材也稍嫌不足。以山东省为例，作为一个经济强省、人口大省、教育大省，迄今为止，居然没有一套统编的，与山东省社会、经济、文化发展相适应的高职教材，严重地制约了我省高职高专教育的发展。

有鉴于此，我们在山东省教育厅的领导与支持下，依据教育部《高职高专教育基础课程教学基本要求》和《高职高专教育专业人才培养目标及规格》，并结合我省高职院校及专业设置的特点，组织省内二十余所高职院校长期从事高职高专教学和研究的专家、教授，编写了这套《高职高专系列教材》。该教材充分借鉴近年来国内高职高专院校教材建设的最新成果，认真总结和汲取省内高职院校和成人高校在教育、培养新时期技术应用性专门人才方面所取得的成功经验，以适应高职院校教学改革的需要为目标，重点突出实用性、针对性，力求从内容到形式都有一定的突破和创新。本系列教材拟分批出版，约一百余种，出齐后，将涵盖山东省高职高专教育的基础课程和主干课程。

编写这套教材，是我们一次粗浅的尝试，也是我们一次学习、探索和提高的机会。由于我们水平有限，加之编写时间仓促，本教材无论在内容还是形式上都难免会存在这样那样的缺憾或不足，敬请专家和读者批评指正。

《高职高专系列教材》编写委员会

2012年8月

前 言

教育部《关于全面提高高等职业教育教学质量的若干意见》(教高[2006]16号)指出：我国高等职业教育蓬勃发展，为现代化建设培养了大量高素质技能型专门人才，对高等教育大众化作出了重要贡献：丰富了高等教育体系结构，形成了高等职业教育体系框架；顺应了人民群众接受高等教育的强烈需求。高等职业教育作为高等教育发展中的一个类型，肩负着培养面向生产、建设、服务和管理第一线需要的高技能人才的使命，在我国加快推进社会主义现代化建设进程中具有不可替代的作用。

毕业设计作为高职院校培养计划的重要组成部分，是学生毕业前进行全面专业训练的重要实践性教学环节。毕业设计可使学生具备：综合运用所学的基础理论、技术基础知识和专业知识的能力；查阅、使用各种标准、规范、资料和工具书的能力；设计计算、绘图、实验和撰写技术文件的能力；分析和解决工程实际问题的初步能力。经过毕业设计，学生可养成理论联系实际、一丝不苟的科学精神和认真负责的工作态度；可树立生产观点、经济观点和全局(系统)观点。

为了完成一个机械零件的生产工艺过程，必须在详细分析零件的设计要求以后，才能开展后续的各项工作。不论是简单还是复杂的零件，一般均需要经过零件图样的分析，根据被加工零件的材料、热处理要求、加工质量要求、生产批量等实际情况，安排相应的加工工艺过程，从而选用适当的工艺装备，其中包括机床、夹具、刀具、量具和检具。机械零件的生产工艺过程需确定合理的切削用量，合理分配工时，对特殊的工序设计出实用的专用工艺装备。

本书力图用简单明了的形式，按照上述思路进行编写，适合高职高专机械类专业师生以及相关人员使用，也可作为技工院校技师、在职职工培训使用。

本书由山东劳动职业技术学院组织编写。付长景、刘刚、张利新任主编，丁明伟、李希朝、段晶莹、张华英任副主编，张淑芹、赵训茶、王楠楠、孙永华、李绍华参编。具体编写分工是：第一章由丁明伟、张利新编写；第二章由付长景编写；第三章由刘刚编写；第四章由段晶莹编写；第五章由付长景、孙永华编写；第六章由赵训茶编写；第七章由付长景编写；第八章由李希朝编写；第九章由张淑芹编写；第十章由付长景、李绍华编写；第十一章由李希朝、张华英编写；第十二章由王楠楠编写；第十三章由丁明伟编写。全书由付长景统稿，济南一机床集团有限公司高级工程师温云岚主审。

由于编者水平有限，编写时间比较仓促，书中难免有不妥之处，恳请读者批评指正。

编 者

2012年6月

目 录

第一章 零件图 ……………………………………………………… (1)

第一节 零件图的作用与内容 ……………………………………… (1)
第二节 零件图的尺寸标注 ………………………………………… (2)
第三节 零件图中的技术要求 ……………………………………… (7)
第四节 零件的工艺结构 …………………………………………… (16)

第二章 零件材料及其热处理 ………………………………………… (20)

第一节 常用钢铁材料及其特征 …………………………………… (20)
第二节 常用的有色金属材料及其特性 …………………………… (30)
第三节 热处理及相关说明 ………………………………………… (34)

第三章 毛坯及其制造方法 …………………………………………… (45)

第一节 毛坯及其表面层厚度 ……………………………………… (45)
第二节 铸件的机械加工余量 ……………………………………… (46)
第三节 锻件的机械加工余量 ……………………………………… (50)
第四节 轧制件的机械加工余量 …………………………………… (54)
第五节 常见问题及基本对策 ……………………………………… (57)

第四章 零件的结构工艺性 …………………………………………… (61)

第一节 零件的机械加工结构工艺性 ……………………………… (61)
第二节 零件的装配及维修结构工艺性 …………………………… (64)

第五章 生产纲领与节拍 ……………………………………………… (68)

第一节 生产纲领与生产类型的确定 ……………………………… (68)
第二节 各种生产类型的工艺特征 ………………………………… (70)
第三节 现代生产组织形式及特点 ………………………………… (71)

第六章 加工质量及其选择 …………………………………………… (76)

第一节 图样上涉及加工质量的要素 ……………………………… (76)

第二节 表面粗糙度 …… (77)
第三节 配合性质及其选择 …… (85)
第四节 加工质量及其选择实例 …… (100)

第七章 加工方法及加工经济精度 …… (102)

第一节 工艺路线的拟订 …… (102)
第二节 经济精度等级及表面粗糙度 …… (105)
第三节 常见加工方法能达到的形状位置公差等级 …… (110)

第八章 工序间加工余量及其确定 …… (111)

第一节 轴的加工余量 …… (112)
第二节 孔的加工余量 …… (115)
第三节 平面的加工余量 …… (120)
第四节 攻螺纹前的钻孔直径 …… (122)

第九章 切削用量及工时定额 …… (124)

第一节 切削用量的确定 …… (124)
第二节 时间定额的估算 …… (151)

第十章 工艺文件的组成 …… (157)

第一节 工艺文件 …… (157)
第二节 工序卡片的填写 …… (161)
第三节 机械加工工艺流程图的构成及基本内容 …… (170)

第十一章 机械加工设备的选择 …… (171)

第十二章 刀具的选择 …… (183)

第一节 刀具材料及其特性 …… (183)
第二节 切刀的选择 …… (190)
第三节 孔加工刀具的选择 …… (192)
第四节 铣刀的选择 …… (208)

第十三章 机械加工工艺设计实例 …… (215)

第一节 轴类零件的加工工艺设计 …… (215)
第二节 轴套类零件的加工工艺设计 …… (223)
第三节 盘类零件的加工工艺设计 …… (226)
第四节 偏心零件的加工工艺设计 …… (231)
第五节 叉架类零件的加工工艺设计 …… (235)
第六节 箱体类零件的加工工艺设计 …… (237)

参考文献 …… (244)

第一章　零件图

用于表示零件结构、大小及技术要求的图样称为零件图。本章主要介绍零件图的作用与内容、零件的视图选择、零件图的尺寸标注及技术要求、零件图的识读和绘制的基本方法以及零件的工艺结构等内容。

第一节　零件图的作用与内容

零件图是制造和检验零件的主要依据，它具有以下作用与内容：

一、零件图的作用

1. 反映设计者的设计意图，是设计部门提交给生产部门的重要的技术文件。

2. 表达机器或部件对零件的要求，以便于指导零件的生产制造过程，保证生产的零件是合乎设计要求的产品，是加工制造零件的依据。

3. 表达出零件上全部结构的形状和大小，并注明零件在加工和检验时所需要的技术要求。

二、零件图的内容

考虑到零件图在生产制造过程中的重要性，一张完整的零件图应包括以下四部分的内容：

1. 一组图形

用一组适当的图形，包括各种视图、剖视图、断面图等各种国标规定的表达方法，完整、清晰地表达零件的内、外结构形状。

2. 完整的尺寸

用一组尺寸，正确、完整、清晰、合理地标注出零件的各结构形状的大小及相对几何关系。

3. 技术要求

用一些规定的符号、数字、字母和文字注解，说明零件在加工、制造、检验时所应达到的一些要求，如表面粗糙度、尺寸公差、形状和位置公差、表面处理和材料热处理等要求。

4. 标题栏

用标题栏注明零件的名称、材料、图样的编号、绘图比例、设计和制图人员姓名、单位等信息。

第二节　零件图的尺寸标注

零件图上标注的尺寸是零件加工和检验的重要依据。零件图的尺寸标注不仅应当满足正确、完整和清晰的要求，还应当考虑零件加工制造时的要求，即尺寸标注的合理性问题。零件图上标注的尺寸既要符合零件功能设计的要求，又要满足制造、加工、测量和检验的要求。

一、合理选择尺寸基准

尺寸基准是指零件在设计及加工测量时用以确定其位置的一些面（重要端面、安装面、对称平面、主要结合面）、线（主要回转体的轴线）、点（零件表面上的某个点）。根据基准的作用不同，可以把零件的尺寸基准分成设计基准和工艺基准两类。

1. 设计基准

设计基准就是在设计零件时，保证功能、确定结构形状和相对位置时所选用的基准。用来作为设计基准的，大多是工作时确定零件在机器或机构中位置的面、线或点。如在图 1-1 中，标注轴承孔的中心高 32，应以底面为高度方向基准。因为一根轴要用两个轴承座支撑，为了保证轴线的水平位置，两个轴孔的中心应在同一轴线上。标注底板两螺钉孔的定位尺寸 80，其长度方向以左右对称面为基准，以保证两螺钉孔与轴孔的对称关系。因此，底面（安装面）和对称面是设计基准。

2. 工艺基准

工艺基准就是在加工零件时，为保证加工精度和方便加工与测量而选用的基准。用来作为工艺基准的，大多是加工时用作零件定位的和对刀起点及测量起点的面、线或点。如图 1-1 中凸台的顶面是工艺基准，以此为基准测量螺孔的深度尺寸 8 比较方便。

3. 基准的选择

每个零件都有长、宽、高三个方向（或者轴向、径向两个方向）的尺寸，每个方向至少有一个基准。当某一个方向上有若干个基准时，可以选择一个设计基准（决定零件主要尺寸的基准）为主要基准，其余的尺寸基准为辅助基准。主要基准与辅助基准之间应有一个尺寸直接联系起来。

从设计基准出发标注尺寸，可以直接反映设计要求，能保证所设计的零件在机器或机构中的位置和功能。从工艺基准出发标注尺寸，能把尺寸标注与零件的制造、加工以及测量统一起来。有时工艺基准可以和设计基准重合，这是最佳的选择。若两者不能统一时，应以保证设计要求为主。

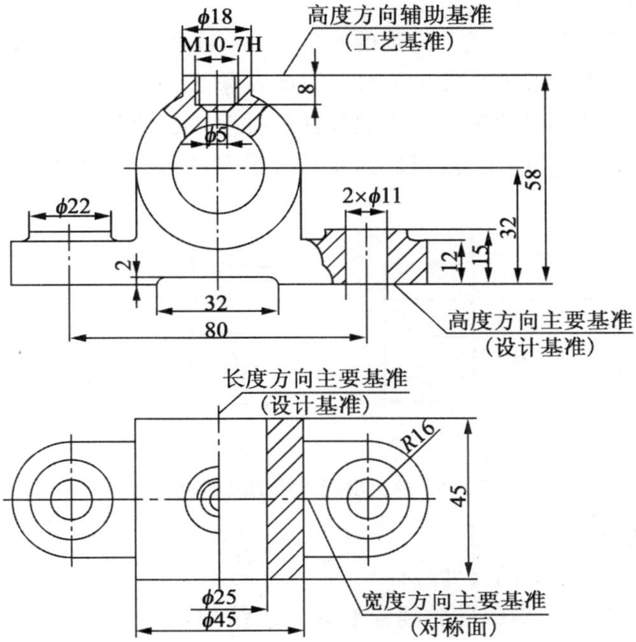

图 1-1　基准的选择

二、合理标注尺寸的原则

1. 主要尺寸的标注

主要尺寸是指影响产品机械性能、工作精度等的尺寸。如零件的规格尺寸、连接尺寸、配合表面的尺寸、重要的定位尺寸、重要的结构尺寸等。主要尺寸必须从设计基准（主要基准）直接标出，一般尺寸则可以从工艺基准标出。

如图 1-2(a)所示，中心孔高度尺寸 A 和两个小孔的中心距尺寸 L 是主要尺寸。如按图 1-2(b)所示标注尺寸 B、C 和 E，完工后，中心孔高度尺寸和两个小孔的中心距尺寸容易产生误差，不能满足设计与安装要求。

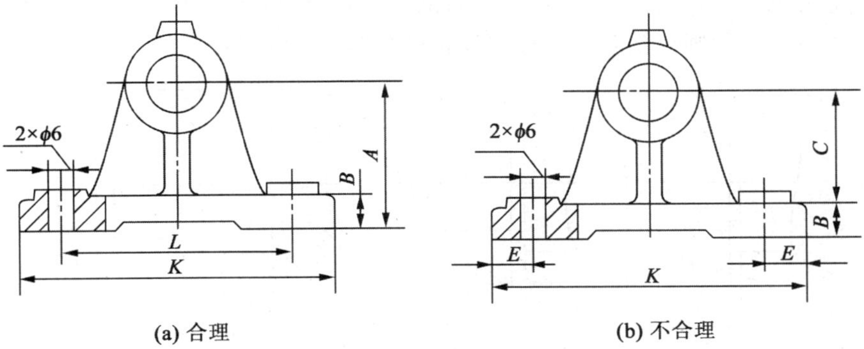

(a) 合理　　(b) 不合理

图 1-2　轴承座的主要尺寸标注

2. 避免出现封闭的尺寸链

封闭尺寸链是头尾相接，绕成一整圈的一组尺寸，每个尺寸都是尺寸链中的一个环。如图 1-3 所示，封闭尺寸链标注的尺寸在加工中难以保证设计要求，很可能将加工误差积累在某一重要尺寸上，从而导致废品。因此标注尺寸时，应在尺寸链中取一个不重要的环（此环称为开口环或自由尺寸）不标注尺寸，则尺寸的加工误差可积累在这个不需要检验的开口环上。

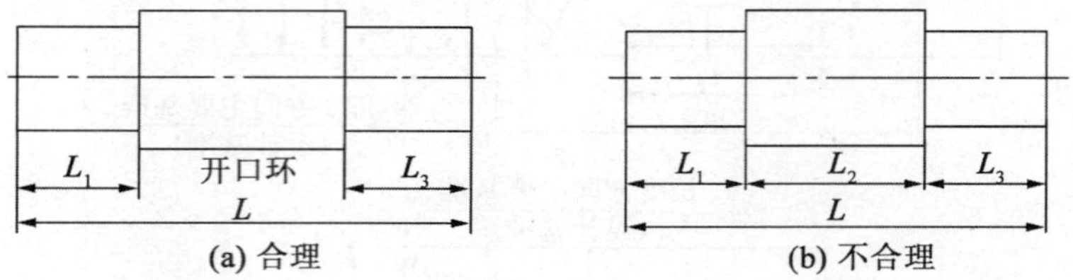

图 1-3　避免出现封闭的尺寸链

3. 标注尺寸要便于加工、测量

(1) 退刀槽和砂轮越程槽的尺寸标注

轴套类零件上带有退刀槽或砂轮越程槽等工艺结构，标注尺寸时应将这类结构要素的尺寸单独注出，且包括在相应的某一段长度内。如图 1- 4(a)所示，图中将退刀槽这一工艺结构包括在长度 13 内，因为加工时一般先粗车外圆到长度 13，再由切刀切槽，所以这种标注形式符合工艺要求，便于加工、测量，而图 1- 4(b)所示标注则不合理。

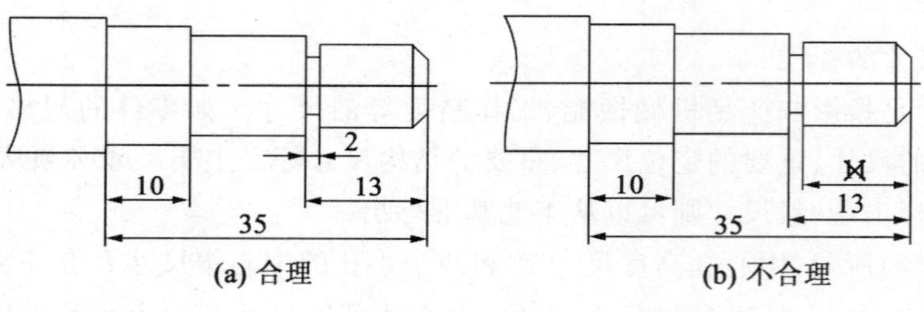

图 1- 4　标注尺寸要便于加工、测量

零件上常见的工艺结构已经格式化，如倒角、退刀槽可按图 1-5(a)(b)所示的形式标注。而图 1-5(c)所示则为轴套类零件中砂轮越程槽的尺寸标注方法。

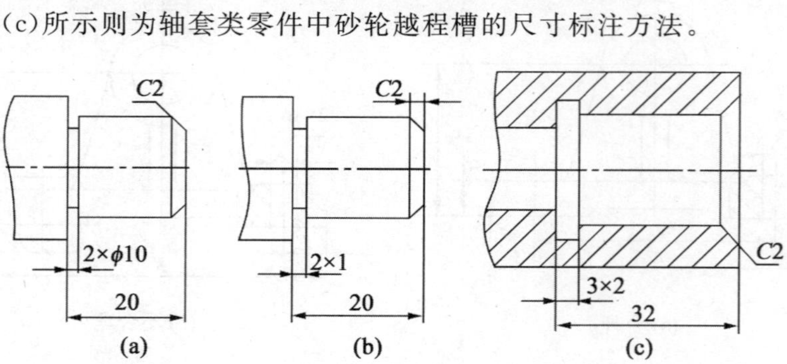

图 1-5　退刀槽和砂轮越程槽的尺寸标注

(2)键槽深度的尺寸标注

图 1- 6 表示轴或轮毂上键槽的深度尺寸以圆柱面素线为基准进行标注，以便于测量。

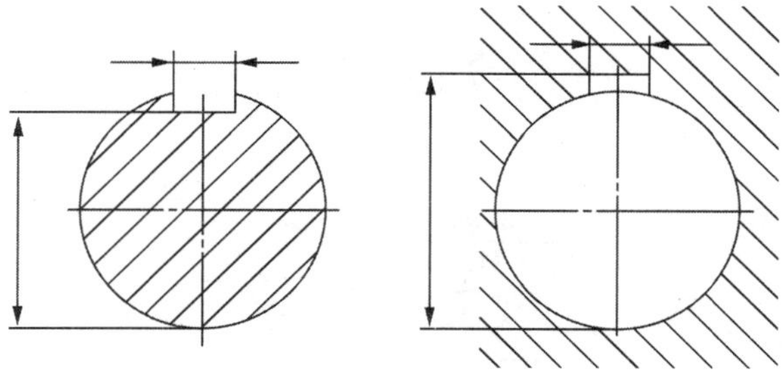

图 1- 6　键槽深度的尺寸标注

(3)阶梯孔的尺寸标注

零件上阶梯孔的加工顺序一般是先做成小孔，再加工大孔，因此轴向尺寸的标注应从端面注出大孔的深度，以便于测量，如图 1-7 所示。

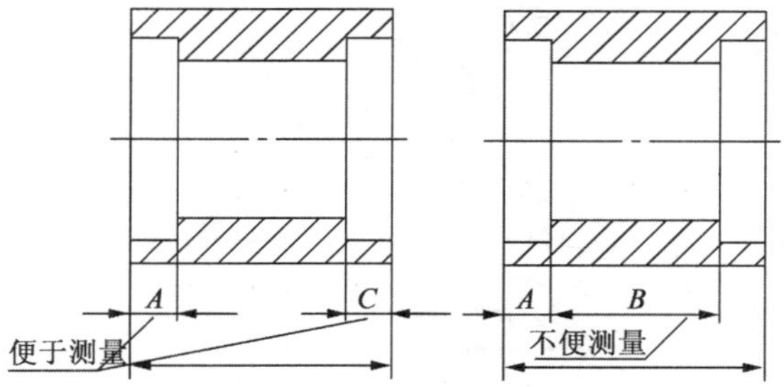

图 1-7　阶梯孔的尺寸标注

4.各种孔的简化注法

零件上各种孔的尺寸标注方法见表 1-1。标注尺寸时常用的符号或缩写词见表 1-2。

表 1-1　　**零件上常见孔的尺寸标注**

零件结构类型		简化注法	一般注法	说明
光孔	一般孔	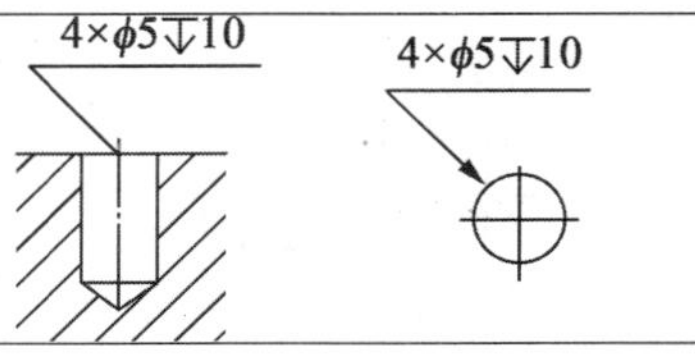	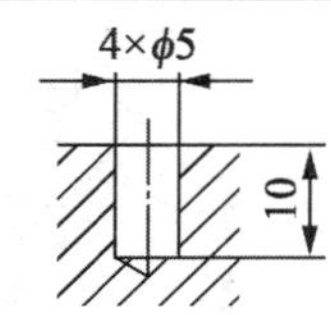	4×ϕ5 表示直径为 5mm 的四个光孔，孔深可与孔径连注
	精加工孔	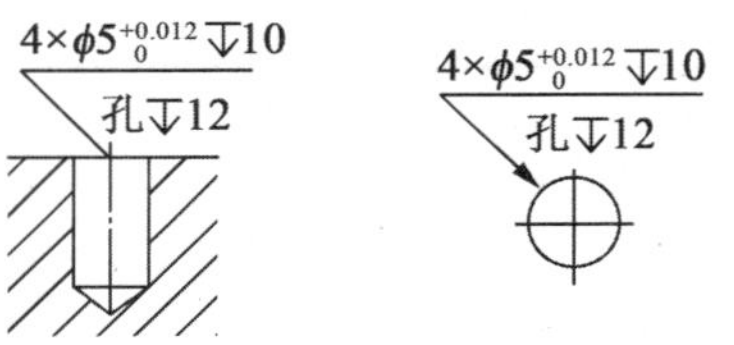	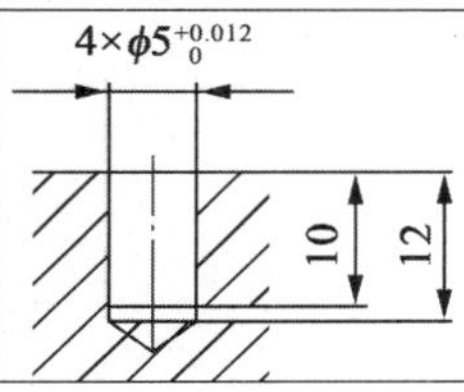	光孔深为 12mm，钻孔后需精加工至 $\phi5^{+0.012}_{0}$，深度为 10mm

续表

<table>
<tr><td></td><td>锥孔</td><td>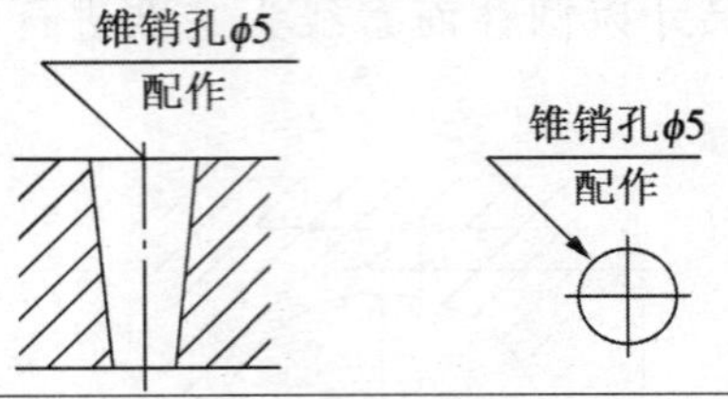</td><td>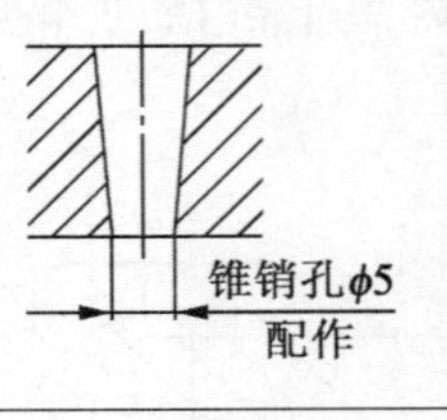</td><td>φ5 为与锥销孔相配的圆锥小头直径(公称直径)。锥销孔通常是两零件装在一起后加工的,故应注明“配作”</td></tr>
<tr><td rowspan="3">沉孔</td><td>锥形沉孔</td><td>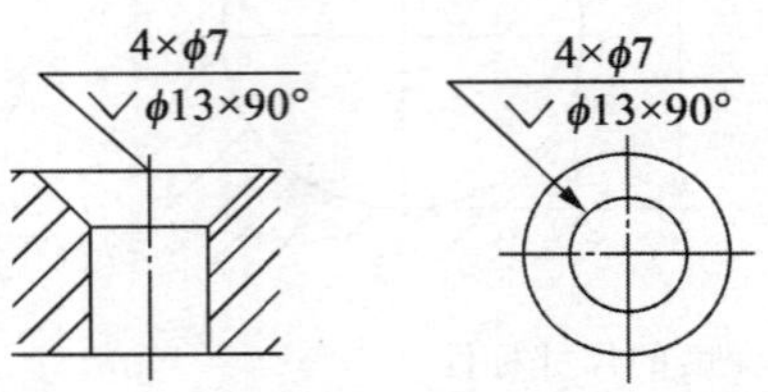</td><td>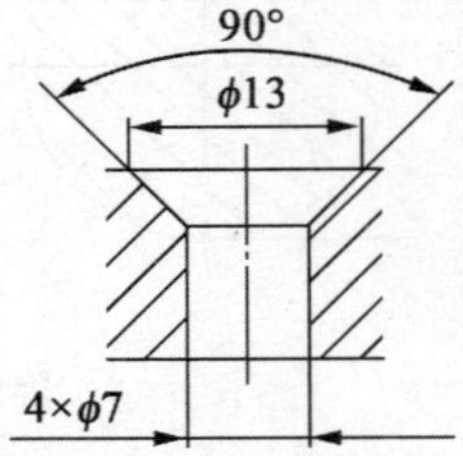</td><td>4×φ7 表示直径为 7mm 的四个孔,90°锥形沉孔的最大直径为 13mm</td></tr>
<tr><td>柱形沉孔</td><td>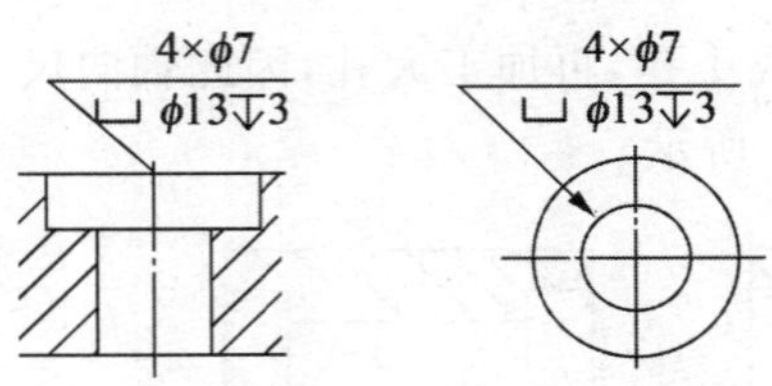</td><td>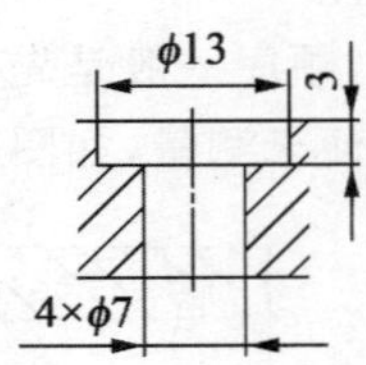</td><td>四个柱形沉孔的直径为 φ13mm,深度为 3mm</td></tr>
<tr><td>锪平沉孔</td><td>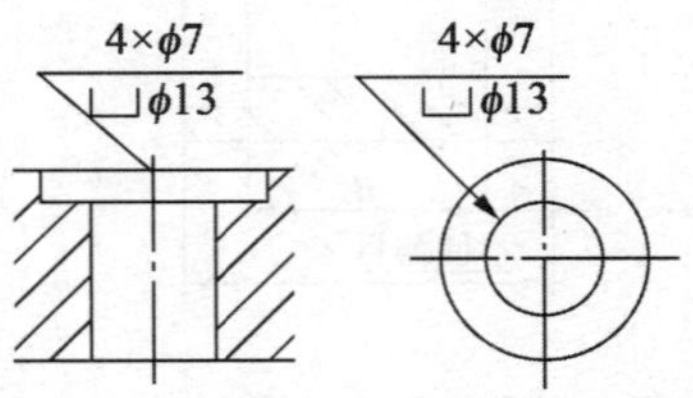</td><td>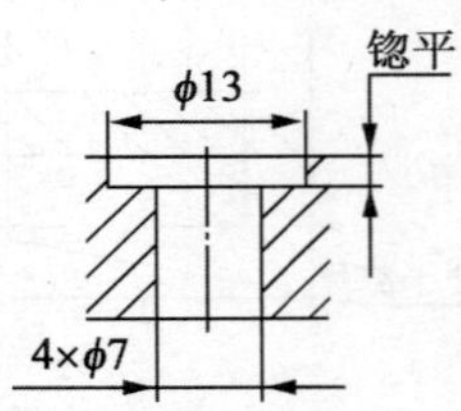</td><td>锪孔 φ13 的深度不必标注,一般锪平到不出现毛面为止</td></tr>
<tr><td rowspan="2">螺孔</td><td>通孔</td><td>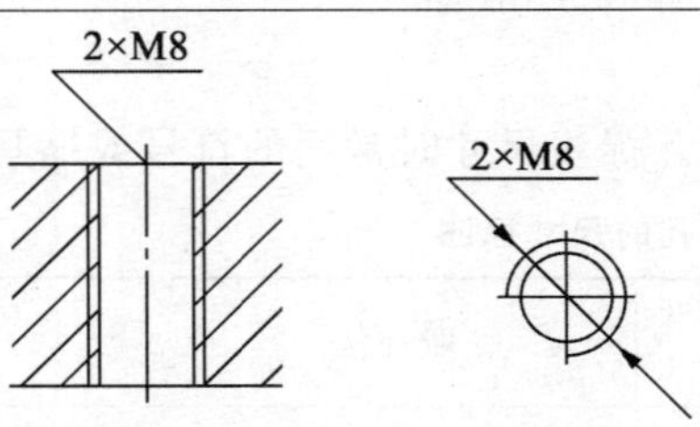</td><td>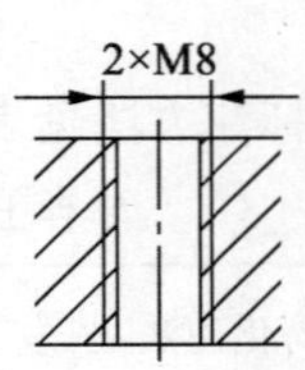</td><td>2×M8 表示公称直径为 8mm 的两螺孔,中径和顶径的公差带为 6H</td></tr>
<tr><td>不通孔</td><td>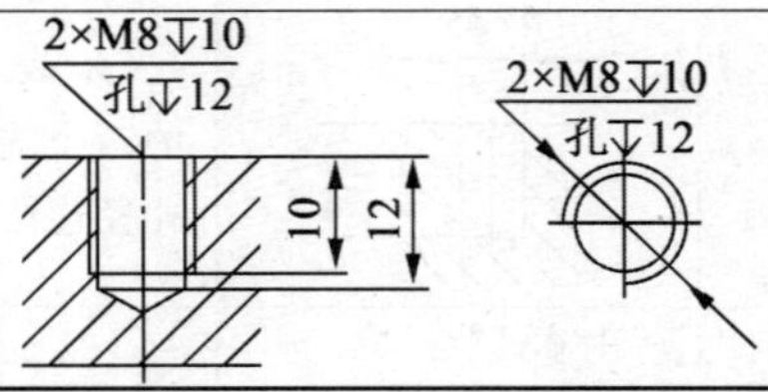</td><td>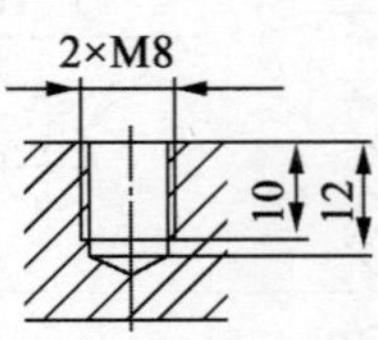</td><td>两个螺孔 M8 的螺纹长度为 10mm,钻孔深度为 12mm,中径和顶径的公差带代号为 6H</td></tr>
</table>

表 1-2　　尺寸标注常用的符号或缩写词

名称	符号或缩写词	名称	符号或缩写词
直径	ϕ	45°倒角	C
半径	R	深度	↧
球直径	$S\phi$	沉孔或锪平	⌴
球半径	SR	埋头孔	⌵
厚度	t	均布	EQS
正方形	□	锥度	◁

第三节　零件图中的技术要求

零件对机械加工质量的要求称为加工精度，主要包括表面粗糙度、尺寸精度、形状和位置精度等。这些在制造零件时满足的加工要求通称为“技术要求”，技术要求一般是用符号、代号或标记标注在图形上，或者用文字注写在图样中的适当位置。

一、表面结构的图样表示法

表面结构是表面粗糙度、表面波纹度、表面缺陷、表面纹理和表面几何形状的总称。表面结构的各项要求在图样上的表示法在 GB/T 131-2006 中均有具体规定。

1. 基本概念及术语

(1)表面粗糙度

表面粗糙度是指零件表面上具有的较小间距和峰谷所形成的微观几何形状误差。它是由于刀具与加工面摩擦、金属塑性变形及加工时高频振动等原因产生的。

表面粗糙度数值的大小直接影响零件的摩擦磨损、耐腐蚀、疲劳强度、接触刚度、配合精度及零件的使用寿命。零件表面粗糙度的选用，应该既满足零件表面的功能要求，又要考虑经济合理。一般情况下，凡是零件上有配合要求或者有相对运动的表面，粗糙度参数值要小，参数值越小，表面质量越高，但加工成本也越高。因此，在满足使用要求的前提下，应尽量选用较大的粗糙度参数值，以降低成本。

(2)评定表面结构常用的轮廓参数

对于零件表面结构的状况，可以用三个参数加以评定：轮廓参数(由 GB/T 3505-2000 定义)、图形参数(由 GB/T 18618-2002 定义)、支撑率曲线参数(由 GB/T 18778.2-2003 和 GB/T 18778.3-2006 定义)。其中轮廓参数是我国机械图样中目前最常用的评定参数。本节仅介绍轮廓参数中评定粗糙度轮廓(R 轮廓)的两个高度参数 Ra 和 Rz。

①算术平均偏差 Ra 指在一个取样长度内，纵坐标 $Z(x)$ 绝对值的算术平均

值(见图 1-8)。

②轮廓的最大高度 Rz 指在同一取样长度内,最大轮廓峰高与最大轮廓谷深之和的高度(见图 1-8)。

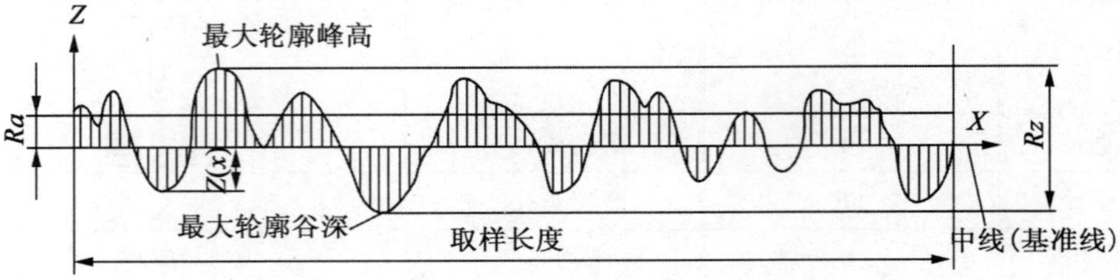

图 1-8　算术平均偏差 Ra 和轮廓的最大高度 Rz

2. 标注表面结构的图形符号

标注表面结构要求时的图形符号见表 1-3。

表 1-3　标注表面结构要求时的图形符号

名称	符号	含义
基本图形符号	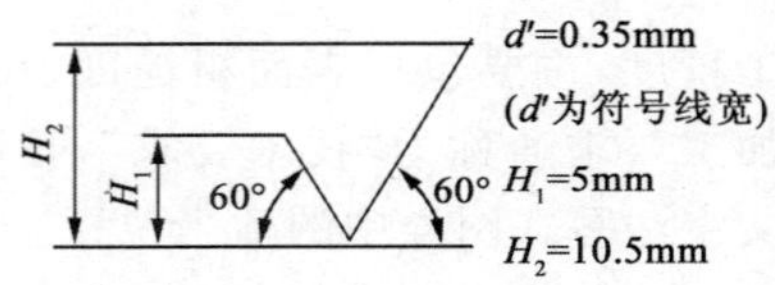	未指定工艺方法的表面,当通过一个注释解释时可单独使用
扩展图形符号	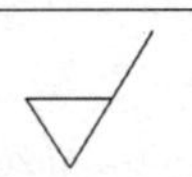	用于去除材料方法获得的表面,仅当其含义是“被加工表面”时可单独使用
		用于不去除材料的表面,也可用于保持上道工序形成的表面,不管这种状况是通过去除或不去除材料形成的
完整图形符号	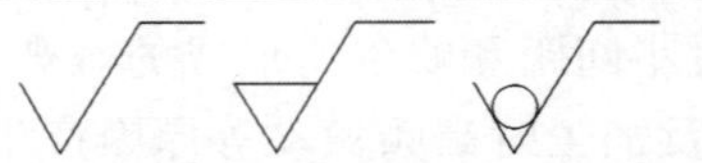	在以上各种符号的长边上加一横线,以便注写对表面结构的各种要求

注:表中 d'、H_1 和 H_2 的大小是当图样中尺寸数字高度选取 $h=3.5$mm 时按 GB/T 131-2006 的相应规定给定的。表中 H_2 是最小值,必要时允许加大。

3. 表面结构要求在图形符号中的注写位置

为了明确表面结构要求,除了标注表面结构参数和数值外,必要时还应标注补充要求,包括传输带、取样长度、加工工艺、表面纹理及方向、加工余量等。这些要求在图形符号中的注写位置如图 1-9 所示。

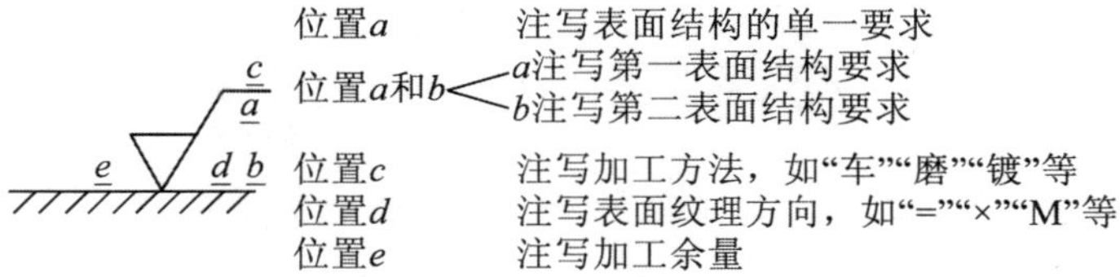

图 1-9　补充要求的注写位置

4. 表面结构要求在图样中的注法

(1)表面结构要求对每一表面一般只注一次，并尽可能注在相应的尺寸及其公差的同一视图上。除非另有说明，所标注的表面结构要求应是对完工零件表面的要求。

(2)表面结构的注写和读取方向与尺寸的注写和读取方向一致。表面结构要求可标注在轮廓线上，其符号应从材料外指向并接触表面(见图 1-10)。必要时，表面结构也可用带箭头或黑点的指引线引出标注(见图 1-11)。

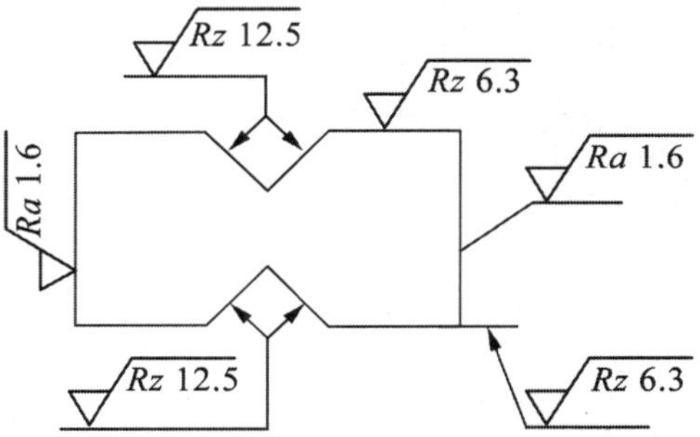

图 1-10　表面结构要求标注在轮廓线上的标注

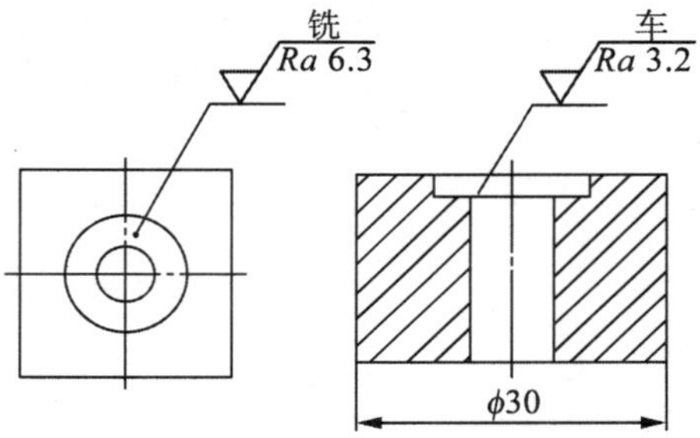

图 1-11　用指引线引出标注表面结构要求

(3)在不致引起误解时，表面结构要求可以标注在给定的尺寸线上(见图 1-12)。

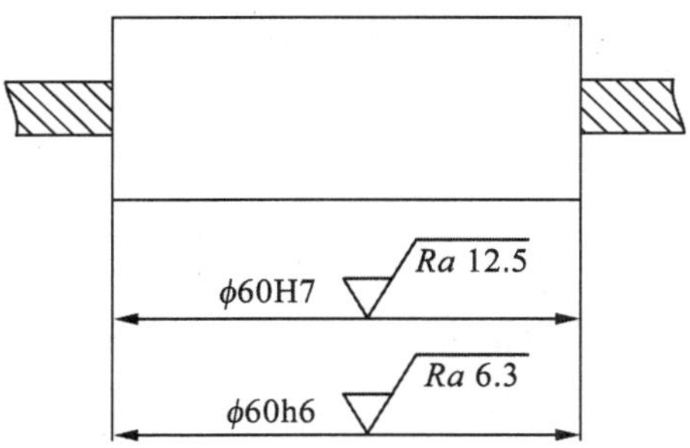

图 1-12　表面结构要求标注在尺寸线上

(4)表面结构要求可标注在形位公差框格的上方(见图 1-13)。

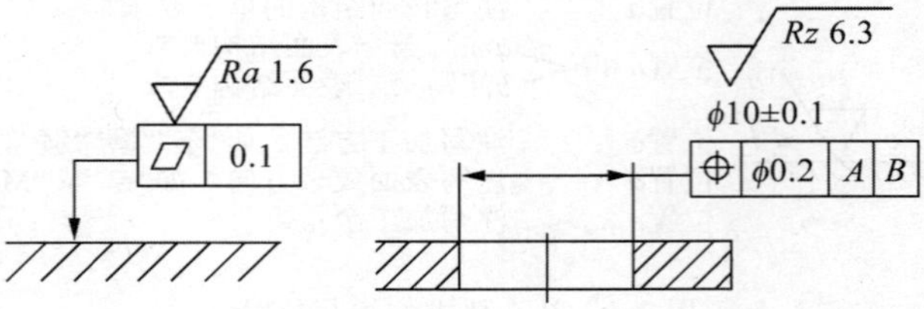

图 1-13 表面结构要求标注在形位公差框格的上方

(5)圆柱和棱柱的表面结构要求只标注一次(见图 1-14)。如果每个棱柱表面有不同的表面结构要求,则应分别单独标注(见图 1-15)。

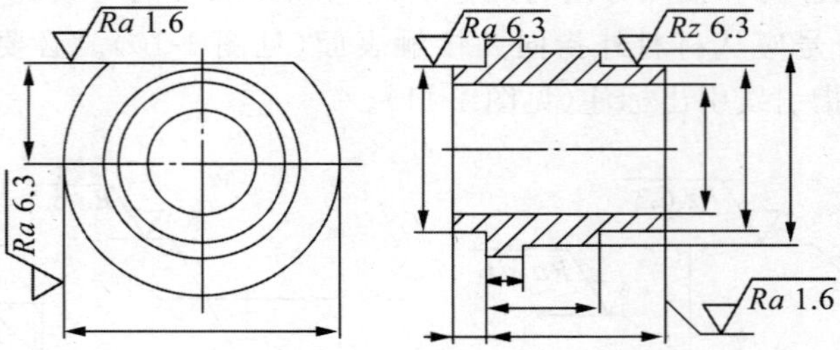

图 1-14 表面结构要求标注在圆柱特征的延长线上

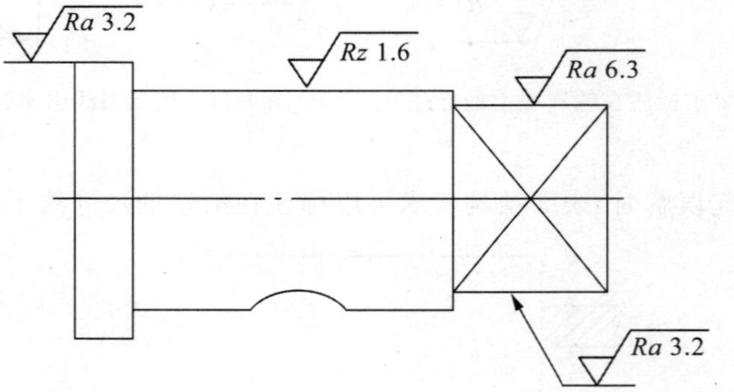

图 1-15 圆柱与棱柱的表面结构要求的注法

5.表面结构要求在图样中的简化注法

(1)有相同表面结构要求的简化注法

如果在工件的多数(包括全部)表面有相同的表面结构要求时,则其表面结构要求可统一标注在图样标题栏附近(不同的表面结构要求应直接标注在图形中)。此时,表面结构要求的符号后面应有:

①在圆括号内给出无任何其他标注的基本符号[见图 1-16(a)]。

②在圆括号内给出不同的表面结构要求[见图 1-16(b)]。

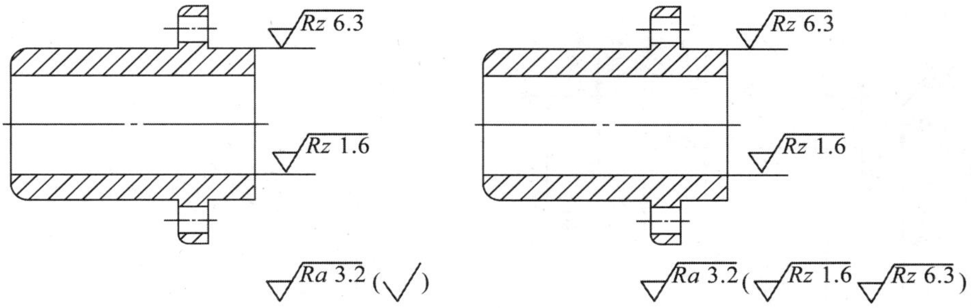

图 1-16　大多数表面有相同表面结构要求的简化注法

(2)多个表面有共同要求的注法

①用带字母的完整符号的简化注法。如图 1-17 所示，用带字母的完整符号以等式的形式，在图形或标题栏附近对有相同表面结构要求的表面进行简化标注。

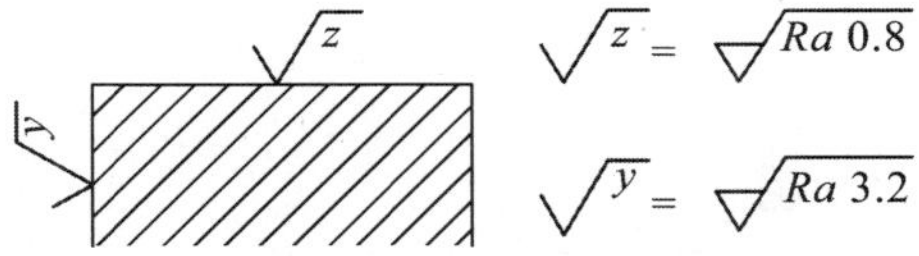

图 1-17　在图纸空间有限时的简化注法

②只用表面结构符号的简化注法。如图 1-18 所示，用表面结构符号以等式的形式给出多个表面共同的表面结构要求。

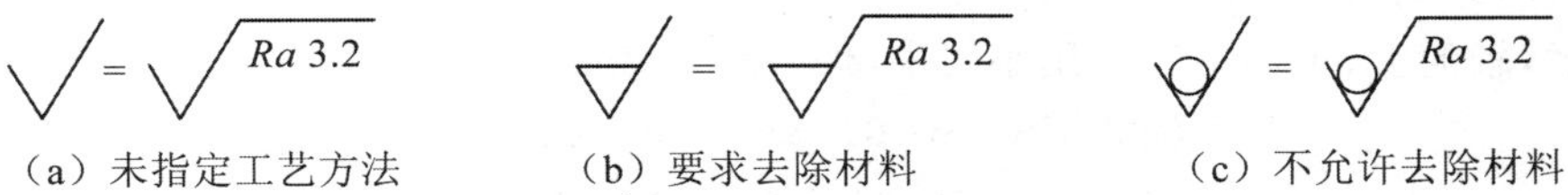

图 1-18　多个表面共同的结构要求的简化注法

二、极限与配合

现代化大规模生产要求零件具有互换性，即从一批规格相同的零件中任取一件，不经修配就能立即装到机器或者部件上，并能保证使用要求。零件的这种性质称为互换性。零件具有互换性，不仅给机器的装配、维修带来方便，而且满足生产部门广泛的协作要求，为大批量和专门化生产创造条件，从而缩短生产周期，提高劳动效率和经济效益。下面简要介绍国家标准《极限与配合》(GB/T 1800.1～4)的基本内容。

1.尺寸公差

零件在制造过程中，由于加工或测量等因素的影响，完工后的实际尺寸总存在一定的误差。为保证零件的互换性，必须将零件的实际尺寸控制在允许变动的范围内，这个允许尺寸的变动量称为尺寸公差。关于尺寸公差的一些名词，以图 1-19(a)圆柱孔尺寸 $\phi30\pm0.01$为例简要说明。

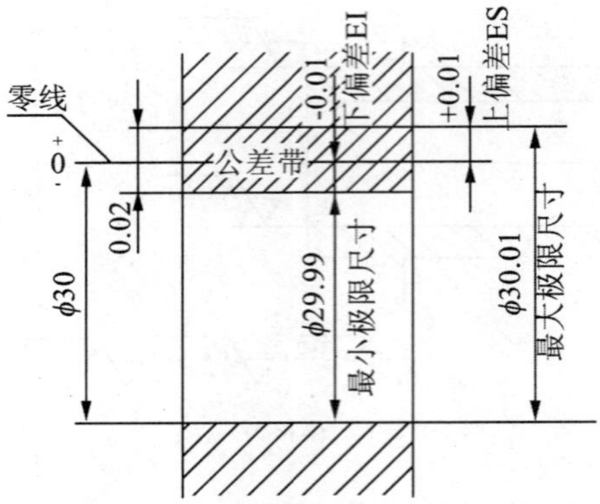

（a）尺寸公差名词解释

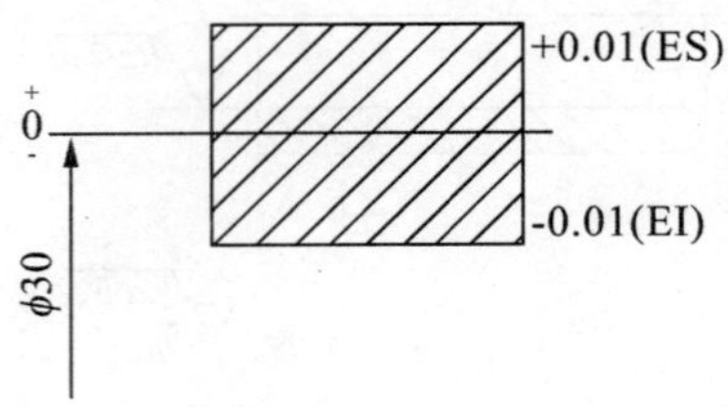

（b）公差带图

图 1-19　尺寸公差名词解释及公差范围

(1)基本尺寸

设计给定的尺寸：ϕ30。

(2)极限尺寸

允许尺寸变动的两个极限值：

最大极限尺寸：30＋0.01＝30.01

最小极限尺寸：30－0.01＝29.99

(3)极限偏差

极限尺寸减基本尺寸所得的代数差，即最大极限尺寸和最小极限尺寸减基本尺寸所得的代数差，分别为上偏差和下偏差，统称极限偏差。孔的上、下偏差分别用大写字母 ES 和 EI 表示，轴的上、下偏差分别用小写字母 es 和 ei 表示。

上偏差 ES＝30.01－30＝＋0.01

下偏差 EI＝29.99－30＝－0.01

(4)尺寸公差(简称公差)

尺寸公差为允许尺寸的变动量，即最大极限尺寸减最小极限尺寸所得的代数差，也等于上偏差减下偏差所得的代数差。尺寸公差是一个没有符号的绝对值。

公差：30.01－29.99＝0.02

或｜0.01－(－0.01)｜＝0.02

(5)公差带和零线

公差带是由代表上偏差和下偏差的两条直线所限定的一个区域。为简化起见，一般只画出上、下偏差围成的方框简图，称为公差带图，如图 1-19(b)所示。在公差带图中，零线是表示基本尺寸的一条直线。零线上方的偏差为正值，零线下方的偏差为负值。公差带由公差大小及相对零线的位置确定。

(6)极限制

极限制是经标准化的公差与偏差制度。

2. 配合

基本尺寸相同的、相互结合的孔和轴公差带之间的关系称为配合。由于孔和轴的实际尺寸不同，配合后会产生间隙或过盈。孔的尺寸减去相配合轴的尺寸之差为正时是间隙，为负时是过盈。

根据实际需要，配合分为三类：间隙配合、过渡配合以及过盈配合。

(1)间隙配合

孔的实际尺寸总比轴的实际尺寸大，装配在一起后，一般来说，轴在孔中能自由转动或移动，如图 1-20(a)所示。

(2)过渡配合

轴的实际尺寸比孔的实际尺寸有时小、有时大。孔与轴装配后，轴比孔小时能活动，但比间隙配合稍紧；轴比孔大时不能活动，但比过盈配合稍松。这种介于间隙和过盈之间的配合，即为过渡配合。此时，孔的公差带与轴的公差带相互重叠，如图 1-20(b)所示。

(3)过盈配合

孔的实际尺寸总比轴的实际尺寸小，装配时需要一定的外力或将孔零件加热膨胀后才能把轴装入孔中。所以，轴与孔装配后不能做相对运动。如图 1-20(c)所示，孔的公差带在轴的公差带之下。

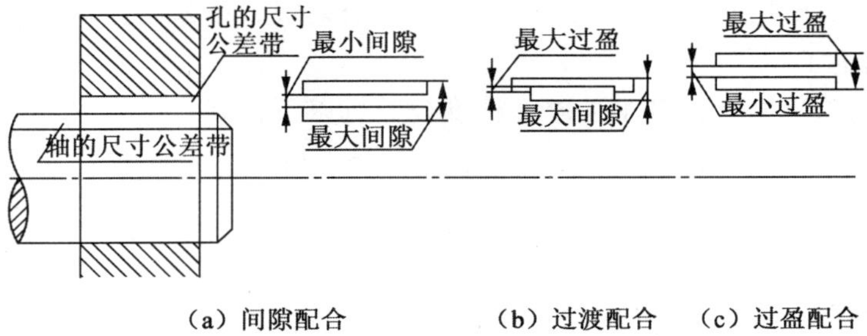

图 1-20　配合类别

3. 标准公差与基本偏差

为了满足不同的配合要求，国家标准规定，孔、轴公差带由标准公差和基本偏差两个要素组成。标准公差确定公差带大小，基本偏差确定公差带位置，如图 1-21 所示。

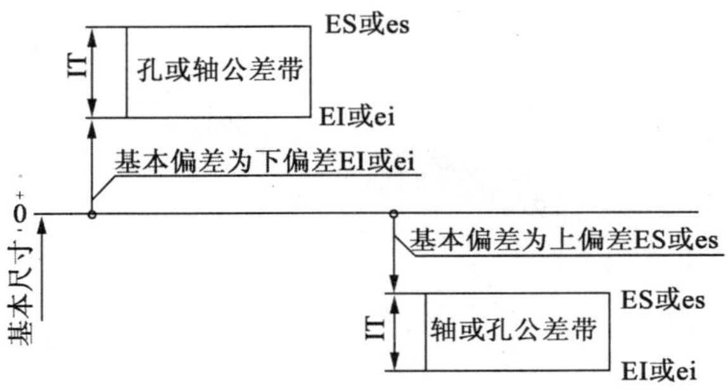

图 1-21　公差带大小及位置

(1)标准公差(IT)

标准公差指由标准规定的任一公差。标准公差的数值由基本尺寸和公差等级来确定,其中公差等级确定尺寸的精确程度。标准公差顺次分为 20 个等级,即 IT01,IT0,IT1,…,IT18。IT 表示公差,数字表示公差等级。IT01 公差值最小,精度最高;IT18 公差值最大,精度最低。在 20 个标准公差等级中,IT01～IT11 用于配合尺寸,IT12～IT18 用于非配合尺寸。

(2)基本偏差

基本偏差用来确定公差带相对零线位置的上偏差或下偏差,一般是指孔和轴的公差带中靠近零线的那个偏差。当公差带在零线的上方时,基本偏差为下偏差;反之则为上偏差,如图 1-21 所示 。基本偏差的代号用字母表示,大写的为孔(EI、ES),小写的为轴(ei、es)。

GB/T 1800.2-1998 对孔和轴各规定了 28 个基本偏差,如图 1-22 所示。其中 A～H(a～h)用于间隙配合,J～ZC(j～zc)用于过渡配合和过盈配合。从基本偏差系列图中可以看到:孔的基本偏差 A～H 为下偏差,J～ZC 为上偏差;轴的基本偏差 a～h 为上偏差,j～zc 为下偏差;JS 和 js 没有基本偏差,其上、下偏差与零线对称,孔和轴的上、下偏差分别是＋IT/2、－IT/2。基本偏差系列图只表示公差带的位置,不表示公差带的大小,因此,公差带的一端是开口的,开口的另一端由标准公差限定。

基本偏差和标准公差等级确定后,孔和轴的公差带大小和位置就确定了,这时它们的配合性质也确定了。

根据尺寸公差的定义,基本偏差和标准公差有以下计算式:

$$ES=EI+IT \quad 或\ EI=ES-IT$$

$$es=ei+IT \quad 或\ ei=es-IT$$

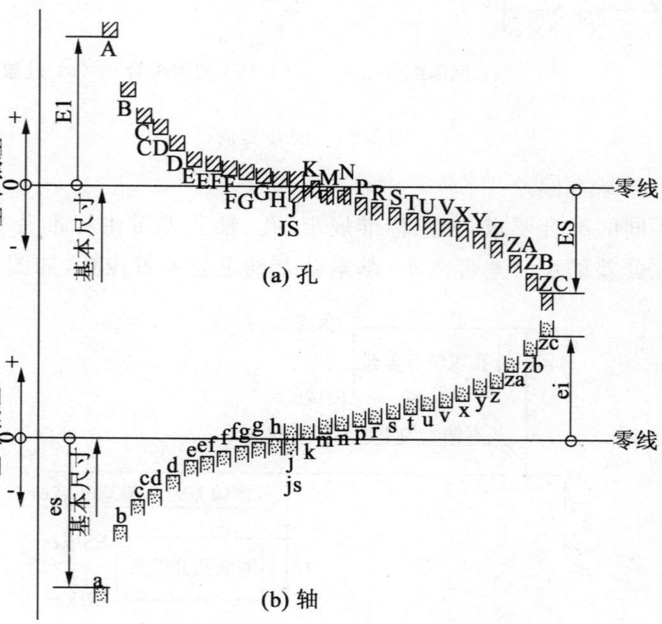

图 1-22　基本偏差系列

4.配合制

在制造互相配合的零件时，使其一种零件作为基准件，它的基本偏差固定，通过改变另一种非基准件的基本偏差来获得各种不同性质的配合制度称为配合制。根据生产实际需要，国家标准规定了两种配合制。

(1)基孔制配合

基本偏差为一定的孔的公差带，与不同基本偏差的轴的公差带形成各种配合的一种制度。基孔制配合的孔称为基准孔，其基本偏差代号为 H，下偏差为零，即它的最小极限尺寸等于基本尺寸。

(2)基轴制配合

基本偏差为一定的轴的公差带，与不同基本偏差的孔的公差带形成各种配合的一种制度。基轴制配合的轴称为基准轴，其基本偏差代号为 h，上偏差为零，即它的最大极限尺寸等于基本尺寸。

三、形状和位置公差简介

1.基本概念

由于形状和位置公差的误差过大会影响机器的工作性能，因此对零件除应保证尺寸精度外，还应控制其形状和位置误差。对形状和位置误差的控制是通过形状和位置公差来实现的。

形状公差是零件实际要素形状对其理想形状所允许的变动量，位置公差是零件实际要素的位置对其理想位置所允许的变动量。形状公差和位置公差简称形位公差。形位公差特征项目的分类及符号见表 1-4。

表 1-4　　形位公差特征项目的分类及符号

<table>
<tr><th>分类</th><th>项目</th><th>符号</th><th colspan="2">分类</th><th>项目</th><th>符号</th></tr>
<tr><td rowspan="4">形状公差</td><td>直线度</td><td>⏤</td><td rowspan="8">位置公差</td><td rowspan="3">定向</td><td>平行度</td><td>∥</td></tr>
<tr><td>平面度</td><td>⏥</td><td>垂直度</td><td>⊥</td></tr>
<tr><td>圆度</td><td>○</td><td>倾斜度</td><td>∠</td></tr>
<tr><td>圆柱度</td><td>⌭</td><td rowspan="3">定位</td><td>同轴度</td><td>◎</td></tr>
<tr><td rowspan="4">形状或位置公差</td><td rowspan="2">线轮廓度</td><td rowspan="2">⌒</td><td>对称度</td><td>⌯</td></tr>
<tr><td>位置度</td><td>⌖</td></tr>
<tr><td rowspan="2">面轮廓度</td><td rowspan="2">⌓</td><td rowspan="2">跳动</td><td>圆跳动</td><td>↗</td></tr>
<tr><td>全跳动</td><td>⌰</td></tr>
</table>

2. 形位公差代号

如图 1-23(a)所示，形位公差的框格线用细实线绘制，分成两格或多格，框格高度是图中尺寸数字高度的 2 倍，框格长度根据需要而定。框格中的字母、数字与图中数字等高。形位公差项目符号的线宽为图中数字高度的 1/10，框格应水平或垂直绘制。如图 1-23(b)所示为标注公差时所用的基准符号。

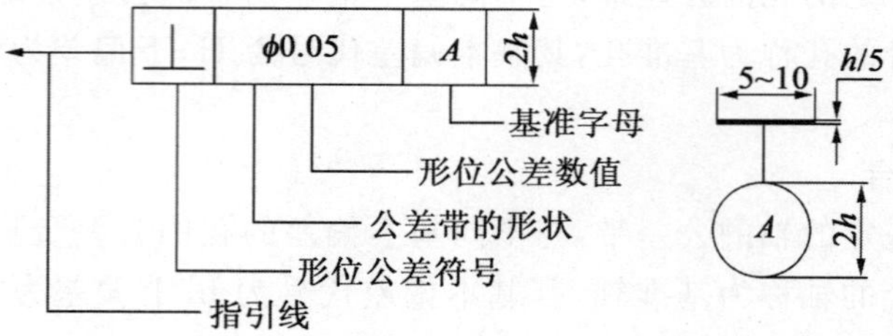

(a) 形位公差代号　　(b) 基准符号

图 1-23　形位公差的框格和基准符号

第四节　零件的工艺结构

机器上的大多数零件都是通过铸造和机械加工制造而成，其结构形状除应满足设计要求外，还要考虑便于制造与安装。

一、铸造工艺结构

1. 起模斜度

为了顺利地将木模从砂型中取出，铸件的内外壁沿起模方向应有一定起模斜度，一般为 1:20(见图 1-24)。斜度在图样上可以不画、不标注，但需在技术要求中注明。

2. 铸造圆角

铸件的表面相交处应有过渡圆角，以防浇注铁水时冲坏砂型尖角处，冷却时产生缩孔和裂纹。圆角半径一般取壁厚的 0.2～0.4 倍，同一铸件的圆角半径尽可能相同(见图 1-25)。

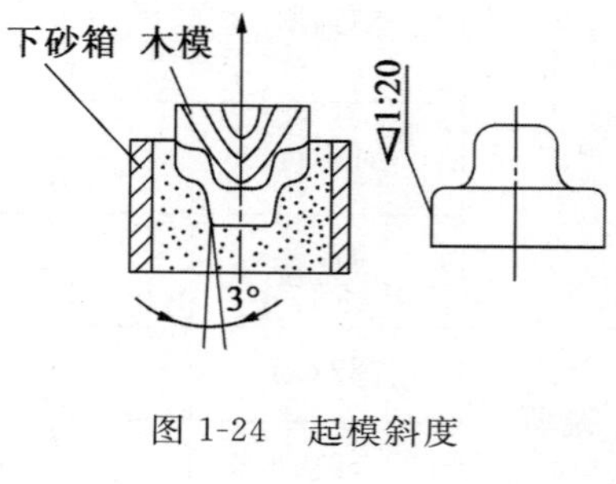

图 1-24　起模斜度

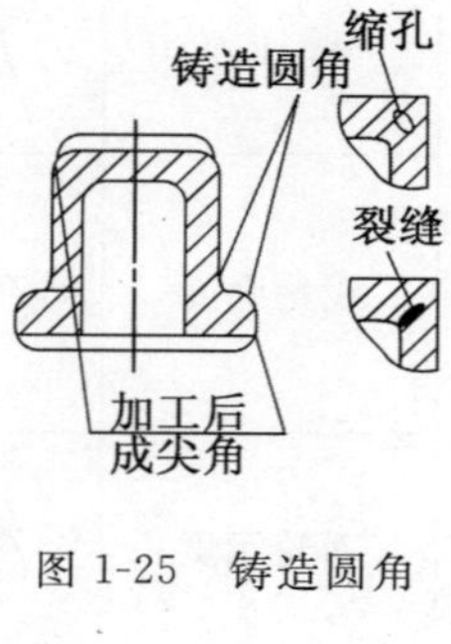

图 1-25　铸造圆角

3. 铸件壁厚

铸件在浇注后的冷却过程中，容易因厚薄不均匀而产生裂纹和缩孔等缺陷，因此，铸件各处的壁厚应尽量均匀或逐渐过渡(见图 1-26)。

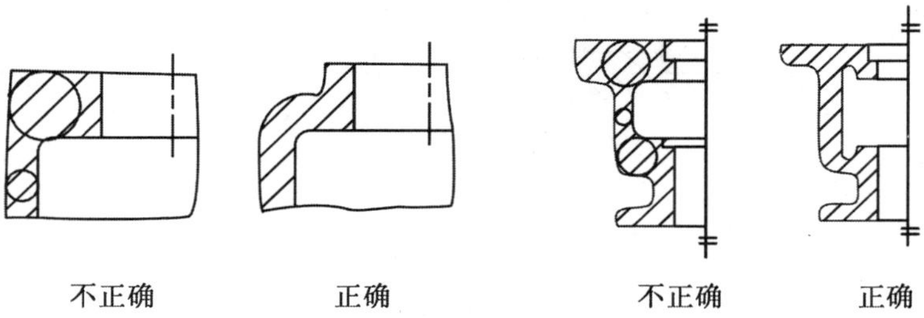

图 1-26　铸件壁厚

二、机械加工工艺结构

1. 退刀槽和砂轮越程槽

零件在切削时为方便进、退刀和被加工表面的完全加工，通常在螺纹端部、轴肩和孔的台阶部位设计出退刀槽或砂轮越程槽(见图 1-27)。

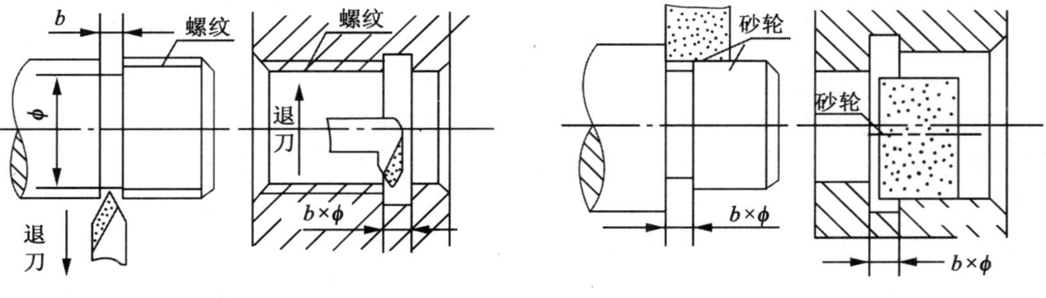

图 1-27　退刀槽和砂轮越程槽

2. 倒圆与倒角

为了便于装配和去除毛刺、锐边，一般在孔和轴的端部加工成倒角(见图 1-28)。为了避免应力集中，在轴肩处加工成倒圆(见图 1-29)。倒角和倒圆在零件图中应画出。倒角为 45°的标注如图 1-28(a)所示，$C2$ 表示宽度为 2mm、倒角为 45°的简化注法。倒角非 45°时的尺寸标注如图 1-28(b)所示。

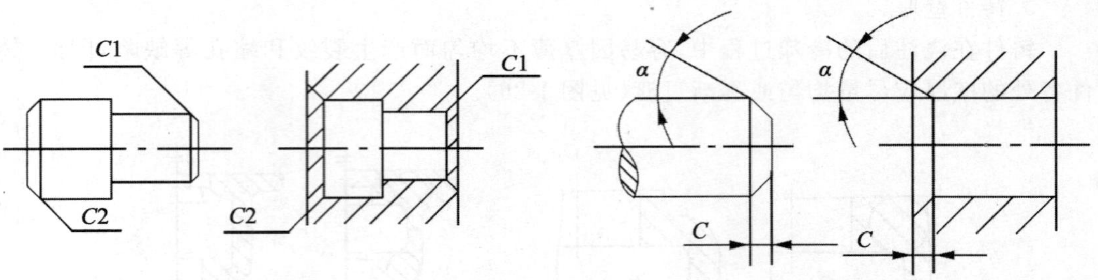

（a）45°倒角　　（b）非45°倒角

图 1-28　倒角

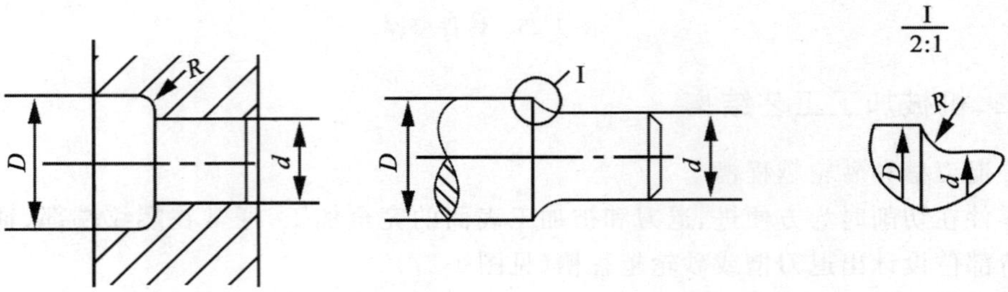

图 1-29　倒圆

3. 减少加工面结构

减少加工面结构，可提高零件接触表面的加工精度与装配精度，节省材料，减轻零件重量（见图 1-30）。

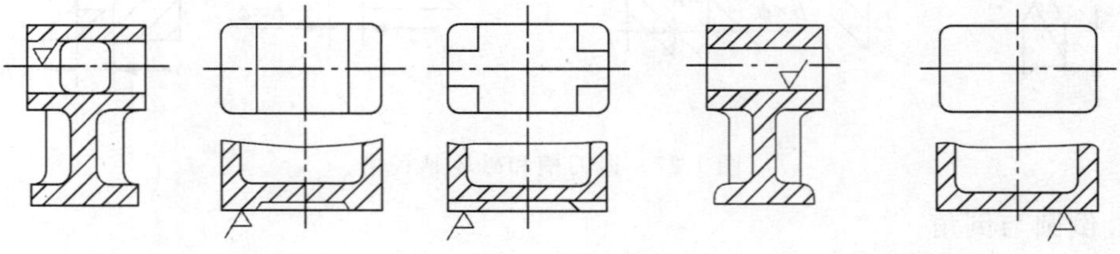

（a）合理　　（b）不合理

图 1-30　减少加工面结构

4. 钻孔结构

不通孔要画出由钻头切削时自然形成的 120°锥角[见图 1-31(a)]。用两个不同直径的钻头钻台阶孔的画法如图 1-31(c)所示。

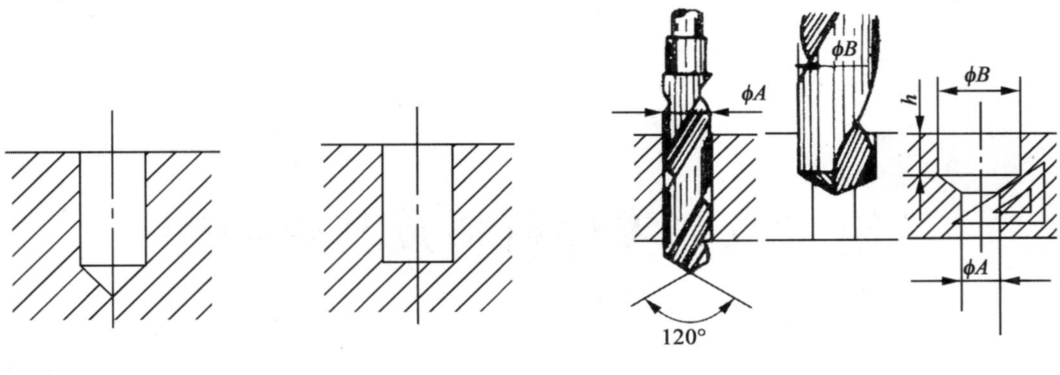

（a）合理　　（b）不合理　　（c）合理

图 1-31 钻孔锥角

钻削端面要与钻头的轴线垂直(见图 1-32),以保证准确钻孔和避免钻头折断。

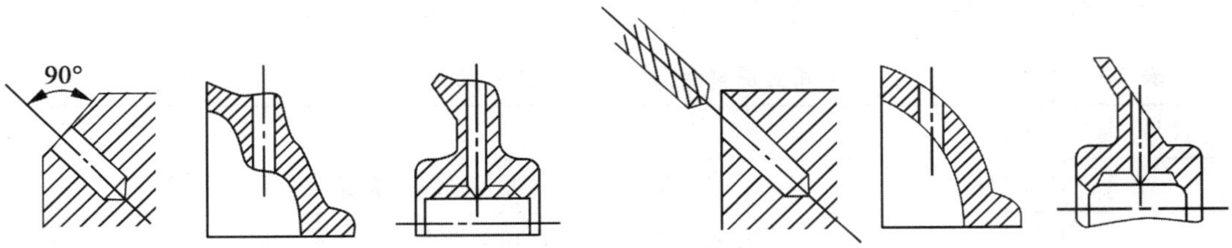

(a)合理　　(b)不合理

图 1-32 孔端面应垂直于孔轴线

第二章　零件材料及其热处理

第一节　常用钢铁材料及其特征

一、常用金属材料力学性能的代号及其含义(见表2-1)

表2-1　　常用金属材料力学性能的代号及其含义

代号	名称	单位	含义
σ_b	抗拉强度	MPa或N/mm^2	试样受拉力时,拉断前所承受的最大应力
σ_{bc}	抗压强度		试样受压力时,在压坏前所承受的最大应力
σ_{bb}	抗弯强度		试样受弯曲力时,在破坏前所承受的最大应力
τ	抗剪强度		试样受剪力时,在剪断前所承受的最大切应力
τ_b	抗扭强度		试样受扭转力时,在扭断前所承受的最大切应力
$\sigma_{0.2}$	屈服强度		材料试样在拉伸过程中,负荷不增加或开始有所下降而变形继续发生的现象称为屈服,此时的最小应力为屈服极限。通常按产生永久变形量为原长度的20%时的应力为屈服强度
σ_{-1}	疲劳极限		材料试样在对称弯曲应力作用下,在应力循环N次后仍不发生断裂时所能承受的最大应力。对于钢,$N=10^6\sim10^7$次仍不发生疲劳断裂时,可以认为随着N的增加也将不再发生疲劳断裂
σ_e	弹性极限		材料能保持弹性变形的最大应力,一般按永久变形为原长的0.005%时的应力值表示
E	弹性模量		在弹性变形阶段,应力与应变成正比时的比例常数,是衡量材料刚度的指标
δ	伸长率(延伸率)	%	材料试样在拉断后,标距长度的增加量与原标距长度的百分比
ψ	断面收缩率		材料试样在拉断后,其断裂处横截面积的收缩量与原横截面积的百分比。伸长率和断面收缩率均是用来表示材料的塑性指标

续表

σ_{KU}或σ_{KV}	冲击韧度	J/cm^2	金属材料对冲击负荷的抵抗能力。通常都是以大能量的一次冲击值(σ_{KU}或σ_{KV})作为标准，以冲断试样上所消耗的功与断口处截面积的比值作为冲击韧度值
HB	布氏硬度	一般不标注	金属抵抗硬的物体压入其表面的能力。用淬火钢球或硬质合金球压入金属表面，保持一定时间变形后卸载，载荷与压痕的比值即是该金属的布氏硬度。硬度用硬质合金球测量，代号为 HB 或 HBW 。例如 200～230HB
HRC	洛氏硬度 C 级	—	用来测定 230～700HB 的金属材料，主要用于测定淬火钢、调质钢等较硬的金属材料。例如 45～50HRC
HRA	洛氏硬度 A 级		一般用来测定硬度很高(>700HB)或硬而薄的金属材料，如碳化物、硬质合金或表面淬火层、调质钢等
HRB	洛氏硬度 B 级		主要用来测定 60～230HB 一类比较软的金属材料。如软钢、退火钢、铝铜等有色金属材料
HV	维氏硬度	—	只适用于测定很薄(0.3～0.5mm)的金属材料、金属薄镀层或化学热处理后 0.03～0.05mm 的表面层硬度。如测定镀铬、渗碳、氮化处理后的表面层硬度
HS	肖氏硬度	—	适用于测定表面光滑的一些精密器具或不太容易搬动的大型机件

二、优质碳素结构钢(见表 2-2)

表 2-2　　优质碳素结构钢(节选自 GB/T 699-1999)的牌号及主要用途

牌号	推荐热处理(℃)			主要力学性能				特性及用途
	正火	淬火	回火	σ_s (MPa)	σ_b (MPa)	δ_5 (%)	ψ (%)	
08F	930	—	—	175	295	35	60	这种材料强度不大，塑性和韧性很高，有良好的冲击、拉延和弯曲性能，焊接性好，用于要求塑性好的零件，如管、垫片、套筒、短轴、离合器
08				195	325	33	60	
10F				185	315	33	55	
10				205	335	31	55	屈服强度和抗拉强度比较低，塑性和韧性高，在冷态下容易模压成型。一般用于拉杆、卡头、垫片、铆钉。焊接性甚好，冷拉或正火状态的切削加工性能比退火状态的好
10F	920			205	335	29	55	焊接性能好。适合做管子、垫片，心部强度要求不高的渗碳和碳氮共渗零件：套圈、短轴、靠模、离合器盘，也做摇杆、吊钩、螺栓等
15				225	375	27	55	塑性、韧性、焊接性能和冷冲性能极好，强度较低。用于受力不大韧性要求高的零件、渗碳件、紧固件、冲模锻件及不需要热处理的低负荷零件，如螺栓、螺钉、拉条、法兰盘及化工容器、蒸汽锅炉等。冷拉或正火状态的加工性能比退火状态的好

续表

20	910	—	—	245	410	25	55	冷变形塑性好，一般供弯曲和压延用。用于要求很大韧性不受很大应力的零件：杠杆、轴套、螺钉、起重钩等；还可用于表面硬度高而心部强度要求不高的渗碳和碳氮共渗零件。冷拉或正火状态的切削加工性能比退火状态的好
25	900	870	600	275	450	23	50	性能与20号钢相似，焊接性和冷应变性均高，无回火脆性倾向。用于制造焊接设备，经锻造、热冲压和机械加工的不承受高应力的零件，如轴、辊子、连接器、垫圈、螺栓、螺钉、螺母
30	880	860	600	295	490	21	50	截面尺寸不大时，淬火并回火后成索氏体组织，具有良好的强度和韧性。用于制造螺钉、拉杆、轴、套筒、机座
35	870	850	600	315	530	20	45	有良好的塑性和适当的强度，多在正火和调质后使用。焊接性能尚可，但要提前预热，焊后回火，一般不焊接。用于制造曲轴、转轴、杠杆、连杆、圆盘、套筒、钩环、飞轮、机身、法兰、螺栓、螺母
40	860	840	600	335	570	19	45	有较高的强度，加工性良好，冷变形塑性中等，焊接性能差，焊前要预热，焊后要热处理，多在正火和调质状态下使用。用于制造辊子、轴、曲柄销、活塞杆等
45	850	840	600	355	600	16	45	强度较高，塑性和韧性尚好，焊接性差。用于承受较大载荷的小截面调质件和应力较小的大型正火件，以及对心部强度要求不高的表面淬火件：曲轴、传动轴、齿轮、蜗杆、键、销等。水淬时有形成裂纹的倾向，形状复杂的零件应在热水或油中淬火
50	830	830	600	375	630	14	40	强度较高，塑性和韧性差，焊接性差，可加工性中等。一般在正火、调质状态下使用。用于要求强度较高，而要求耐磨性或弹性、动载荷及冲击负荷不大的零件：齿轮、轧辊、机床主轴、连杆、次要弹簧等
55	820	820	600	380	645	13	35	
60	810			400	675	12	35	强度、硬度和弹性均相当高，可加工性和焊接性差，水淬有裂纹倾向，小件才能淬火，大件多用正火。用于制造轧辊、轴、轮毂、弹簧、离合器、钢丝绳等受力较大、需要耐磨性和一定弹性的零件
65		—	—	410	695	10	30	经适当的热处理后，可得到较高的强度和韧性。在淬火、中温回火状态下，制造截面小、形状简单的弹性零件；在正火状态下，制造耐磨性高的零件，如轧辊、凸轮、轴、钢丝绳等
70	790			420	715	9	30	

续表

75	—	820	480	880	1080	7	30	强度稍高于70号钢，弹性略低，其他性能相近，淬透性能低。用于制造截面不大、承受强度不太高的板弹簧、螺旋弹簧以及要求耐磨的零件
80	—			930	1080	3	30	
85	—			980	1130	6	30	
15Mn	920	—	—	245	410	26	55	为高锰低碳渗碳钢，性能接近15号钢，焊接性能尚可，但淬透性和强度、塑性要好。用于制造心部力学性能要求高的渗碳零件，例如凸轮轴、齿轮、联轴器等
20Mn	910	—	—	275	450	24	50	
25Mn	900	870	600	295	490	22	50	
30Mn	880	860	600	315	540	20	45	强度与淬透性比相应的碳钢高。冷变形时塑性尚好，可加工性良好，有回火脆性倾向，锻后要立即回火，一般在正火状态下使用。用于制造螺栓、螺母、杠杆、转轴、心轴等
35Mn	870	850	600	335	560	19	45	
45Mn	850	840	600	375	620	15	40	用于制造受磨损的零件：转轴、心轴、齿轮、啮合杆、螺栓、螺母、离合器盘、花键轴、万向节、凸轮轴、曲轴、汽车后轴、地脚螺栓
50Mn				390	645	13	40	
60Mn	810			410	695	11	35	强度较高，淬透性比碳素弹簧钢好，容易产生淬火裂纹。适合制造各种弹簧
65Mn	830	—	—	430	735	9	30	强度高、淬透性大，易生淬火裂纹，并有回火脆性。适宜制造较大尺寸的扁弹簧、圆弹簧、发条，以及其他经受摩擦的农机零件；也可制造轻载汽车离合器弹簧
70Mn	790			450	785	8	30	用于弹簧圈、盘簧、止推环、离合器盘、锁紧圈

三、碳素结构钢（见表2-3）

表2-3　碳素结构钢（参考GB/T 700-2006）的牌号及主要用途

牌号	等级	与旧标准对照牌号	屈服强度 σ_s(MPa)，≥						抗拉强度 σ_b(MPa)，≥	特性及用途
			厚度或直径(mm)							
			≤16	>16～40	>40～60	>60～100	>100～150	>150～200		
Q195	—	—	195	185	—	—	—	—	315～430	用于载荷小的零件、铁丝、垫铁、垫圈、开口销、拉杆、冲压件及焊接件
Q215	A	A2	215	205	195	185	175	165	335～450	用于垫圈、套圈、拉杆、渗碳件及焊接件
	B	C2								
Q235	A	A3	235	225	215	215	195	185	370～500	用于金属结构件，心部强度要求不高的渗碳或碳氮共渗零件，如拉杆、连杆、吊钩、车钩、螺栓、螺母、套筒、轴及焊接件，C、D用于重要的焊接结构
	B	C3								
	C	—								
	D	—								

续表

Q275	A	A4	275	265	255	245	225	215	410～540	用于转轴、心轴、链轮、齿轮、拉杆、摇杆、吊钩、楔等中等强度要求的零件
	B	C4								
	C	C5								
	D	—								

四、合金结构钢(见表2-4)

表 2-4　合金结构钢(节选自 GB/T 3077-1999)的牌号及主要用途

牌号	推荐热处理					主要力学性能			特性及用途
	淬火			回火		抗拉强度 σ_b(MPa)，≥	屈服点 σ_s(MPa)，≥	硬度(供货状态)(HBW)，≤	
	温度(℃)		冷却液	温度(℃)	冷却液				
	1次	2次							
20Mn2	850 800	—	水、油	200 440	水、空	785	590	187	截面较小时，相当于20Cr。可用于制造渗碳小齿轮、小轴、活塞销、气门推杆、钢套等。渗碳后硬度为56～62HRC
30Mn2	840	—	水	500	水	—	—	—	用于制造冷镦的螺栓及截面较大的调质零件
35Mn2	840	—	水	500	水	—	—	—	截面较小时(≤15mm)，相当于40Cr。用于制造载重汽车、冷镦的各种重要螺栓及小轴等。表面淬火硬度为40～50HRC
40Mn2	840	—	水、油	540	水	885	735	217	截面较小时与40Cr相当，直径在50mm以下可代40Cr制作重要螺栓及零件。一般在调质状态下使用
45Mn2	840	—	油	559	水、油	—	—	—	强度、耐磨性和淬透性均较高，调质后有良好的力学性能，也可正火后使用，截面在45mm以下可代替40Cr
50Mn2	820	—	油	550	水、油	—	—	—	用于汽车花键轴，重型机械的内齿轮、齿轮轴等高应力与摩擦条件下的零件，直径在80mm以下的零件可代替45Cr
20MnV	880	—	水、油	200	水、空	—	—	—	相当于20CrNi的渗碳钢。用于制造高压容器、冷冲压件、矿用链环等

续表

27SiMn	920	—	水	450	水、油	—	—	—	是低淬透性的调质钢。用于要求高韧性和耐磨性的热冲压件；也可以在正火或热轧状态下使用，如拖拉机履带销等
35SiMn	900	—	水	570	水、油	—	—	—	要求低温冲击值不高时可代替 40Cr 制作调质件，耐磨及疲劳性较好，适合制作轴、齿轮及 430℃ 以下的重要紧固件
4SiMn	880	—	水	590	水	—	—	—	与 35SiMn 同。但主要用于制造截面积较大、需表面淬火的零件，如齿轮、轴等
15Cr	880	780～820	水、油	200	水、空	—	—	—	用于制造截面积小于 30mm、形状简单、心部强度和韧性要求较高、表面受磨损的渗碳或碳氮共渗件，如齿轮、凸轮、活塞销等，渗碳表面硬度为 56～62HRC
15CrA		770～820		180	油、空	—	—	—	
20Cr		780～820		200	水、空	835	540	179	
30Cr	860	—	油	500	水、油	—	—	—	用于磨损及很大冲击负荷下工作的重要零件，如齿轮、轴、滚子及重要螺栓等。35Cr 也有同样的使用情况
40Cr	850	—	油	520	水、油	980	785	207	调质后有良好的综合力学性能，是应用广泛的调质钢。用于轴类零件及曲轴、曲柄、螺栓、齿轮等。表面淬火硬度为 48～55HRC。截面在 50mm 以下时，淬后有较高的疲劳强度，一定条件下，可用 40MnB、45MnB、35SiMn、42SiMn 等代替
45Cr	840	—	油	520	水、油	—	—	—	用于拖拉机离合器、齿轮、柴油机连杆、螺栓、挺杆等
50Cr	830	—	油	520	水、油	—	—	—	用于支承辊心轴、强度和耐磨性要求高的轴、齿轮、油膜轴承的轴套等。在油中淬火可以获得很高的强度

续表

38CrSi	900	—	油	600	水、油	—	—	—	比 40Cr 的渗透性好，低温冲击韧度较好。一般用于制造直径为 30～40mm、强度和耐磨性能要求较高的零件，例如汽车、拖拉机上的轴、齿轮、气阀等
30Cr Mo	800	—	水、油	540	水、油	—	—	—	调质后有良好的综合力学性能，高温（550℃）下亦有较高的强度。用于制造截面较大的零件，如主轴、高负荷螺栓等，550℃以下受高压的法兰盘和螺栓，尤其适用于在 29MPa、400℃条件下工作的管道与紧固件
30Cr MoA	800	—	油	540	水、油	—	—	—	

五、一般工程用铸造碳钢件（见表 2-5）

表 2-5　　一般工程用铸造碳钢件（GB/T 11352-1989）的牌号及主要用途

牌号	室温下试件的力学性能			铸件厚度（mm）	重要化学成分的最高含量（质量分数，%）			特性和用途
	σ_s，$\sigma_{0.2}$（MPa）	σ_b（MPa）	δ（%）		C	Mn	Si	
ZG200-400	200	400	25		0.20	0.80		有良好的塑性、韧性，焊接性良好，可加工性尚好。用于受力不大、要求韧性的各种形状的机件，如机座、变速箱壳体等
ZG230-450	230	450	22	<100	0.30	0.90	0.50	有一定的强度和较好的塑性、韧性和焊接性。用于受力不大、要求韧性的机件，如机座、机盖、箱体、底板、阀体、工作温度在 450℃以下的管路附件
ZG270-500	270	500	18		0.40			有较高的强度和较好的塑性，铸造性良好，焊接性尚可，可加工性良好。用于各种形状的机件，如飞轮、轧钢机座、蒸汽锤、联轴器、连杆、曲轴、箱体、水压机工作缸、横梁等

续表

ZG310-570	310	570	15	<100	0.5	0.9	0.6	强度和可加工性良好，塑性、韧性较低，硬度和耐磨性较高，焊接性差，流动性好，裂纹敏感性较大。用于负荷较大的零件，各种形状的机件，如轮、气缸、联轴器、齿轮、齿轮圈、棘轮及重负荷机架等
ZG340-640	340	640	10		0.6			有很高的强度、硬度和耐磨性，可加工性一般，焊接性差，流动性好，裂纹敏感性较大。用于起重运输机械中的齿轮、棘轮、联轴器及重要的机件等

注：1. 本表适用于砂型铸造或导热性与砂型相当的一般工程用铸造碳钢件。对用其他铸型的一般工程用铸造碳钢件可参照使用。

2. 当铸件厚度超过 100mm 时，表中规定的屈服强度 $\sigma_{0.2}$ 仅供设计参考。

3. 凡未加注明的成分含量“%”都是指质量分数，全书同。

六、灰铸铁件(见表 2-6)

表 2-6　　灰铸铁件(节选自 GB/T 9439-1988)的牌号及主要用途

<table>
<tr><th rowspan="3">牌号</th><th colspan="4">铸件能达到的抗拉强度的参考值</th><th rowspan="3">特性和用途
(非标准所列，供参考)</th></tr>
<tr><th colspan="2">铸件厚度(mm)</th><th rowspan="2">σ_b (MPa)≥</th><th rowspan="2">铸件壁厚(mm)</th></tr>
<tr><th>≥</th><th>≤</th></tr>
<tr><td rowspan="4">HT100</td><td>2.5</td><td>10</td><td>130</td><td>—</td><td rowspan="4">铸造应力小，不用人工时效处理，减振性优良，铸造性能好。用于外罩、把手、手轮、底板、重锤等形状简单、对强度无要求的零件</td></tr>
<tr><td>10</td><td>20</td><td>100</td><td>—</td></tr>
<tr><td>20</td><td>30</td><td>90</td><td>—</td></tr>
<tr><td>30</td><td>50</td><td>80</td><td>—</td></tr>
<tr><td rowspan="4">HT150</td><td>2.5</td><td>10</td><td>175</td><td>20～40</td><td rowspan="4">不用人工时效处理，有良好的减振性，铸造性能好。用于强度要求不高的一般铸件，如端盖、汽轮泵体、轴承座、阀体、管子及附件、手轮、一般机床底座、床身及其他复杂零件、滑座、工台等，圆周速度为 6 ～12m/s 的带轮</td></tr>
<tr><td>10</td><td>20</td><td>145</td><td>40～80</td></tr>
<tr><td>20</td><td>30</td><td>130</td><td>80～150</td></tr>
<tr><td>30</td><td>50</td><td>120</td><td>150～300</td></tr>
<tr><td rowspan="4">HT200</td><td>2.5</td><td>10</td><td>220</td><td>20～40</td><td rowspan="4">有较好的耐热性和良好的减振性，铸造性能好，需要进行人工时效处理，可承受较大的弯曲应力。用于强度、耐磨性要求较高的重要零件和要求气密性的铸件，例如：气缸、齿轮、机体、飞轮、齿条、铸有导轨的床身、中等压力(800N/cm^2)的液压缸、泵阀体</td></tr>
<tr><td>10</td><td>20</td><td>195</td><td>40～80</td></tr>
<tr><td>20</td><td>30</td><td>170</td><td>80～150</td></tr>
<tr><td>30</td><td>50</td><td>160</td><td>150～300</td></tr>
</table>

续表

HT250	4.0	10	270	20～40	基本性能同 HT200，但强度较高。用于阀体、液压缸、气缸、联轴器、机体、齿轮、齿轮箱外壳、飞轮、衬筒、凸轮、轴承座等
	10	20	240	40～80	
	20	30	220	80～150	
	30	50	200	150～300	
HT300	10	20	290	20～40	白口倾向大，铸造性差，需要进行人工时效处理和孕育处理，可承受较大的弯曲应力。用于强度、耐磨性要求较高的重要零件和要求气密性的铸件，例如：凸轮、齿轮、各种机床的床身、高压液压缸、泵阀体、圆周速度大于 20～25m/s 的带轮
	20	30	250	40～80	
	30	50	230	80～150	
HT350	10	20	340	20～40	用于制造凸轮、齿轮、各种机床的床身、高压液压缸、液压泵和滑阀壳体
	20	30	290	40～80	
	30	50	260	80～150	

七、球墨铸铁（见表 2-7）

表 2-7　　球墨铸铁（节选自 GB/T 1348-1988）的牌号及主要用途

类别	牌号	铸件壁厚（mm）	力学性能			特性和用途（非标准所列，供参考）
			σ_b（MPa）	δ（%）	硬度（HB）	
单铸试块	QT400-18	—	400	18	130～180	有较好的塑性、韧性、焊接性和可加工性，常温冲击韧度高。用于制造农机具、汽车拖拉机轮毂驱动桥离合器等壳体以及 1.6～6.5MPa 阀门的阀体、阀盖、压缩机气缸、电动机机壳、齿轮箱等
	QT400-15	—	400	15		
	QT450-10	—	450	10	160～210	塑性略低于 QT400-18，焊接性和可加工性较好，强度与小能量冲击力优于 QT-18。用途同上
	QT500-7	—	500	7	170～230	强度与韧性中等，可加工性尚好。用于内燃机机油泵齿轮、汽轮机中温气缸隔板、机车车辆轴瓦、飞轮等
	QT600-3	—	600	3	190～270	强度和耐磨性较好，塑性、韧性较低。用于制造内燃机的曲轴、凸轮轴、连杆，农机具轻负荷齿轮，部分机床的主轴，空压机冷冻机制氧机泵的曲轴、缸体、缸套，球磨机齿轮、各种车轮、滚轮、小型轮机主轴、矿车轮
	QT700-2	—	700	3	225～305	
	QT800-2	—	800	2	245～355	
	QT900-2	—	900	2	280～360	有较高的强度、耐磨性、弯曲疲劳强度、接触疲劳强度和一定的韧性。用于制造内燃机的曲轴、凸轮轴，汽车上的圆锥齿轮转向节、传动轴，拖拉机的减速齿轮和农机具

续表

附铸试块	QT400-18A	30～60	390	18	130～180	特性和用途与上面相应牌号相同
		60～200	370	12		
	QT400-15A	30～60	390	15		
		60～200	370	12		
	QT400-7A	30～60	450	7	170～240	
		60～200	420	5		
	QT400-3A	30～60	600	3	180～270	
		60～200	550	5		
	QT400-2A	30～60	700	2	220～320	
		60～200	650	1		

注:1. 本表适用于砂型铸造或导热性与之相当的铸型中铸造的普通和低合金球墨铸铁件,不适用于球铁管件和连续铸造的球铁件。

2. 牌号后的 A 表示在附铸试块上测定的力学性能以区别单铸试块。当质量不低于 2000kg,壁厚为 30～200mm 时,一般采用附铸试块。

八、可锻铸铁件(见表 2-8)

表 2-8　　可锻铸铁件(节选自 GB/T 9440-1998)的牌号及主要用途

牌号	力学性能			特性和用途（非标准所列,供参考）
	σ_b(MPa)	δ(%)	硬度(HB)	
KTH300-06	300	6	≤150	有一定的韧性和强度,气密性好。适用于承受低动载荷及静载荷、要求气密性好的工作零件,如管道配件、中低压阀门等
KTH330-08	330	8		有一定的韧性和强度。适用于承受中等动载荷及静载荷的零件,如农机犁铧、车轮壳、机床扳手和钢丝绳扎头等
KTH350-10	350	10	160～210	有较高的韧性和强度。用于承受较高的冲击振动及在扭转负荷下工作的零件,如汽车拖拉机上的前后轮壳、转向节壳、制动器等,犁刀,犁柱,铁道零件,升降机、运输机、纺织机零件等
* KTH370-12	370	12	170～230	
KTZ450-06	450	6	150～200	强度较大,韧性较低,耐磨性好,可加工性良好。可用来代替低碳钢、中碳钢、低合金钢及有色合金钢制造要求较高强度和耐磨性的重要零件,如曲轴、连杆、齿轮、凸轮轴、轴承、闸、万向接头、扳手、矿车轮及车工用零件,是近代机械工业中得到广泛应用及有发展前途的结构零件
KTZ550-06	550	4	180～230	
KTZ650-02	650	2	210～260	
KTZ700-02	700	2	240～290	
KTB350-04	350	4	≤230	白心可锻铸铁的特点是:①薄壁铸件仍有较好的韧性;②有非常良好的焊接性,可与钢钎焊;③可加工性好,但工艺复杂,生产周期长,强度及耐磨性较差,在机械工业中较少用。适用于制作厚度在 15mm 以下的薄壁铸件和焊接后不需要进行热处理的零件
KTB380-12	380	12	≤200	
KTB400-05	400	5	≤220	
KTB450-07	450	7		

注:1. 带 * 牌号的为过渡牌号。

2. 牌号中"H"表示黑心;"Z"表示珠光体;"B"表示白心。

3. 本表适用于砂型或导热性与之相当的铸型铸造的可锻铸铁,其他铸型的可锻铸铁也可参考使用。

第二节 常用的有色金属材料及其特性

一、铸造铜合金(见表 2-9)

表 2-9 铸造铜合金(节选自 GB/T 1176-1987)牌号及使用性能

组别	合金牌号	合金名称	铸造方法	特性与用途
锡青铜	ZCuSn3Zn8Pb6Ni1 (ZQSn3-7-5-1)	3-8-6-1 锡青铜	S、J	耐磨性、铸造性、气密性较好,易加工,耐腐蚀,可在流动海水下工作。用于在各种液体燃料及海水、淡水和蒸汽中工作的零件
	ZCuSn3Zn11Pb4 (ZQSn3-12-5)	3-11-4 锡青铜	S、J	铸造性能好,易加工,耐腐蚀。用于在海水、淡水、蒸汽中工作的压力大于 2.5MPa 的管配件
	ZCuSn5Pb5Zn5 (ZQSn5-5-5)	5-5-5 锡青铜	S、J Li、La	耐磨性和耐腐蚀性好,易加工,铸造和气密性较好。用于在较高载荷、中等滑动速度下工作的耐磨、耐腐蚀零件,如轴瓦、衬套、缸套和蜗轮等
	ZCuSn10Pb1 (ZQSn10-1)	10-1 锡青铜	S、J Li、La	硬度高,耐磨性极好,不易产生咬死现象,有较好的铸造和可加工性能,在大气和淡水中有良好的耐腐蚀性。用于在高载荷(20MPa 以下)和高滑动速度(8m/s)下工作的耐磨零件,如连杆、衬套、轴瓦、齿轮、蜗轮
	ZCuSn10Pb5 (ZQSn10-5)	10-5 锡青铜	S、J	耐腐蚀,特别耐稀硫酸、盐酸和脂肪酸腐蚀。用于耐蚀、耐酸的配件以及破碎机衬套、轴瓦
	ZCuSn10Zn2 (ZQSn10-2)	10-2 锡青铜	S、J Li、La	耐蚀、耐磨,可加工和铸造性能好,铸件致密性较高,气密性较好。用于在中小载荷和小滑动速度下工作的重要管配件,以及阀、旋塞、泵体、齿轮、叶轮和蜗轮
铅青铜	ZCuPb10Sn10 (ZQPb10-10)	10-10 铅青铜	S、J Li、La	润滑性能、耐蚀、耐磨性能好。适合用于双金属铸件材料。用于表面压力高,又存在侧压力的滑动轴承、轧辊、车辆用轴承,负荷峰值达 60MPa 的受冲击零件,最高峰值达 100MPa 的内燃机双金属轴瓦以及活塞销套、摩擦片等
	ZCuPb20Sn5 (ZQPb17-4-4)	10-10 铅青铜	S、J	自润滑性和耐磨性能好,可加工性好,铸造性能差。用于一般耐磨件及高滑动速度的轴承等
	ZCuPb20Sn5 (ZQPb25-5)	20-5 铅青铜	S、J、La	有较高的滑动性能,缺乏润滑介质或水润滑时有特别好的自润滑性能。适合用于双金属铸件材料。耐硫酸腐蚀,可加工性好,铸造性能差。用于高滑动速度的轴承,破碎机、水泵、冷轧机轴承,载荷达 40MPa 的零件,抗腐蚀零件,双金属轴承,载荷达 70MPa 的活塞销套等
	ZCuPb30 (ZQP30)	30 铅青铜	J	良好的自润滑性,可加工性好,铸造性能差,容易产生密度偏析。用于要求高滑动速度的双金属轴瓦、减磨零件

续表

铝青铜	ZCuAl8Mn13Fe3	8-13-3 铝青铜	S、J	具有很高的强度和硬度，良好的耐磨性和铸造性能，合金致密性高，耐蚀性好。作为耐磨件工作温度要不大于 400℃，可以焊接，不易钎焊。适用于重型机械用轴套，以及要求强度高、耐磨、耐压零件，如衬套、法兰、阀体、泵体等
	ZCuAl8Mn13Fe3 Ni2 (ZQAl12-8-3-2)	8-13-3-2 铝青铜	S、J	有很高的力学性能，在大气、淡水和海水中均有良好的耐蚀性，腐蚀疲劳强度高，铸造性能好，合金致密性高，气密性好，可以焊接，不易钎焊。适用于要求强度高、耐腐蚀的重要铸件，如船舶螺旋桨、高压阀体、泵体，耐磨耐压零件，如衬套、法兰、齿轮、蜗轮等
	ZCuAl9Fe4Ni4Mn2 (ZQAl9-4-4-2)	9-4-4-2 铝青铜	S	有很高的力学性能，在大气、淡水和海水中均有良好的耐蚀性，腐蚀疲劳强度高，耐磨性良好，在 400℃以下具有耐热性，可以热处理，焊接性能好，不易钎焊，铸造性尚好。适用于要求强度高、耐腐蚀的重要铸件，是船舶螺旋桨的主要材料之一，也可以用于耐磨和在 400℃以下工作的零件，如轴承、齿轮、蜗轮、螺母、法兰、泵体、导向套管
	ZCuAl10Fe3 (ZQAl9-4)	10-3 铝青铜	S、J Li、La	有很高的力学性能，耐蚀性和耐磨性良好，可以焊接，不易钎焊，大型铸件自 700℃空冷可以防止变脆。适用于要求强度高、耐腐蚀、耐磨的重要零件，如轴套、蜗轮、螺母以及在 250℃以下工作的管配件
	ZCuAl10Fe3Mn2 (ZQAl10-3-1.5)	10-3-2 铝青铜	S、J	有很高的力学性能和耐磨性，可热处理，高温下耐腐蚀和抗氧化性能好，在大气、淡水和海水中耐蚀性好，可以焊接，不易钎焊，大型铸件自 700℃空冷可以防止变脆。适用于要求强度高、耐磨、耐腐蚀的零件，如轴承、齿轮、衬套、管嘴以及耐热管配件等
铝黄铜	ZCuZn25Al6FeMn3 (ZHAl66-6-3-2)	25-6-3-3 铝黄铜	S、J	有很高的力学性能，铸造性能良好，耐蚀性较好，有应力腐蚀开裂倾向，可以焊接。适用于高强度、耐磨零件，如桥梁支承板、螺母、螺杆、耐磨滑块和蜗轮等
	ZCuZn26Al4Fe3Mn3	26-4-3-3 铝黄铜	S、J Li、La	有很高的力学性能，铸造性能良好，在大气、淡水和海水中耐蚀性较好，可以焊接。适用于高强度、耐腐蚀零件
	ZCuZn31Al2 (ZHAl67-2.5)	31-2 铝黄铜	S、J	铸造性能良好，在大气、淡水和海水中耐蚀性较好，可加工性好，可以焊接。适用于压力铸造电机、仪表等压铸件以及船舶等中的耐蚀件
	ZCuZn35Al2Mn2Fe1 (ZHFe59-1-1)	35-2-2-1 铝黄铜	S、J Li、La	具有很高的力学性能和良好的铸造性能，在大气、淡水和海水中有较好的耐蚀性，可加工性好，可焊接。用于管路配件和要求不高的耐磨件

二、常用铝材(见表 2-10)

表 2-10　　常用铝材的牌号、特性及用途

组别	牌号	特性与用途
防锈铝	5A02 5A03	强度比 3A21 高，塑性与耐蚀性高，热处理不能强化，焊接性好(5A03 的焊接性优于 5A02)，在冷作硬化状态下的可加工性较好，退火状态下可加工性不良，可抛光。用于在液体下工作的中等强度的焊接件、冷冲压的零件和容器、骨架零件、焊条、铆钉等
	5056	属不可热处理强化的铝合金，有一定的强度、耐蚀性，可加工性良好，阳极化处理后表面美观，且电焊性好。可加工成光学机械部件、船舶部件及导线夹、自行车架等结构件
	5A06	有较高的强度和耐蚀性，退火和挤压状态下塑性尚好，氩弧焊的焊缝气密性和焊缝塑性尚可，气焊和点焊的接头强度为基体强度的 90%～95%，可加工性良好。用于焊接容器、受力零件、飞机蒙皮及骨架等
	5A05 5B05	为铝镁系防锈铝(5B05 的含镁量稍高于 5A05)，强度与 5A03 相当，热处理不能强化，退火状态塑性高，半冷作硬化塑性中等，用氢原子焊、点焊、气焊、氩弧焊时焊接性能尚好。5A05 用于制作在液体中工作的焊接零件、管道和容器以及其他零件；5B05 主要用来制造铆钉，铆钉在退火并进行阳极化处理后铆入结构
防锈铝	5A13	耐蚀性高，焊接性能好，导热性、导电性比纯铝低得多，可用冷变形加工进行强化而不能热处理强化。适用于制造焊接结构件、焊条合金
	3A21	是应用最广的一种防锈铝，它的强度不高，不能热处理强化，在退火状态下有高的塑性，耐蚀性好，焊接性良好，可加工性不良。用于要求较高的可塑性和良好的焊接性，在液体或气体介质中工作的低载荷零件，如油箱、油管、液体容器，其线材可制作铆钉
硬铝	2A01	为铆接铝合金结构用的主要铆钉材料，在淬火和自然时效后的强度较低，但有很高的塑性和良好的工艺性能，焊接性与 2A11 相同，可加工性尚可，耐蚀性不高。广泛用于中等强度和工作温度不高于 100℃的结构用铆钉材料。铆钉在淬火和时效后进行铆接，在铆接中不受热处理后时间限制
	2A02	为耐热硬铝，且有较高的强度，热变形时塑性高，可热处理强化，在淬火及人工时效状态下使用，可加工性良好，耐蚀性比 2A70、2A80 耐热锻铝好，在挤压半成品中，有形成粗晶环的倾向。用于工作温度为 200℃～300℃的涡轮喷气发动机轴向压缩机叶片及其他在较高温度下工作的承力结构件
	2A04 2B11 2B12	均为铆钉用合金，其中 2A04 有较好的耐热性，可在 125℃～250℃时使用，2B12 的强度较高；但其共同缺点是铆钉必须在淬火后一定时间内铆接，故工艺困难，应用范围受到限制(一般在刚淬 2～6h 内铆接)。2B11 适用于制作中等强度的铆钉，2B12 用于制作高强度铆钉时，必须在淬火后 20min 内使用
	2A10	铆钉用合金，有较高的剪切强度，铆接过程不受热处理时间的限制，这是它优于其他铆钉合金之处，但耐蚀性不高。代替 2A01、2B11、2B12 等用于制造要求较高强度的铆钉时，工作温度不宜超过 100℃
	2A11	是应用最早的一种标准硬铝，中等强度，可热处理强化，在淬火和自然时效状态下使用，点焊性能良好，气焊及氩弧焊时有裂纹倾向，热态下可塑性尚好，可加工性在淬火时效状态下尚好，耐蚀性不高。用于制造各种要求中等强度的零件和构件、冲压的连接部件、空气螺旋桨叶片、局部镦粗的零件(如螺栓、铆钉)，用于制作铆钉时应在淬火后 2h 内使用

续表

	2A12	高强度硬铝，可热处理强化，在退火和淬火状态下可塑性中等，电焊性能好，气焊和氩弧焊时有裂纹倾向，抗蚀性不高，常用包铝、阳极氧化及涂漆提高耐腐蚀性，可加工性在淬火和冷作硬化后尚好，退火后低。用于各种要求高负荷的零件(但不包括冲压件和锻件)，如飞机上的骨架零件、蒙皮，以及翼肋、铆钉等在150℃以下工作的零件
	2A16 2A17	耐热硬铝，常温下强度不高而在高温下却有较高的蠕变强度，热态下塑性较高，可热处理强化。2A16点焊、滚焊及氩弧爆焊接性良好，抗蚀性不高，可加工性尚好。用于在250℃～350℃下工作的零件，如轴向压缩机叶片、圆盘；板材用于在常温或高温下工作的焊接件，如容器、气密船舱等。2A17不可焊接，用于要求高强度的锻件和冲压件
锻铝	6A02	中等强度，在热态和退火状态下可塑性高，易于锻造、冲压，在淬火和自然时效状态下具有3A21一样好的耐蚀性，易于点焊和氢原子焊，气焊尚可，可加工性在淬火时效后尚可，用于要求高塑性和高耐蚀性、中等载荷的零件以及形状复杂的锻件，如气冷式发动机曲轴箱、直升机桨叶
	6B02、6070	耐蚀性好，焊接性能良好。可用于制造大型焊接结构、锻件及挤压件
	2A50	高强度锻铝，热态下有高的可塑性，易于锻造、冲压，可热处理强化，工艺性能较好，抗蚀性也较好，但有晶间腐蚀倾向，可加工性和点焊、滚焊、接触焊性能良好，电焊、气焊性能不好。用于制造形状复杂和中等强度的锻件和冲压件
	2B50	热压力加工时(自由锻、模锻、挤压、轧制)都有很好的工艺性能，可进行电焊和滚焊，热处理后易产生应力腐蚀倾向和晶间腐蚀敏感性。可制造复杂形状和中等强度的锻造零件和模锻件，如压缩机的叶轮、飞机结构配件、发动机框架等
	2A70 2A80 2A90	耐热锻铝，可热处理强化，点焊、滚焊和接触焊性能良好，电焊、气焊性能差，耐腐蚀性和可加工性尚好；2A70的热强性和可塑性均较2A80稍高。用于制造内燃机活塞、气压机片、叶轮、圆盘以及其他在高温下工作的复杂锻件。2A90是较早应用的耐热锻铝，2A90正逐新被2A70、2A80所代替
	2A14	高强度锻铝，热强度也较高，但在热态下的可塑性稍差；其他性能和2A50相同。用于制造高负荷和形状简单的锻件和模锻件
	6061 6063	6061可制造中等强度($\sigma_b \geqslant$ 270MPa)，在−70℃～+50℃范围内工作并要求在潮温和海水介质中具有合格耐蚀性能的零件(如直升机螺旋桨叶、水上飞机齿轮箱)。6063可用来制作对强度要求不高($\sigma_b \geqslant$200MPa)、耐蚀性能好、有美观装饰表面、在−70℃～+50℃工作的零件。可用来装饰飞机座舱，民用建筑中广泛用来制作窗框、门框、升降机、家具等。合金经过特殊机械热处理后，具有较高强度和高的导电性能，在电器工业方面得到了广泛应用。6061、6063的公共特点是中等强度、焊接性优良、耐蚀性及可加工性好，是使用范围广、有前途的合金
	7A03	超硬铝铆钉合金，可热处理强化，剪切强度较高，耐蚀性和可加工性尚好，铆接时不受热处理时间的限制。用于制造受力结构的铆钉，当工作温度不高于125℃时可作为2A10铆钉合金的代用品
	7A04、7A09	高强度铝合金，在退火和淬火状态下可塑性中等，可热处理强化，通常在淬火、人工时效状态下使用，此时得到的强度比一般硬铝高得多，但塑性较低，有应力集中倾向，点焊性良好，气焊不良，热处理后的可加工性良好，退火状态稍差。7A09板材的静疲劳、缺口敏感、抗应力腐蚀性能稍优于7A04。用于制造飞机上的大梁、桁条、蒙皮、翼肋、起落架等承力结构和高载荷零件，通常替代2A12

三、钛材(见表 2-11)

表 2-11 钛材的牌号、特性及用途

牌号	特性与用途
TA1 TA2 TA3	均属于工业纯钛，在许多天然和人工环境中具有良好的耐腐蚀性及较高的强度，有较好的疲劳极限，通常在退火状态下使用，锻造性能类似低碳钢或 18-8 型不锈钢，可采用加工不锈钢的一些普通方法进行锻造、成型和焊接。可生产锻坯、板材、棒材、丝材等，可用于航空、医疗、化工等方面，如航空工业中用于排气管、防火墙、热空气管及受热蒙皮以及其他要求延展性、模锻及抗腐蚀的零件
TA4 TA5 TA6	均属于 α 型钛合金，不能热处理强化，通常在退火状态下使用，具有良好的热稳定性和热强性及优良的焊接性，主要用于焊丝材料
TA7	是一种 α 型钛合金，可焊接，在 316℃～593℃下具有良好的抗氧化性、强度及高稳定性。用于锻件及板材零件，如航空发动机压气机叶片、壳体及支架等
TB2	属 β 型钛合金，淬火状态具有很好的塑性，可以冷成型，板材能连续生产，淬火时效后有很高的强度，可焊性好，在高的屈服强度下有高的断裂韧性，但热稳定性差。用于宇航工业结构件，如螺栓、铆钉、钣金件等
TC1 TC2 TC3 TC4 TC6 TC9 TC10	属 α+β 型钛合金，有较高的力学性能和优良的高温变形能力，能进行各种热加工，淬火时效后能大幅度提高强度，热稳定性较差。TC1、TC2 在退火状态下使用，可做低温材料使用；TC3、TC4 有良好的综合力学性能，组织稳定性高，被广泛用于火箭发动机外壳、航空发动机压气机盘、叶片、结构锻件、紧固件等；TC6 进一步提高了合金的热强性；TC9、TC10 具有较高的室温、高温力学性能，以及良好的热稳定性和塑性

注：1. 钛中加入 Al、Sn 或 Zr 等 α 稳定元素，其主要作用是固溶强化 α 钛，此时的钛合金称 α 型钛合金。
2. 钛中加入 V、Mo、Mn、Fe、Cr 等 β 稳定元素，主要作用是使合金组织具有一定量的 β 相，使合金强化，此时的钛合金称 β 型钛合金。
3. 合金中加入了 α、β 稳定元素，称(α+β)两相钛合金。
4. TA8、TC7 为 1994 年国标修订删除的牌号，TB1、TC5、TC8 为 1982 年制定国标时删除的牌号。

第三节 热处理及相关说明

一、如何在图样上正确地注明热处理要求(见表 2-12、表 2-13)

表 2-12　零件图样上应注明的热处理要求

<table>
<tr><th>方法</th><th>一般零件</th><th>重要零件</th></tr>
<tr><td>普通热处理</td><td>①热处理方法
②硬度:标注波动范围一般为 HRC 在 5 个单位左右;HB 在 30 ~ 40 个单位左右
<table>
<tr><th>已知</th><th>各种硬度的近似换算式</th><th>适用范围</th></tr>
<tr><td rowspan="3">HRA</td><td>HRC≈2HRA - (101 ~ 101.6)</td><td>39 ~ 51HRC</td></tr>
<tr><td>HRC≈2HRA - (101.8 ~ 102.4)</td><td>52 ~ 61HRC</td></tr>
<tr><td>HRC≈2HRA - (102.6 ~ 102.8)</td><td>63 ~ 65HRC</td></tr>
<tr><td>HRC</td><td>HB≈2500/[(118 ~ 101) - HRC]</td><td>30 ~ 51HRC</td></tr>
<tr><td>HRB</td><td>HB≈7300/(135 - HRB)</td><td></td></tr>
<tr><td colspan="3">简单估算:HRC≈0.1HB。当 HB <400 时,HV≈HB;HB≈7HS</td></tr>
</table></td><td>①热处理方法
②零件不同部位的硬度范围
③必要时提出零件不同部位的金相组织要求
<table>
<tr><th>零件名称</th><th>材料</th><th>热处理</th><th>硬度</th><th>金相组织</th></tr>
<tr><td>连杆螺栓</td><td>40Cr</td><td>调质</td><td>31HRC</td><td>回火索氏体</td></tr>
<tr><td>柴油机凸轮轴</td><td>QT600-3</td><td>等温淬火</td><td>40 ~ 45HRC</td><td>下贝氏体 + 球状石墨</td></tr>
<tr><td>汽车板簧</td><td>60Si2Mn</td><td>淬火、回火</td><td>40 ~ 45HRC</td><td>回火托氏体</td></tr>
<tr><td>铲齿</td><td>ZGMn13</td><td>水韧处理</td><td>180 ~ 200HRC</td><td>奥氏体</td></tr>
<tr><td>车床主轴</td><td>45</td><td>整体调质,轴颈高频淬火</td><td>200 ~ 230HB
45 ~ 50HRC</td><td>回火索氏体
回火马氏体</td></tr>
</table></td></tr>
<tr><td>表面淬火</td><td>①热处理方法
②硬度
③淬火区域</td><td>①热处理方法,必要时提出预先热处理要求
②表面淬火硬度、心部硬度
③淬硬层深度
④表面淬火区域
⑤必要时提出变形要求</td></tr>
<tr><td>渗碳</td><td>①热处理方法
②硬度
③渗层深度:目前工厂多用下述方法确定
<table>
<tr><th>使用场合</th><th>深度</th></tr>
<tr><td>碳素渗碳钢</td><td>由表面到过渡层 1/2 处</td></tr>
<tr><td>含铬渗碳钢</td><td>由表面到过渡层 2/3 处</td></tr>
<tr><td>合金渗碳钢</td><td>过共析、共析、过渡区总和</td></tr>
</table>
④渗碳区域</td><td>①热处理方法
②淬火、回火后表面硬度、心部硬度
③渗碳层深度
④渗碳区域
⑤必要时提出渗碳层含碳量,一般在下述范围内
<table>
<tr><th rowspan="2">状态</th><th colspan="3">w(C)(%)</th></tr>
<tr><th>表面过共析区</th><th>共析区</th><th>亚共析(过渡)区</th></tr>
<tr><td>炉冷</td><td>0.9 ~ 1.2</td><td>0.7 ~ 0.9</td><td><0.7</td></tr>
<tr><td>空冷</td><td>1.0 ~ 1.2</td><td>0.6 ~ 1.2</td><td><0.6</td></tr>
</table>
⑥必要时提出心部金相组织要求</td></tr>
<tr><td>氮化</td><td>①热处理方法
②表面和心部硬度(表面硬度 HV 或 HRA 测定)
③氮化层深度(一般应≤0.6mm)
④氮化区域</td><td>①热处理方法
②除一般零件的几项要求外,还需提出心部力学性能要求
③必要时还需要提出金相组织及对渗氮层脆性的要求</td></tr>
<tr><td>碳氮共渗</td><td>①中温碳氮共渗与渗碳相同
②低温碳氮共渗与氮化相同</td><td>①中温碳氮共渗与渗碳相同
②低温碳氮共渗与氮化相同</td></tr>
</table>

表 2-13　　热处理工艺的基础分类及代号

<table>
<tr><th>工艺总称</th><th>代号</th><th>工艺类型</th><th>代号</th><th>工艺总称</th><th>代号</th><th>加热方法</th><th>代号</th></tr>
<tr><td rowspan="20">热处理</td><td rowspan="20">5</td><td rowspan="8">整体热处理</td><td rowspan="8">1</td><td>退火</td><td>1</td><td rowspan="3">加热炉</td><td rowspan="3">1</td></tr>
<tr><td>正火</td><td>2</td></tr>
<tr><td>淬火</td><td>3</td></tr>
<tr><td>淬火＋回火</td><td>4</td><td rowspan="2">感应</td><td rowspan="2">2</td></tr>
<tr><td>调质</td><td>5</td></tr>
<tr><td>稳定化处理</td><td>6</td><td rowspan="3">火焰</td><td rowspan="3">3</td></tr>
<tr><td>固溶处理和水韧处理</td><td>7</td></tr>
<tr><td>固溶处理＋时效</td><td>8</td></tr>
<tr><td rowspan="4">表面热处理</td><td rowspan="4">2</td><td>表面淬火和回火</td><td>1</td><td rowspan="2">电阻</td><td rowspan="2">4</td></tr>
<tr><td>物理气相沉淀</td><td>2</td></tr>
<tr><td>化学气相沉淀</td><td>3</td><td rowspan="2">激光</td><td rowspan="2">5</td></tr>
<tr><td>等离子气体化学气相沉积</td><td>4</td></tr>
<tr><td rowspan="8">化学热处理</td><td rowspan="8">3</td><td>渗碳</td><td>1</td><td rowspan="3">电子束</td><td rowspan="3">6</td></tr>
<tr><td>碳氮共渗</td><td>2</td></tr>
<tr><td>渗氮</td><td>3</td></tr>
<tr><td>碳氮共渗</td><td>4</td><td rowspan="2">等离子</td><td rowspan="2">7</td></tr>
<tr><td>渗其他非金属</td><td>5</td></tr>
<tr><td>渗金属</td><td>6</td><td rowspan="3">其他</td><td rowspan="3">8</td></tr>
<tr><td>多元共渗</td><td>7</td></tr>
<tr><td>熔渗</td><td>8</td></tr>
</table>

二、如何恰当地提出热处理要求(见表 2-14～表 2-17)

材料热处理是零件设计中必须认真考虑的问题。如何恰当地提出热处理要求，关系到产品的使用性能是否能得到可靠的保证。在工程上除应用类比方法，参照工作条件、工作性质、结构相近的零件的热处理方法外，还可以根据表 2-14 列出的一些原则和方法进行适当的选择。

表 2-14　零件和热处理方法选用的一般原则

<table>
<tr><th colspan="2">零件的工作条件及零件举例</th><th>材料</th><th>建议选用的热处理工艺方法</th></tr>
<tr><td colspan="2">单纯受压应力，要求消振及耐磨性，如机床床身、机架、箱体等</td><td>灰铸铁</td><td>①一般高温时效
②要求高的可正火、调质、等温回火
③耐磨部位可进行表面淬火或软氮化</td></tr>
<tr><td colspan="2" rowspan="2">单纯受应压力，要求有高的 σ_b 和 σ_s</td><td>中碳钢及中碳合金钢</td><td>调质</td></tr>
<tr><td>低碳合金钢</td><td>淬火＋低温回火</td></tr>
<tr><td colspan="2" rowspan="3">承受交变载荷，要求有高强度、疲劳强度和塑性、韧性，并要求局部耐磨，如主轴、曲轴、凸轮轴及其他传动轴</td><td>中碳钢及中碳合金钢</td><td>①正火或调质（重要或高精度零件调质），要求耐磨处表面淬火，精度要求高的（如镗杆）调质后氮化
②轴类表面最后还可以进行滚压、喷丸加工</td></tr>
<tr><td>低碳钢及低碳合金钢</td><td>渗碳淬火＋低温回火</td></tr>
<tr><td>球墨铸铁</td><td>正火、调质或等温回火，耐磨处表面淬火</td></tr>
<tr><td colspan="2">承受大幅度弹性变形、高 σ_s/σ_b 值、高疲劳强度、足够的韧性，如各种弹簧</td><td>碳素钢或合金弹簧钢</td><td>①淬火＋中温回火
②小弹簧在冷卷成型后进行 200℃～300℃的去应力处理</td></tr>
<tr><td rowspan="4">除承受一般的应力外，还受强烈的磨损</td><td rowspan="2">齿轮、凸轮、活塞销等</td><td>低碳钢及低碳合金钢</td><td>渗碳＋渗氮共渗淬火＋低温回火</td></tr>
<tr><td>中碳钢及中碳合金钢</td><td>①正火或调质后表面淬火
②碳氮共渗淬火＋低温回火</td></tr>
<tr><td rowspan="2">精密偶件</td><td>GCr15 或高速钢</td><td>淬火＋冷处理＋回火</td></tr>
<tr><td>18Cr2Ni4WA 等</td><td>渗碳、淬火＋冷处理＋低温回火</td></tr>
<tr><td colspan="2" rowspan="3">以高硬度、高耐磨性、高热硬性、高淬透性为主，如加工各种模具</td><td>碳素钢或低合金钢</td><td>淬火＋低温回火</td></tr>
<tr><td>W18Cr4V、Cr12MoV、3Cr2W8 等高速钢、模具钢</td><td>淬火＋500℃～560℃多次回火</td></tr>
<tr><td>5Cr2Ni4WA 等热模具钢</td><td>淬火＋中温回火</td></tr>
<tr><td colspan="2">以特殊物理、化学性能为主，如汽轮机叶片、内燃机进排气阀等</td><td>不锈钢、耐热钢</td><td>①淬火＋回火
②固溶处理等</td></tr>
</table>

表 2-15　　常用最终热处理方法的应用

最终热处理方法		用途及硬度范围	在工艺路线中的位置
整体淬火＋低温回火		处理以高硬度、高耐磨性为主的高碳钢或高碳合金工具钢件，如刀具、工具、量具、球轴承等。硬度：58～64HRC	锻造—球化退火—机械加工—淬火＋低温回火—磨
		处理承受中等载荷，同时需要耐磨的 w(C)＝0.38%～0.5%的中碳钢和中碳合金钢零件，如低速、低载的精密传动齿轮和轴等。硬度：45～55HRC	锻造—退火—机械加工—淬火＋低温回火—磨
整体淬火＋中温回火		处理要求在一定韧性条件下具有高的弹性极限和屈服极限的零件，如弹簧及热锻模等。硬度：35～45HRC	例如汽车板簧：扁钢剪断—加热成型—淬火＋低温回火—喷丸—装配
调质		处理要求高的综合力学性能的 w(C)＝0.38%～0.50%的中碳钢和中碳合金钢零件，如连杆、轴等连接件及传动件。硬度：200～350HB	锻造—退火（正火）—粗加工—调质—精机械加工
调质（或正火）后表面淬火＋低温回火		处理承受重载荷并具有良好耐磨性的 w(C)＝0.4%～0.5%的调质钢零件，如机床齿轮、主轴及曲轴的轴颈等。硬度：心部 200～250HB，表面 45～55HRC	锻造—退火—粗机械加工—调质—精机械加工—表面淬火＋低温回火—磨
渗碳、淬火＋低温回火		处理承受重载荷、在复合应力及冲击负荷下具有高耐磨性、w(C)＝0.15%～0.32%的低碳钢及低碳合金钢零件，如汽车、拖拉机齿轮、轴等。硬度：心部 25～35HRC，表面 58～62HRC	锻造—正火—机械加工—渗碳—淬火＋低温回火—磨
碳氮共渗、淬火＋低温回火		处理承受较重载荷并具有耐磨性的低碳或中碳的碳钢和合金钢零件，如齿轮、轴等。硬度：心部 25～55HRC（视材料而定），表面 58～62HRC	锻造—正火或退火—机械加工—碳氮共渗—淬火＋低温回火—磨
调质后氮化		处理心部要求有高的综合力学性能、表面要求耐磨性高并具有一定抗蚀性，同时要求热处理变形小的中碳合金钢件，如精密磨床机床主轴、镗杆、齿轮、高精度钻模、阀门等。硬度：心部 25～35HRC，表面 HV≥900	锻造—退火—粗机械加工—调质—精机械加工—去应力退火—粗磨—氮化—精磨—时效—研磨
人工时效	高温人工时效	消除铸造、焊接、机械加工所产生的应力，稳定工件的形状及尺寸，如用于处理铸铁床身、焊接机架或精密件加工工序间应力	以铸件为例：铸造—高温人工时效—粗加工—高温人工时效—精加工
	冷处理和低温人工时效	用于要求保持高硬度及尺寸稳定性的精密工件，如柴油机喷嘴、精密轴承、量具等。硬度：不低于 62HRC	以精密偶件针阀体为例：下料—机加工—去应力—机加工—淬火—冷处理—低温人工时效—精磨—低温人工时效

表 2-16　结构钢零件热处理方法的选择

热处理方法	用途
退火(完全退火、不完全退火)	工作载荷轻、速度低的 $w(\mathrm{C})=0.15\%\sim0.45\%$ 的碳钢零件
正火(在静止空气中或在吹风中冷却)	
淬火—高温回火	中等载荷的 $w(\mathrm{C})=0.38\%\sim0.50\%$ 的中碳钢和中碳合金钢零件，正火—高温回火也用来进行锻件的预热处理代替长时间的退火
正火—高温回火	
退火或正火—淬火—低温回火	承受中等载荷同时需要耐磨的 $w(\mathrm{C})=0.38\%\sim0.50\%$ 的中碳钢和中碳合金钢零件
正火—高温回火—淬火—低温回火	
正火—渗碳—淬火—低温回火	承受重载荷、在复合应力及冲击载荷下具有高耐磨性的 $w(\mathrm{C})=0.15\%\sim0.32\%$ 的低碳钢和低碳合金钢零件 淬火后在渗碳层中有大量残余奥氏体的 $w(\mathrm{C})=0.15\%\sim0.32\%$ 的合金钢，如：20Cr2Ni14A、18CrNiW 等渗碳零件，坦克、重型汽车的齿轮，大型轧钢机轴承
正火—高温回火—渗碳—高温回火—淬火—低温回火	
碳氮共渗—淬火—低温回火	在较重载荷下具有耐磨性的中碳钢及合金钢零件
正火(或调质)—氮化	耐磨性高或抗腐蚀的低碳或中碳钢及合金钢零件
正火(或调质)—表面处理—低温回火	在承受重载荷下具有良好耐磨性的 $w(\mathrm{C})=0.4\%\sim0.5\%$ 的调质钢

表 2-17　按性能要求或工作条件选择热处理方法

方法	性能要求或工作条件	选择
退火与正火	可加工性	金属硬度为 170～230HB 时有良好的可加工性，低、中碳钢以正火为预先热处理为好；高碳结构钢和工具钢则以退火为好。多数情况下中碳以上合金钢都需要退火，不宜正火
	使用性能	性能要求不高，随后不宜再进行淬火与回火的一般零件，可用正火来提高力学性能，但复杂或大型铸件，正火冷却速度快，有形成裂纹的危险时，退火为好。另外，从热处理(淬火)的变形开裂倾向来看，正火也不如退火
	经济性	正火比退火生产周期短，能耗少，且操作简单，所以在可能的条件下，优先选用正火来替代退火

续表

整体淬火与表面热处理	一般受力情况均可		整体淬火
	同时受磨损和交变应力者，应考虑		表面热处理
	受磨损较大而不受交变应力的零件		高碳钢经淬火及低温回火，或用低碳钢经渗碳、淬火及低温回火
	用于磨损和交变应力作用下的零件	传递功率大，摩擦压力小，摩擦速度高，冲击小	中碳合金钢：渗氮，变形极小，可用于各种结构复杂程度的零件
			中碳钢：高频淬火，变形小，可用于结构简单的零件
		传递功率大，摩擦压力大，摩擦速度不太高，冲击不太大	采用渗碳方法，对于低碳合金钢，变形较小，对于低碳钢，变形大。两者均适合各种结构复杂程度的零件
		传递功率大，摩擦压力大，摩擦速度不太高，冲击大	
回火	低温回火	要求高硬度及高耐磨性的零件，如渗碳件、表面淬火的齿轮等	①一般零件尽量不用中温回火，以防止回火脆性 ②时效一般只用于高合金钢，对碳钢、低合金钢不适用 ③高温回火不能保持高硬度，低温回火不能消除更多的残余奥氏体，所以精密零件需要冷处理、回火、时效
	中温回火	在一定韧性条件下有高弹性和屈服极限的零件，如弹簧热锻模等	
	高温回火	要求有高力学性能的零件，如各种连杆及传动件（连杆、轴）	
	冷处理及低温时效	要求保持淬火后的高硬度及尺寸稳定性的精密零件，如柴油机喷嘴、精密轴承及量具等	

三、普通热处理工艺特点及作用（见表 2-18）

表 2-18　普通热处理工艺特点及作用

名称	操作方法	作用
退火（焖火）	将工件加热到 A_{C_1} 或 A_{C_3} 相变温度以下或以上，保温后，随炉冷却下来。通过相变以获得珠光体组织，或不发生相变以消除应力降低硬度	①处理工作载荷轻、速度低的 $w(C)=0.15\%\sim0.45\%$ 的碳钢件 ②降低硬度，提高塑性，改善切削加工性能和压力加工性能 ②细化晶粒，调整组织，改善力学性能，为下一步工序做准备 ④消除铸、锻、焊、轧、冷加工等产生的内应力
	根据不同的材料和对性能的要求不同，退火热处理包括：完全退火、不完全退火、扩散退火、等温退火、球化退火、去应力退火和再结晶退火。其具体操作方法、目的和应用请参阅相关的书籍	

续表

<table>
<tr><td>正火（又称正常化或明火）</td><td colspan="2">将工件加热到 A_{c_m} 或 A_{c_3} 以上 30℃～50℃后，保持一定温度后，以稍大于退火的冷却速度冷却。如空冷、风冷、喷雾等，得到片层间距较小的珠光体组织（有的叫正火索氏体）</td><td>正火的目的与退火相似，具体应用如下：
①w(C)<0.25%的低碳钢工件，代替退火，利于切削加工。正火温度应提高到 A_{c_3} +（100℃～150℃）为宜，统称高温退火
②消除过共析钢中的网状渗碳体，以利球化退火。对于截面尺寸较大的过共析钢，应避免采用正火处理
③对于某些大重型、截面有急剧变化、形状复杂的钢件，应用正火处理代替淬火处理，以避免产生严重变形或开裂
④对于 w(C)＝0.25%～0.5%的中碳钢工件，如 35、45 钢可适用正火替代退火，但对于同样含碳量的合金钢在正火后还要进行去应力退火
⑤对于性能要求不高的普通结构零件，可用正火作为最终热处理来提高力学性能</td></tr>
<tr><td rowspan="2">淬火</td><td colspan="2">将钢加热到相变温度以上，保温一定时间，快速冷却</td><td>淬火一般是为了得到高硬度的马氏体组织，但对于某些高合金钢（如不锈钢、耐磨钢），进行淬火则是为了获得单一均匀的奥氏体组织，以分别提高其耐腐蚀性和耐磨性。目的如下：
①提高硬度和耐磨性
②为回火做准备，以获得良好的综合力学性能</td></tr>
<tr><td colspan="3">应根据不同的材料、形状、尺寸和所需要的力学性能，采用不同的淬火方法，主要有单液淬火、双液淬火、等温淬火、喷雾淬火。如果工件只需要局部提高硬度，则可以进行局部淬火，避免工件其他部分产生变形和开裂</td></tr>
<tr><td>表面淬火</td><td colspan="3">表面淬火处理方法是通过改变零件表面层组织，获得高硬度的马氏体，而保留心部韧性和塑性，或同时改变表层的化学成分，获得耐腐蚀、耐酸、耐碱性能，主要有火焰表面淬火、感应加热表面淬火、电接触加热表面淬火、脉冲表面淬火、激光表面淬火等。详细的请参见相关的专业书籍</td></tr>
<tr><td rowspan="4">回火</td><td colspan="2">将淬火后的工件重新加热到 A_{c_1} 以下某一温度，保温一定时间，然后取出以一定的方式冷却下来</td><td>回火的主要目的：
①降低脆性，消除内应力，减少工件的变形和开裂
②调整硬度，提高塑性和韧性，获得工件所需要的力学性能
③稳定工件尺寸</td></tr>
<tr><td>低温回火</td><td>回火温度为 150℃～250℃</td><td>目的是降低内应力和脆性，保持淬火后的高硬度和耐磨性，用于各种工具、模具、滚动轴承、渗碳或表面淬火的零件</td></tr>
<tr><td>中温回火</td><td>回火温度为 350℃～450℃</td><td>目的是在保持一定韧性的条件下，提高弹性和屈服强度，主要用于各种弹簧、锻模、冲击工具及某些要求高强度的零件，如刀杆等</td></tr>
<tr><td>高温回火</td><td>回火温度为 500℃～680℃，回火后获得索氏体组织</td><td>调质处理可以获得强度、塑性、韧性都较好的综合力学性能，广泛应用于各种重要的结构零件。特别是在交变应力作用下的连杆、螺栓、齿轮及轴等，调质处理可作为它们的最终热处理，也可作为某些精密零件，如丝杠等的预先热处理，以减小最终热处理的变形，并为获得较好的最终性能提供组织基础</td></tr>
</table>

续表

<table>
<tr><td rowspan="2">时效处理</td><td>高温时效</td><td>加热略低于高温回火的温度，保温后缓冷到至300℃以下出炉</td><td rowspan="2">时效与回火有类似的作用，目的是使淬火后的工件进一步消除内应力，稳定工件尺寸，常用来处理要求形状不再发生变形的精密工件，如精密轴承、精密丝杠、床身、箱体等实际上就是低温补充回火</td></tr>
<tr><td>低温时效</td><td>将工件加热到温度为100℃～150℃，保持较长的时间(一般为5～20h)</td></tr>
<tr><td>冷处理</td><td colspan="2">将淬火后的工件在0℃以下的低温介质中继续冷却到－80℃，截面冷到温度均匀一致后取出空冷</td><td>目的是提高工件硬度、抗拉强度，稳定工件尺寸，主要用于合金钢制成的精密量具、刀具和精密零件，如量块，量规，铰刀，样板，高精度的丝杠、齿轮等。冷处理还可以使磁钢更好地保持磁性</td></tr>
<tr><td>渗碳</td><td colspan="2">将工件放入渗碳介质中，在900℃～950℃加热，保温，使钢件表层增加含碳量，渗碳后必须淬火</td><td>目的是提高钢表层的硬度和耐磨性，而心部仍保持韧性和高塑性。通常对 $w(C)=0.15\%\sim0.25\%$ 的低碳钢及低合金钢进行渗碳处理。大截面的零件或中心部位要求较高的强度及承受重载荷的零件均采用 $w(C)=0.2\%\sim0.3\%$ 的钢进行</td></tr>
<tr><td></td><td>几种典型零件的渗碳层深度(mm)</td><td colspan="2">
<table>
<tr><td colspan="8">机床齿轮模数(mm)</td><td colspan="4">汽车、拖拉机齿轮模数(mm)</td></tr>
<tr><td>1～1.25</td><td>1.5～1.75</td><td>2～2.25</td><td>3</td><td>3.5</td><td>4～4.5</td><td>5</td><td>>5</td><td>2.5</td><td>3.5～4</td><td>4～5</td><td>>5</td></tr>
<tr><td>0.3～0.5</td><td>0.4～0.6</td><td>0.5～0.8</td><td>0.6～0.9</td><td>0.7～1</td><td>0.8～1.1</td><td>1.1～1.5</td><td>1.2～2</td><td>0.6～0.9</td><td>0.9～1.2</td><td>1.2～1.5</td><td>1.4～1.8</td></tr>
<tr><td colspan="3">厚度小于1.2mm的摩擦片、样板等</td><td colspan="3">厚度小于2mm的摩擦片、样板、离合器等</td><td colspan="2">轴、轴套、活塞、支撑销、离合器等</td><td colspan="2">主轴、轴套、大型离合器等</td><td colspan="2">镶钢导轨、大轴、大模数齿轮</td></tr>
<tr><td colspan="3">0.2～0.4</td><td colspan="3">0.4～0.7</td><td colspan="2">0.7～1.1</td><td colspan="2">1.1～1.5</td><td colspan="2">1.5～2</td></tr>
</table>
</td></tr>
<tr><td>渗氮</td><td colspan="2">将工件放入渗氮介质中，加热到500℃～600℃，使钢件表面渗入氮原子。为了保证工件心部的力学性能，氮化前要进行调质处理</td><td>氮化后不再需要淬火就可使工件具有很高的表面硬度及耐磨性和耐热性，可显著提高钢的疲劳强度，具有较高的抗腐蚀性。广泛应用于各种高速传动精密齿轮、高精度机床主轴、镗杆，交变载荷下要求很高疲劳强度的零件，如发动机气缸、阀门等</td></tr>
</table>

四、典型零件热处理方法应用实例(见表 2-19)

表 2-19　典型零件热处理方法应用实例

名称	工作条件及应用			材料	热处理方法及要求
齿轮	低速	轻载	无冲击力。非重要产品的齿轮传动、机床溜板齿轮等	HT200、HT250、HT300	去应力退火
		中载	标准系列减速器齿轮等	45、40Cr、40MnB (50、42MnVB)	调质,硬度:200～250HB
		重载	无大冲击。机床主轴箱齿轮等	40Cr(42MnVB)	淬火、中温回火,硬度:40～45HRC
	中速	中载	无猛烈冲击。机床主轴箱齿轮等	40Cr、40MB、42MnVB	调质或正火,感应加热表面淬火,低温回火,时效,硬度:50～55HRC
		中、重载	机床主轴箱的次要齿轮等	45	高频淬火,350℃～370℃回火,硬度:40～45HRC
		重载		40Cr、40MnB(40MnVB、42CMo、40CrMnMo、40CrMnMoVBA)	淬火,中温回火,硬度:45～50HRC
	高速	轻、中载	有冲击的小齿轮	15、20、20Cr、20MnVB	渗氮,淬火,低温回火,硬度:52～62HRC
				38CrAl、38CrMoAl	渗氮,深度:0.5mm,硬度:900HV
		中载	无猛烈冲击。机床主轴箱齿轮	40Cr、40MnB、(40MnVB)	高频感应加热淬火,硬度:50～55HRC
		中载	有冲击。结构复杂的重要齿轮,如汽车变速箱齿轮	20Cr、20MnVB	渗氮,淬火,低温回火或渗碳后高频感应加热淬火,硬度:56～62HRC
				18MnTi、20CrMnTi	锻造—正火—加工齿形—局部渗铜—渗碳(1.2～1.6mm)、预冷淬火、低温回火—磨齿—喷丸,硬度:齿面58～60HRC,心部25～35HRC
		重载	有冲击。模数小于5mm的齿轮	20Cr	渗碳,淬火,低温回火,硬度:52～62HRC
		中、重载	模数大于6mm、有高强度和耐磨性的齿轮,如立式车床上重要的螺旋圆锥齿轮	18CrMnTi	
		重载	有冲击且结构复杂的重要齿轮,如高速柴油机、重型载重汽车、航空发动机等设备上的齿轮	12Cr2N14A、20Cr2N14A、18Cr2N14WA、20CrMnMoNBA	锻造—退火—粗加工—去应力—半精加工—渗碳(1.2～1.5mm)—退火软化—淬火—冷处理—低温回火—精磨,硬度:59～62HRC
	载荷不高的大型齿轮,如大型龙门刨齿轮			50MnZ、50、65Mn	淬火,空冷,硬度:小于241HB

续表

<table>
<tr><td rowspan="4">齿轮</td><td colspan="2">载荷不高的低速精密传动齿轮</td><td rowspan="2">35CrMo</td><td>淬火，低温回火，硬度：45～50HRC</td></tr>
<tr><td colspan="2">精密传动、有一定耐磨性要求的大齿轮</td><td>调质，硬度：255～302HB</td></tr>
<tr><td colspan="2">要求高耐磨性的鼓风机齿轮</td><td>45</td><td>调质，尿素盐浴软氮化</td></tr>
<tr><td colspan="4">机床齿轮速度的分组：低速：转速＜2m/s，单位压力为350～600MPa；中速：转速为2～6m/s，单位压力为100～1000MPa，冲击载荷不大；高速：转速为4～12m/s，弯曲力矩大，单位压力为200～700MPa。一般机械齿轮最常用的材料是45钢和40Cr。其热处理方法选择如下：①整体淬火（较少应用）：提高强度、硬度（50～55HRC）和承载能力，变形大，需要磨齿或研齿，只适用于载荷较大、无冲击的齿轮。②调质：硬度、韧性中等，适用于低速中载荷的齿轮，啮合的小齿轮齿面硬度要比大齿轮高出25～40HB。③正火：不适合淬火和调质的大直径齿轮采用正火处理。④表面淬火：机床齿轮广泛采用高频淬火，直径较大的采用火焰表面淬火。对于受较大冲击载荷的齿轮，要求高韧性，因此要采用低碳钢（中小载荷）或低碳合金钢（大载荷）渗碳后进行表面淬火热处理工艺</td></tr>
<tr><td rowspan="14">轴</td><td rowspan="10">滑动摩擦轴</td><td>圆周速度小于2m/s，要求有较高的表面硬度，如机床进给箱、变速箱的小轴</td><td>45、50，形状复杂的轴用40Cr、42MnVB</td><td rowspan="2">调质，硬度：228～255HB；轴颈处高频感应加热淬火，硬度：45～50HRC</td></tr>
<tr><td>圆周速度小于3m/s，要求高硬度、变形小，如中间带传动装置的小轴</td><td>40Cr、42MnVB</td></tr>
<tr><td>圆周速度不小于3m/s，大弯曲载荷及摩擦条件下，如机床变速箱小轴</td><td>15、20、20Cr、20MnVB</td><td>渗碳，淬火，低温淬火，硬度：58～ 62HRC</td></tr>
<tr><td>中、重载荷，转速、精度较高，冲击、疲劳载荷较大</td><td>40Cr</td><td>调质，硬度：228～225HB或248～286HB；轴颈和装配部位高频感应加热淬火，硬度：45～50HRC</td></tr>
<tr><td>转速与精度要求高于上例，其他同上</td><td>45Cr、42CrMo</td><td>表面硬度：HRC≥45，其他同上</td></tr>
<tr><td>重载、高速，精度很高（≤0.003mm），疲劳强度很高，如高精度磨床、镗床主轴</td><td>38CrAlMoA</td><td>调质，硬度：248～286HB；轴颈渗氮，硬度HV≥900</td></tr>
<tr><td>轻或中等载荷、低速、精度要求不高、略有冲击、疲劳载荷可忽略的主轴或转速小于1m/s的次要花键轴</td><td>45</td><td>调质，硬度：228～255HB</td></tr>
<tr><td>轻或中等载荷，转速稍高，精度要求较高，有冲击，疲劳载荷不大</td><td>45</td><td>正火或调质，硬度：228～255HB；轴颈和装配部位高频感应加热淬火，硬度：45～50HRC</td></tr>
<tr><td>中载，高速，心部强度要求不高，疲劳应力较大，如磨床、重型齿轮铣床等主轴</td><td>20Cr</td><td>渗碳，淬火，低温回火，硬度：58～62HRC</td></tr>
<tr><td>重载，高速，有冲击，疲劳应力很大</td><td>18CrMnTi、20CrMnMoVA</td><td>渗碳，淬火，低温回火，硬度：不低于95HRC</td></tr>
<tr><td colspan="2">轴主要受扭，如电动机轴</td><td>35及45</td><td>正火或正火并回火，硬度：187HB及217HB</td></tr>
<tr><td colspan="2">受扭并要求耐腐蚀，如各种泵</td><td>3Cr13及4Cr13</td><td>1000℃～1050℃油淬火，硬度：42HRC及48HRC</td></tr>
<tr><td colspan="2">高载荷的花键轴，需高强度和耐磨，变形小</td><td>45</td><td>高频感应加热淬火，水冷，低温回火，硬度：52～58HRC</td></tr>
<tr><td colspan="4">高精度、高转速（＞2000r/min）主轴要用氮化钢进行渗氮处理以得到更高硬度</td></tr>
</table>

第三章　毛坯及其制造方法

第一节　毛坯及其表面层厚度

选择毛坯或绘制毛坯图是编制工艺规程最初阶段的重要工作之一，取决于零件的材料、形状、生产性质等。常见的毛坯种类、制造方法及适用场合见表 3-1，设计时进行适当的选择。

表 3-1　　毛坯的种类、制造方法及适用场合

<table>
<tr><th>毛坯种类</th><th colspan="2">制造方法</th><th>适用场合</th></tr>
<tr><td rowspan="3">轧制材料
（冷、热轧）</td><td colspan="2">型 材</td><td rowspan="3">国家标准详细地规定了各种材质的钢板（冷、热轧的钢板和带材）、型钢（扁钢、方钢、六角钢、槽钢、轻轨和重轨等）、钢管（有缝、无缝、异型管等）和钢丝等材料的型号、规格，供各种不同的场合使用</td></tr>
<tr><td colspan="2">带 材</td></tr>
<tr><td colspan="2">板 材</td></tr>
<tr><td rowspan="4">成件毛坯</td><td rowspan="4">铸造件</td><td>砂模铸造</td><td>适用于各种金属材料的铸造成型。手工造型适用于单件及小批量生产，也用于大型零件的铸造，机器造型适用于大批量的生产，比手工有较高的效率和精度</td></tr>
<tr><td>金属模制造</td><td>适用于质量在 12g 以下、批量大而没有复杂外形及薄壁的铸造件。具有较好的力学性能及较准确的尺寸，一般尺寸偏差为 0.3～0.6mm</td></tr>
<tr><td>压力铸造</td><td>适用于小尺寸、大批量的形状复杂（如有孔、螺纹、内外筋板等）的有色金属及其合金材料的零件。一般尺寸偏差为 0.01～0.1mm</td></tr>
<tr><td>离心铸造</td><td>内孔尺寸不精确，内表面粗糙，加工余量大，不适用于单件、小批量生产。目前，离心铸造已广泛用于铸造铁管、气缸铜套、双金属轴承、特殊的无缝管坯、造纸机滚筒等简单套形、筒形零件</td></tr>
</table>

续表

成件毛坯	铸造件	消失模铸造	也叫真空实型铸造，国际上称 EPC 工艺。铸件尺寸形状精确，重复性好，表面光洁，具有精密铸造特点。模型不需分型开边，铸件无飞翅、毛刺；铸件内部组织致密，浇注系统处理好可使铸件无缩孔、缩松，适用范围广
	铸造件	自由铸造	适用于制造外形简单的零件，特别适合制造对称外形的零件。适用于多品种、小批量的生产，通用性大，应用广泛
		模锻	制造精度相对高，留的加工余量小，制造成本高，适用于中小型零件的制造
	冷冲件		适用于由薄板材料形成的各种复杂程度的零件。模具成本高，适用于大批量生产
	焊接、铆接件		多为钢板或型钢，焊接成型比较简单、加工面积比较小、单件或小批的大型零件。生产周期短，强度和刚度优于铸铁，在许多情况下，焊接几乎完全取代了铆接

某表面的设计尺寸与其毛坯尺寸之差称为毛坯的机械加工余量，在不考虑其他因素的前提下，其大小取决于加工过程中各个工序应切除金属层的总和。要特别注意的是，第一个切削工序的加工余量还取决于毛坯需要加工处表面层的状况。表面金属层不同于表皮内部的金属。铸铁件有较硬的外壳（如白口铸铁）；锻件有氧化层和脱碳层。如果切削刃在有较高硬度、有缺陷的表面层切削，将使刀具加速磨损，因此刀具切入金属层的厚度应大于表面层的厚度。各种毛坯的表面层厚度见表 3-2。

表 3-2　　各种毛坯的表面层厚度　　单位：mm

自由铸件		模铸件		铸件	
碳钢	≤1.5	碳钢	≤1	灰铸铁	1～4
合金钢	2～4	合金钢	≤0.5	铸铁	2～5

第二节　铸件的机械加工余量

铸件的机械加工余量按 GB/T 6414-1999 的规定进行选取。该标准适用于砂型铸造、金属型铸造、压力铸造、低压铸造和熔模铸造等方法生产的各种金属及合金铸件。

一、铸件机械加工余量及其等级

加工余量由精到粗分为 A、B、C、D、E、F、G、H、J 九个精度等级。

铸件加工余量的等级按表 3-3 选定。加工余量代号用“MA” 表示，余量公差代号用

“CT”表示。

表 3-3　　铸件的机械加工余量等级(GB/T 6414-1999)

生产类型	工艺方法 尺寸公差 加工余量		加工余量等级								
			铸钢	灰铸铁	球墨铸铁	可锻铸铁	铜合金	锌合金	轻金属合金	镍基合金	钴基合金
成批和大量生产	砂型手工造型	CT	11～13	11～13	11～13	10～12	10～12	—	9～11	—	—
		MA	J	H	H	H	H	—	H	—	—
	砂型机器造型	CT	8～10	8～10	8～10	8～10	8～10	—	7～9	—	—
		MA	H	G	G	G	G	—	G	—	—
	金属型铸造	CT	—	7～9	7～9	7～9	7～9	7～9	6～8	—	—
		MA	—	F	F	F	F	F	F	—	—
	低压铸造	CT	—	7～9	7～9	7～9	7～9	7～9	6～8	—	—
		MA	—	F	F	F	F	F	F	—	—
	压力铸造	CT	—	—	—	—	6～8	4～6	5～7	—	—
		MA	—	—	—	—	E	E	E	—	—
	熔模铸造	CT	5～7	5～7	5～7	—	4～6	—	4～6	5～7	5～7
		MA	E	E	E	—	E	—	E	E	E
小批和单件生产	干、湿砂型	CT	13～15	13～15	13～15	13～15	13～15	—	11～13	—	—
		MA	J	H	H	H	H	—	H	—	—
	自硬砂	CT	12～14	11～13	12～13	11～13	10～12	—	10～12	—	—
		MA	J	H	H	H	H	—	H	—	—

铸件的加工余量按表 3-4 选定。

表 3-4　　铸件的机械加工余量　　单位:mm

尺寸公差等级 CT		3	4	5		6			7			8					9				
加工余量等级 MA		C	D	D	E	D	E	F	D	E	F	D	E	F	G	H	D	E	F	G	H
基本尺寸		加工余量数值																			
—	≤100	0.5 0.4	0.6 0.5	0.8 0.6	0.9 0.8	0.8 0.6	1.0 0.4	1.5 1.5	1.0 0.7	1.5 0.9	2.0 1.5	1.5 0.8	1.5 1.0	2.0 1.5	2.5 2.0	3.0 2.5	1.5 1.0	2.0 1.5	2.5 2.0	3.0 2.5	3.5 3.0
>100	≤160	0.6 0.5	0.9 0.8	1.0 0.8	1.5 1.5	1.0 0.9	1.5 1.5	2.0 2.0	1.5 0.9	2.0 1.5	2.5 2.0	1.5 1.5	2.0 1.5	2.5 2.0	3.0 2.5	4.0 3.5	2.0 1.5	2.5 2.0	3.0 2.5	3.5 3.0	4.5 4.0
>160	≤250	0.8 0.7	1.5 1.0	1.5 1.0	2.0 1.5	1.5 1.5	2.0 2.0	2.5 2.5	1.5 1.5	2.0 2.0	5.0 2.5	2.0 1.5	2.5 2.0	3.0 2.5	4.0 3.5	5.0 4.5	2.5 1.5	3.0 2.5	3.5 3.0	4.5 4.0	5.5 5.0
>250	≤400	0.9 0.8	1.5 1.5	1.5 1.5	2.0 2.0	2.0 1.5	2.5 2.0	3.5 3.0	2.0 1.5	2.5 2.0	3.5 3.0	2.5 2.0	3.0 2.5	4.0 3.5	5.0 4.5	6.5 6.0	3.0 2.0	3.0 2.0	4.5 3.5	5.5 4.5	7.0 6.0

续表

>400	≤630	—	2.0 1.5	2.0 1.5	2.5 2.5	2.0 1.5	2.5 2.5	4.0 3.5	2.5 2.0	3.0 2.5	4.0 3.5	2.5 2.0	3.5 2.5	4.5 4.0	5.5 5.0	7.5 7.0	3.0 2.5	4.0 3.0	5.0 4.0	6.0 5.0	7.5 7.0
>630	≤1000	—	—	2.5 2.0	3.0 2.5	2.5 2.0	3.0 3.0	4.5 4.0	2.5 2.0	3.5 3.0	4.5 4.0	3.0 2.5	4.0 3.0	5.0 4.5	6.5 6.0	8.5 8.0	3.5 2.5	4.5 3.5	5.5 4.5	7.0 6.0	9.0 8.0

尺寸公差等级 CT		10				11				12				13				14		15		16	
加工余量等级 MA		E	E	G	H	E	F	G	H	F	G	H	J	F	G	H	J	H	J	H	J	H	J
基本尺寸		加工余量数值																					
—	≤100	2.5 1.5	3.0 2.0	3.5 2.5	4.0 3.0	3.0 2.0	3.5 2.5	4.0 3.0	4.5 3.5	3.0 2.0	3.5 2.5	4.0 3.0	4.5 3.5	5.5 3.5	6.0 4.0	6.5 4.5	7.5 5.5	7.5 5.0	8.5 6.0	9.0 5.5	10 6.5	11 6.5	12 7.5
>100	≤160	3.0 2.0	3.5 2.5	4.0 3.0	5.0 4.0	3.5 2.5	4.0 3.0	4.5 3.5	5.5 4.5	3.5 2.5	4.0 3.0	4.5 3.5	5.5 4.5	6.5 4.0	7.0 4.5	8.0 5.5	9.0 6.5	9.0 6.0	10 7.0	11 7.0	12 8.0	13 8.0	14 9.0
>160	≤250	3.5 2.5	4.0 3.0	5.0 4.0	6.0 5.0	4.5 3.0	5.0 3.5	6.0 4.5	7.0 5.5	4.5 3.0	5.0 3.5	6.0 4.5	7.0 5.5	7.5 5.0	8.5 6.0	9.5 7.0	11 8.5	11 7.5	13 9.0	13 8.5	15 10	15 9.5	17 11
>250	≤400	4.0 3.0	5.0 4.0	6.0 5.0	7.5 6.5	5.0 3.5	6.0 4.5	7.0 5.5	8.5 7.0	7.0 5.0	8.0 6.0	9.5 7.5	11 9.0	8.5 5.5	9.5 6.5	11 8.0	13 10	13 9.0	15 11	15 10	17 12	18 12	20 14
>400	≤630	4.5 3.5	5.5 4.5	6.5 5.5	8.5 7.5	5.5 4.0	6.5 4.0	7.5 6.0	9.5 8.0	8.0 5.5	9.0 6.5	11 8.5	14 10	10 6.5	11 7.5	13 9.5	16 12	15 11	18 13	17 12	20 14	20 13	23 16
>630	≤1000	5.5 4.0	6.5 5.0	8.0 6.5	10 8.5	6.5 4.5	6.5 4.5	9.0 7.0	11 9.0	9.0 6.5	11 8.0	13 11	16 13	12 7.5	13 9	15 11	18 14	17 12	20 15	20 14	23 17	23 15	26 18

注：1."基本尺寸"按加工要求表面上的最大基本尺寸与该表面距其工艺基准间的尺寸中较大尺寸确定，回转体取直径和轴向尺寸中较大的值。

2.表中上面的数值是以一侧为基准、进行单侧加工的加工余量；下面的数值为进行双侧加工时，每侧的加工余量值。

3.砂型铸造的铸件，顶面（相对浇注位置）的加工余量等级比底面和侧面的加工余量等级需降低一级选用，例如：尺寸公差为 CT10 级，底面、侧面加工余量为 MA-G 级，顶面的精度等级则应该为 MA-11 级。

4.砂型铸造铸件的底、侧面所采用加工余量等级为选定的尺寸公差等级所对应的全部加工余量等级中最粗级时，其顶面的加工余量等级则需选用尺寸公差降一级对应的与底、侧面相同的加工余量等级。例如：底、侧面加工余量为 CT10 级、MA-H 级，顶面则为 CT11 级、MA-H 级。

5.砂型铸造孔的加工余量等级可选用与顶面相同的等级。

6.对于单件和小批量生产的铸件上的不同加工表面，也允许采用相同的加工余量数值。

7.一般情况下，一种铸件只能选择一个尺寸公差等级和一个加工余量等级。当有特殊要求时，可采用非标准加工余量。

二、铸件的尺寸公差数值及其他相关尺寸的确定

铸件的尺寸公差数值按表 3-5 选取。

表 3-5　　　　铸件的尺寸公差数值　　　　单位：mm

基本尺寸		公差等级(CT)													
大于	至	3	4	5	6	7	8	9	10	11	12	13	14	15	16
—	3	2.14	0.20	0.28	0.40	0.56	0.80	1.2	—	—	—	—	—	—	—
3	6	0.16	0.24	0.32	0.48	0.64	0.90	1.3	—	—	—	—	—	—	—
6	10	0.18	0.26	0.36	0.52	0.74	1.0	1.5	2.0	2.8	4.2	—	—	—	—
10	16	0.20	0.28	0.38	0.54	0.78	1.1	1.6	2.2	3.0	4.4	—	—	—	—
16	25	0.22	0.30	0.42	0.58	0.82	1.0	1.7	2.4	3.2	4.6	6	8	10	12
25	40	0.24	0.32	0.46	0.64	0.90	1.3	1.8	2.6	3.6	5.0	7	9	11	14
40	63	0.26	0.36	0.50	0.70	1.0	1.4	2.0	2.8	4.0	5.6	8	10	12	16
63	100	0.28	0.40	0.56	0.78	1.1	1.6	2.2	3.2	4.4	6	9	11	14	18
100	160	0.30	0.44	0.62	0.88	1.2	1.8	2.5	3.6	5.0	7	10	12	16	20
160	250	0.34	0.34	0.70	1.0	1.4	2.0	2.8	4.0	5.6	8	11	14	18	22
250	400	0.4	0.56	0.78	1.1	1.6	2.2	3.2	4.4	6.2	9	12	16	20	25
400	630	—	0.64	0.90	1.2	1.8	2.6	3.6	5	7	10	14	18	22	28
630	1000	—	—	1.0	1.4	2.0	2.8	4.0	6	8	11	16	20	25	32

注：1. 表中未列 CT1 和 CT2 是为将来可能要求更精密的公差保留的。

2. CT13～CT16 小于或等于 16mm 的铸件，其公差数值需单独标注，可提高 2～3 级。

3. 壁厚尺寸比一般尺寸公差降 1 级公差带，应对称于铸件基本尺寸设置。

表 3-6 列出了铸件的其他相关尺寸。

表 3-6　　　　铸件的其他相关尺寸　　　　单位：mm

铸造孔的最小尺寸			
铸造方法	合金种类	一般最小孔径	特殊最小孔径
砂型及壳型铸造	全部	30	8～10
金属型铸造	有色	10～20	5
压力铸造	锌合金	5～10	1
	铝合金		2.5
	镁合金		2
	铜合金		3
熔模铸造	有色	5～10	2
	黑色		2.5

各种铸造方法的铸件最小壁厚

铸件表面积(cm²)	砂型铸造			金属型铸造			壳型铸造				压力铸造					熔模铸造
	铝硅合金	ZM-5 ZL-201 ZL-301	铸铁	铝硅合金	ZM-5 ZL-201 ZL-301	铸铁	铝镁合金	钢合金	铸铁	钢	铝锡合金	锌合金	镁合金	铝合金	铜合金	铜

续表

～25	2	3	2	2	3	2.5	2	2	2	2	0.6	0.8	1.3	1	1.5	1.2
25～100	2.5	3.5	2.5	2.5	3	3	2	2	2	2	0.7	1	1.8	1.5	2	1.6
100～225	3	4	3	3	4	3.5	2.5	3	2.5	4	1.1	1.5	2.5	2	3	2.2
225～400	3.5	4.5	4	4	5	4	3	3.5	3	4	1.5	2	3	2.5	3.5	3
400～1000	4	5	5	4	6	4.5	4	4	4	5	—	—	4	4	—	—

错型值

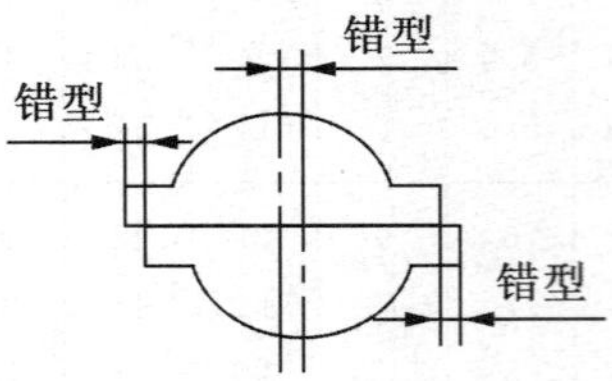

公差等级 CT	错型值	公差等级 CT	错型值
3～4	表 2-5 的公差以内	9～10	1.0
5	0.3	11～13	1.5
6	0.5	14～16	2.5
7～8	0.7		

第三节　锻件的机械加工余量

确定锻件的加工余量和公差的主要因素有：

(1)锻件的质量：按图样尺寸加上其尺寸上偏差的一半进行计算得到。

(2)锻件的形状复杂系数 S

$$S = m_{锻件} / m_{外廓包容体}$$

式中：$m_{锻件}$——锻件质量；

$m_{外廓包容体}$——锻件外廓包容体的质量。

(3)分模线形状：有平直分模线或对称弯曲分模线和不对称弯曲分模线两类。

(4)锻件的质量系数：分 M_1 和 M_2 两级。

(5)零件加工表面粗糙度：适用于机械加工表面粗糙度 $Ra \geqslant 1.6\mu m$ 的表面，当加工表面粗糙度 $Ra < 1.6\mu m$ 时，其余量要加大。

表 3-7 为锻件的形状复杂系数 S 的分级表。

表 3-7　　锻件形状复杂系数 S 的分级表

级别	S 数值范围	级 别	S 数值范围
简单	$S_1 > 0.63 \sim 1$	较复杂	$S_3 > 0.16 \sim 0.32$
一般	$S_2 > 0.32 \sim 0.63$	复杂	$S_4 < 0.16$

注：当锻件为薄形圆盘或法兰件，其厚度与直径之比小于 0.2 时，直接确定为复杂级。

表 3-8 所列为锻件内孔直径的机械加工余量。

表 3-8　　**锻件内孔直径的机械加工余量**

孔径		孔深					孔径		孔深				
＞	≤	＞0	＞63	＞100	＞140	＞200	＜	≤	＞0	＞63	＞100	＞140	＞200
		≤63	≤100	≤140	≤200	≤280			≤63	≤100	≤140	≤200	≤280
—	25	2.0	—	—	—	—	63	100	2.5	3.0	3.0	4.0	—
25	40	2.0	2.6	—	—	—	100	160	2.6	3.0	3.4	4.0	4.6
40	63	2.0	2.6	3.0	—	—	160	250	3.0	3.0	3.4	4.0	4.6

表 3-9 所列为模锻件内外表面的加工余量。

表 3-9　　**模锻件内外表面的加工余量**　　单位:mm

锻件质量(kg)		锻件单面余量						
		厚度(直径)方向	水平方向					
			＞	0	315	400	630	800
＞	≤		≤	315	400	630	800	1250
0	0.4	1.0～1.5	1.0～1.5		1.5～2.0	2.0～2.5	—	—
0.4	1.0	1.5～2.0	1.5～2.0		1.5～2.0	2.0～2.5	2.0～3.0	—
1.0	1.8	1.5～2.0	1.5～2.0		1.5～2.0	2.0～2.7	2.0～3.0	—
1.8	3.2	1.7～2.2	1.7～2.2		2.0～2.5	2.0～2.7	2.0～3.0	2.5～3.5
3.2	5.0	1.7～2.2	1.7～2.2		2.0～2.5	2.0～2.7	2.5～3.5	2.5～4.0
5.0	10.0	2.0～2.5	2.0～2.5		2.0～2.5	2.3～3.0	2.5～3.5	2.7～4.0
10.0	20.0	2.0～2.5	2.0～2.5		2.0～2.7	2.3～3.0	2.5～3.5	2.7～4.0
20.0	50.0	2.3～3.0	2.0～3.0		2.5～3.0	2.5～3.5	2.7～4.0	3.0～4.5
50.0	120	2.5～3.2	2.5～3.5		2.5～3.5	2.7～3.5	2.7～4.0	3.0～4.5
120	250	3.0～4.0	2.5～3.5		2.5～3.5	2.7～4.0	3.0～4.5	3.0～4.5
		3.5～4.5	2.7～3.5		2.7～3.5	3.0～4.0	3.0～4.5	3.5～5.0
		4.0～5.5	2.7～4.0		3.0～4.0	3.0～4.5	3.5～4.5	3.5～5.0

注:本表适用于热模压力机、模锻锤、平锻机及螺旋压力机上生产的模锻件。例如:锻件的质量为 3kg,在 1600t 热模压力机上生产,零件无磨削精加工工序,锻件形状复杂系数为 S_3,长度为 480mm,查出该零件的余量是:厚度方向为 1.7～2.2mm,水平方向为 2.0～2.7mm。

其他各类锻件的机械加工余量可按表 3-10 进行计算确定。

表 3-10　　**锻件的机械加工余量**

锻件种类简图	余量 a 的计算公式	备注
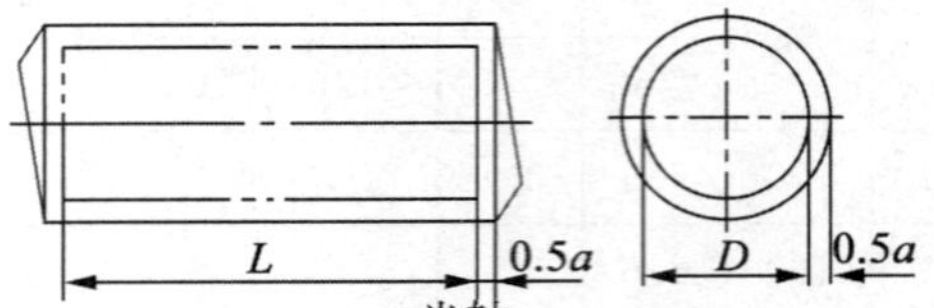 光轴	$a=0.22L^{0.2}D^{0.5}$	$D>65$mm 时，按 65mm 计算 $L>300$mm 时，按 300mm 计算
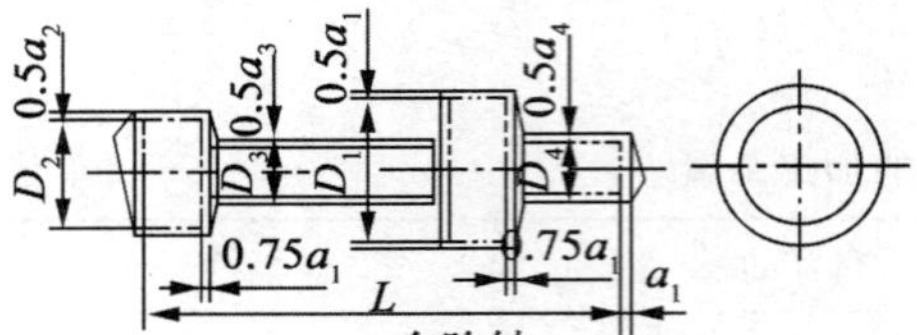 台阶轴	$a_i=0.26L^{0.2}D_i^{0.5}$ $i=1,2,3,4$	
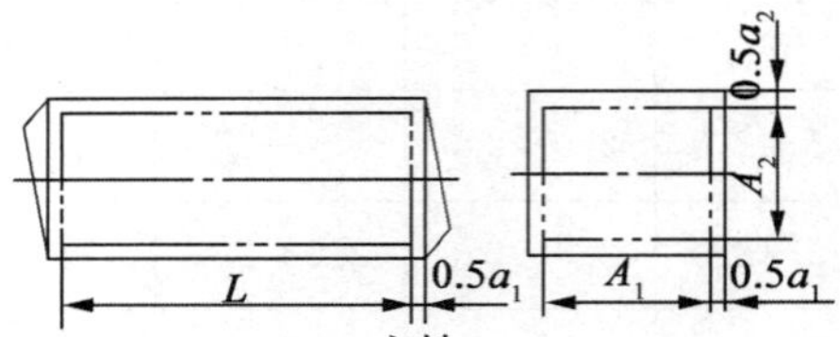 方轴	$a_i=0.24L^{0.2}A_i^{0.5}$ $i=1,2$	$D>65$mm 时，按 65mm 计算 $L>300$mm 时，按 300mm 计算
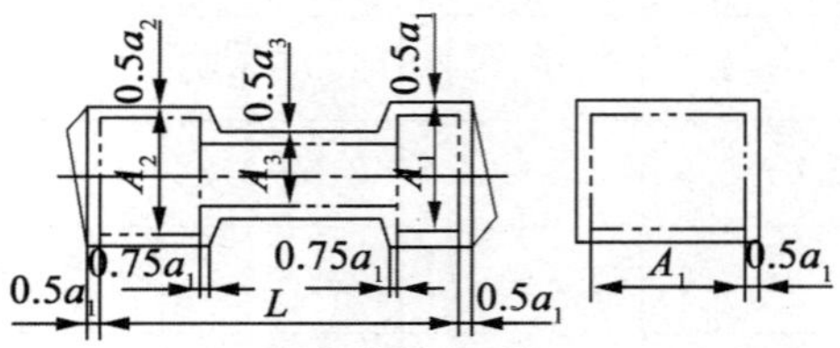 有台阶长方形坯	$a_i=0.28L^{0.2}A_i^{0.5}$ $i=1,2,3,4$	
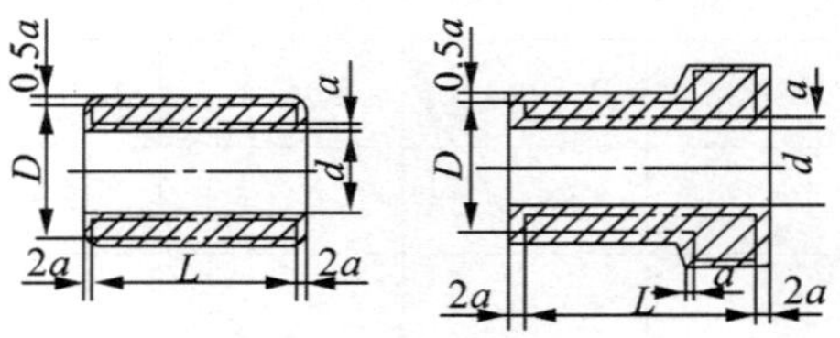 空心轴	$a=0.4L^{0.2}D^{0.5}$	适用于 $D\geqslant70$mm，$L\geqslant200$ 的锻件

续表

<table>
<tr>
<td>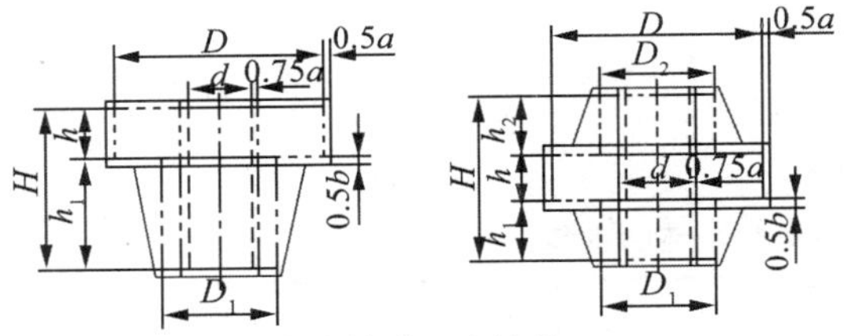

凸肩齿轮或凸肩法兰</td>
<td>$a=0.25H^{0.2}D^{0.5}$</td>
<td rowspan="2">$D<100$mm 时，按 100mm 计算
$H<50$mm 时，按 50mm 计算</td>
</tr>
<tr>
<td>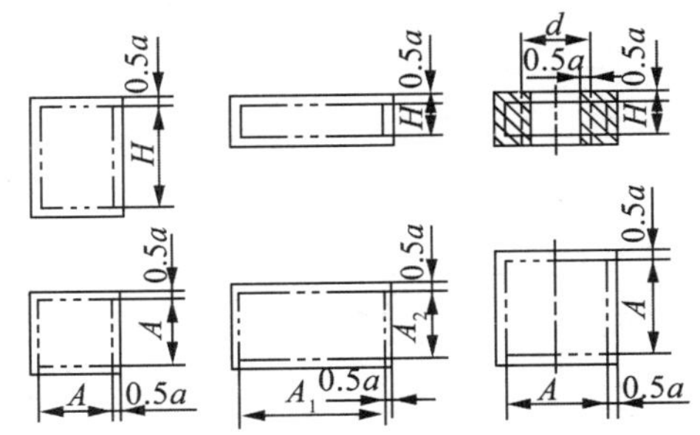

$H\leqslant1.5A$　$H\leqslant1.5A_1,A_2$　$H\leqslant A$　$d\leqslant0.5A$
矩形板</td>
<td>$a=0.18H^{0.2}A^{0.5}$</td>
</tr>
<tr>
<td>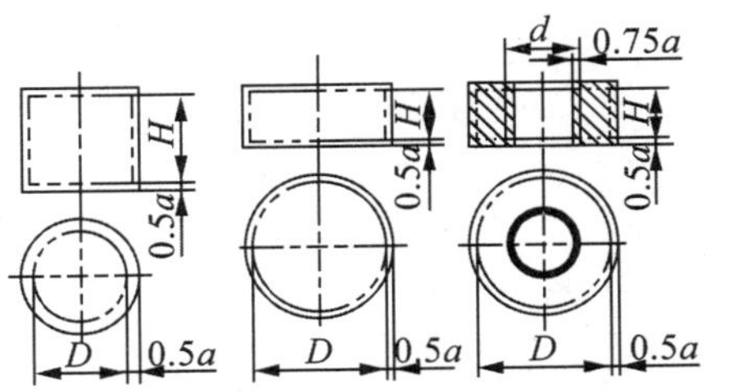

$H\leqslant1.5D$　$H\leqslant0.5D$　$H\leqslant1.5D$　$d\leqslant0.5D$
圆板、圆环</td>
<td>$a=0.18H^{0.2}D^{0.55}$</td>
<td>$D<100$mm 时，按 100mm 计算
$H<50$mm 时，按 50mm 计算</td>
</tr>
</table>

第四节　轧制件的机械加工余量

一、轴类零件热轧棒料(见表 3-11)

表 3-11　　轴类零件采用热轧棒料毛坯的直径　　单位:mm

零件的基本尺寸 d	零件的长度与基本尺寸之比				零件的基本尺寸 d	零件的长度与基本尺寸之比			
	≤4	>4～8	>8～12	>12～20		≤4	>4～8	>8～12	>12～20
	毛坯的直径					毛坯的直径			
5	7	7	8	8	37	40	42	42	42
6	8	8	8	8	38	42	42	42	43
8	10	10	10	11	40	43	45	45	45
10	12	12	13	13	42	45	48	48	48
11	14	14	14	14	44	48	48	50	50
12	14	14	15	15	45	48	48	50	50
14	16	16	17	18	46	50	52	52	52
16	18	18	18	19	50	54	54	55	55
17	19	19	20	21	55	58	60	60	60
18	20	20	21	22	60	65	65	65	70
19	21	21	22	23	65	70	70	70	75
20	22	22	23	24	70	75	75	75	80
21	24	24	24	25	75	80	80	85	85
22	25	25	26	26	80	85	85	90	90
25	28	28	28	30	85	90	90	95	95
27	30	30	32	32	90	95	95	100	100
28	32	32	32	32	95	100	105	105	105
30	33	33	34	34	100	105	110	110	110
32	35	35	36	36	110	115	120	120	120
33	36	36	38	38	120	125	125	130	130
35	38	38	39	39	130	140	140	140	140
36	39	40	40	40	140	150	150	150	150

注:1. 带台阶的轴如最大直径接近于中间部分,应按最大直径选择毛坯的直径;如最大直径接近于端部,毛坯直径可小些。

2. 确定毛坯的直径时,应先考虑本厂中常用的轧制材料的种类(尺寸)。

二、车后不磨削的易切削钢轴类(见表 3-12)

表 3-12　　易切削钢轴类外圆直径的选用(车后不磨削)　　单位:mm

零件的基本尺寸 d	零件的长度与基本尺寸之比					零件的基本尺寸 d	零件的长度与基本尺寸之比				
	≤4	＞4～8	＞8～12	＞8～16	＞16～12		≤4	＞4～8	＞8～12	＞8～16	＞16～20
	毛坯的直径						毛坯的直径				
4	5	5	5	5	5	24	26	26	26	26	26
5	6	6	6	6	6	25	27	27	27	27	27
6	7	7	7	7	7.5	28	30	30	30	30	30
7	8	8	8	8	8.5	30	32	32	32	32	32
8	9	9	9	9.5	9.5	32	34	34	34	34	34
9	10	10	11	11	11	35	38	38	38	38	38
10	11	11	12	12	12	38	40	40	40	40	40
11	12	12	12.5	12.5	12.5	40	42	42	42	42	42
12	13	13	14	14	14	42	44	44	44	44	44
13	14	14	15	15	15	45	47	47	47	47	47
14	15	15	16	16	16	48	50	50	50	50	50
15	16	16	17	17	17	50	52	52	52	52	52
16	17	17	18	18	18	52	55	55	55	55	55
17	18	19	19	19	19	55	58	58	58	58	58
18	19	20	20	20	20	58	60	60	60	60	60
19	21	21	21	21	21	60	64	64	64	64	64
20	22	22	22	22	22	65	68	68	68	68	68
22	24	24	24	24	24	70	75	75	75	75	75
23	25	25	25	25	25	80	85	85	85	85	85

注:带台阶的轴如最大直径接近于中间部分,应按最大直径选择毛坯的直径;如最大直径接近于端部,毛坯直径可小些。

三、轧制圆棒料(见表 3-13)

表 3-13　　轧制圆棒料切断和端面加工余量　　单位:mm

基本尺寸 d	切断后不加工时的余量				端面加工时的余量	
	机械弓锯	切断机床上用圆盘锯	车床上用切断刀	铣床上用圆盘铣刀	零件长度	
					≤300	＞300～1000
≤35	2	2	3	3	2	2
＞30～50	2	—	4	4	2	4
＞50～60	2	—	5	—	3	6
＞60～80	2	6	7	—	3	7
＞80～150	2	6	—	—	4	8

注:毛坯切断后不再进行加工的,只给出切宽余量;还需加工的,要在加工面上附加补充余量。

四、车后需淬火及磨削的易切削钢轴类(见表 3-14)

表 3-14　易切削钢轴类外圆直径的选用(车后需淬火及磨削)　　单位:mm

零件的基本尺寸 d	零件的长度与基本尺寸之比					零件的基本尺寸 d	零件的长度与基本尺寸之比				
	≤4	>4～8	>8～12	>8～16	>16～20		≤4	>4～8	>8～12	>8～16	>16～20
	毛坯的直径						毛坯的直径				
4	5.6	5.6	5.6	5.6	5.6	24	26	26	26	26	26
5	6.5	6.5	6.5	6.5	6.5	25	27	27	27	27	27
6	7.5	7.5	7.5	7.5	7.5	28	30	30	30	30	30
7	8.5	8.5	8.5	8.5	8.5	30	32	32	32	32	32
8	9.5	9.5	9.5	9.5	9.5	32	34	34	34	34	34
9	11	11	11	11	11	35	38	38	38	38	38
10	12	12	12	12	12	38	40	40	40	40	40
11	12.5	12.5	12.5	12.5	13	40	42	42	42	42	42
12	14	14	14	14	14	42	44	44	44	44	44
13	15	15	15	15	15	45	47	47	47	47	47
14	16	16	16	16	16	48	50	50	50	50	50
15	17	17	17	17	17	50	52	52	52	52	52
16	18	18	18	18	18	52	55	55	55	55	55
17	19	19	19	19	19	55	58	58	58	58	58
18	20	20	20	20	20	58	60	60	60	60	60
19	21	21	21	21	21	60	64	64	64	64	64
20	22	22	22	22	22	65	68	68	68	68	68
22	24	24	24	24	24	70	75	75	75	75	75
23	25	25	25	25	25	80	85	85	85	85	85

注:带台阶的轴如最大直径接近于中间部分,应按最大直径选择毛坯的直径;如最大直径接近于端部,毛坯直径可小些。

第五节　常见问题及基本对策

一、锻造应注意的常见问题和解决方法(见表 3-15)

表 3-15　　锻造应注意的常见问题和解决方法说明

应注意的问题	解决方法说明
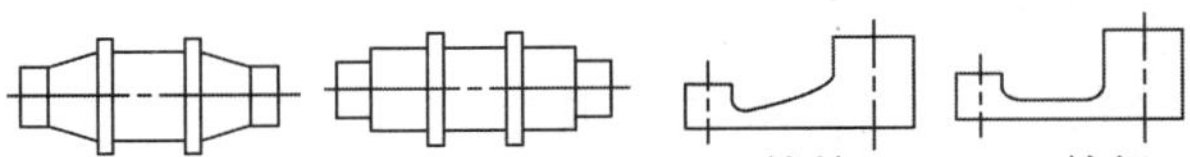 自由锻应避免锥形和楔形	自由锻不容易锻造出锥形和楔形，应尽量采用平直结构
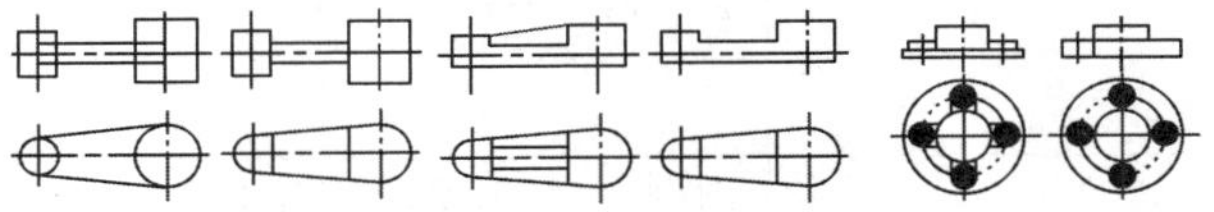 自由锻形体要尽量简单	圆柱体与平板连接要避免相贯的复杂形式，避免用筋板、十字、工字和复杂的凸台等结构形式，用钻沉头孔代替在凸台上钻孔，使得锻造结构简单化
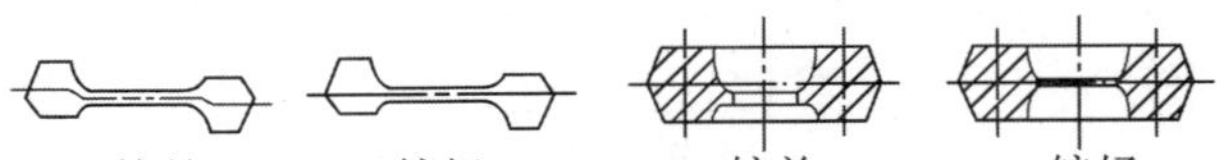 模锻分模面的合理性	分模面一般应选取在锻件最大尺寸的截面上，并且为平面，尽量在对称中心。应保证锻件从模膛中顺利取出。内外表面都要有足够的拔模斜度，孔不宜过深
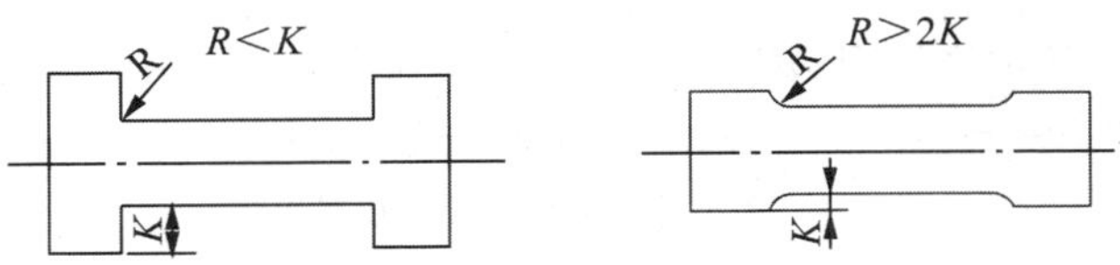 模锻应有适当的圆角半径	模锻件所有转角处均应设计成圆角，以便使金属在模膛内易于流动，保持金属纤维的连续性，提高锻件质量和模具寿命。一般外圆角半径 r 取 1.5～12mm，内圆角半径 R 取$(3\sim4)r$
应使模膛浅而宽，以利于金属充满模膛，以便能及时发现错模	
模锻时不直接锻出通孔，在该部位留有一层较薄的金属，称为连皮，锻造后与飞边一起切除。直径小于 30mm 的孔一般不予锻出	

二、铸造应注意的常见问题和解决方法(见表 3-16)

表 3-16　　**铸造应注意的常见问题和解决方法说明**

<table>
<tr><th>应注意的问题</th><th colspan="3">解决方法说明</th></tr>
<tr><td>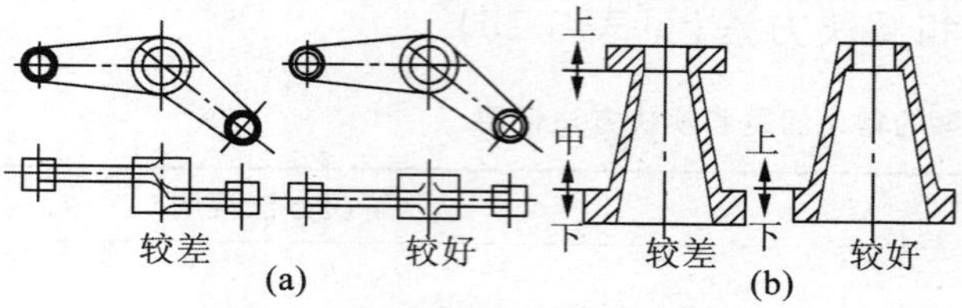分型面力求简单</td><td colspan="3">分型面应尽量为平面，且要尽可能少。图(a)中将弯曲的分型面改成平面的较为合理，图(b)中原来需要三箱造型，改造后两箱造型就可以</td></tr>
<tr><td>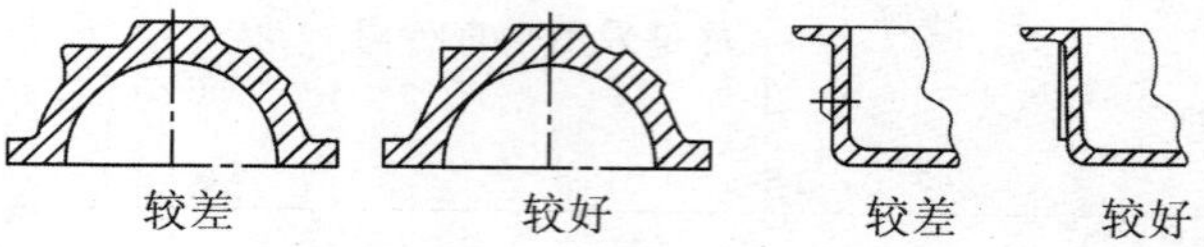避免起模发生困难</td><td colspan="3">在设计表面有凸凹结构时，特别要避免在侧壁上出现局部凸凹结构，如工艺台阶、突缘、筋条等</td></tr>
<tr><td rowspan="4">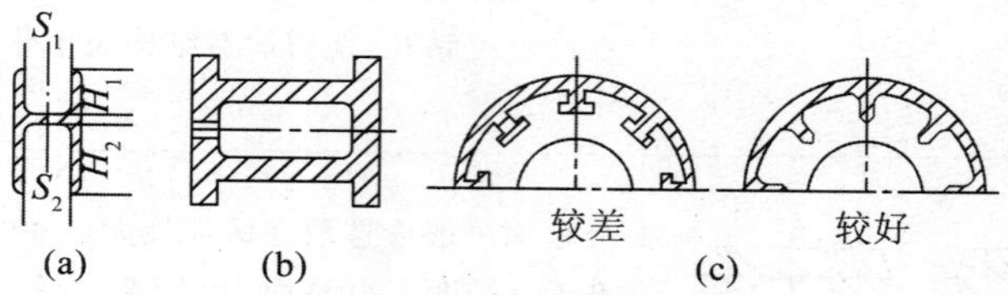避免清砂困难</td><td colspan="3">图(a)中不用型芯铸造出来的内腔不可太深，下表给出其建议的深度最大值。图(b)表明要避免铸造的孔较小。图(c)表示要避免内腔有较大的凸凹等复杂结构</td></tr>
<tr><td></td><td>手工造型</td><td>机器造型</td></tr>
<tr><td>上箱</td><td>$H_1 \leqslant 0.15S_1$</td><td>$H_1 \leqslant 0.5S_1$</td></tr>
<tr><td>下箱</td><td>$H_2 \leqslant 0.3S_2$</td><td>$H_2 \leqslant S_2$</td></tr>
<tr><td>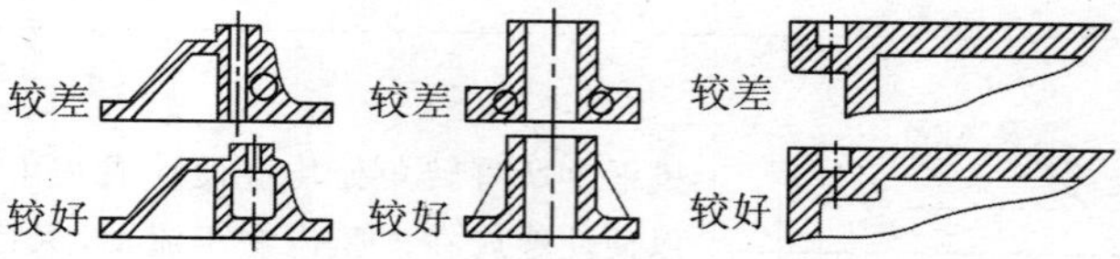力求铸造件的壁厚均匀</td><td colspan="3">减少铸件断面厚度的差别，避免冷却中出现缩孔或缩松。采用筋板结构，既保证原有刚度，又使壁厚均匀，结构合理，减轻质量。大型件不应有薄壁边槽，否则容易破损</td></tr>
<tr><td>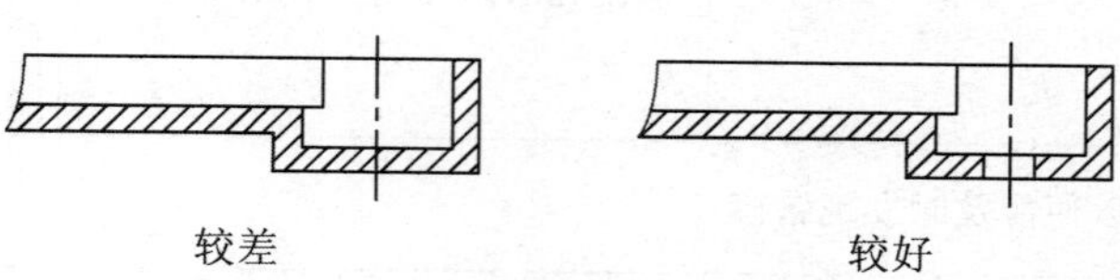铸件的孔要尽可能穿通</td><td colspan="3">为了使造型方便或容易安放型芯支撑，铸件的孔最好做成穿通的结构</td></tr>
</table>

三、冲压应注意的常见问题和解决方法(见表 3-17)

表 3-17　　冲压应注意的常见问题和解决方法说明

应注意的问题	解决方法说明
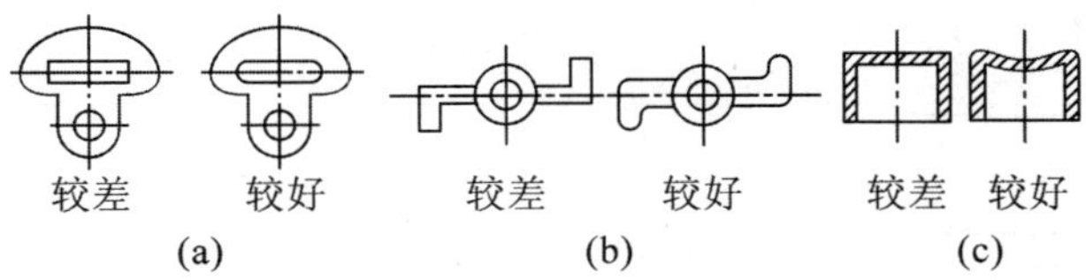 对外形的要求	图(a)表明外形要尽量对称,轮廓要平滑。图(b)表明局部宽度不宜太小,不便于生产制造。图(c)表明外形应避免大的平面,以免强度降低
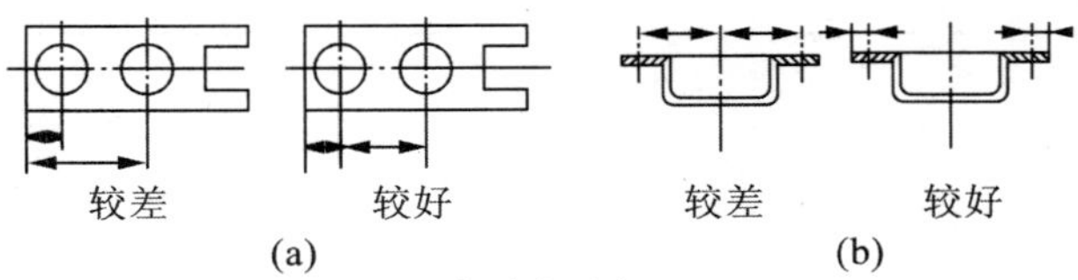 尺寸要求要合理	图(a)说明以边线统一的一个基准标注尺寸,两个尺寸的误差都将影响两个孔的中心距,直接标注两孔的中心距比较容易保证尺寸要求。图(b)中如按中心线标注两孔中心,则只能在冲压成型后再冲孔,工艺复杂,改进标注后可以在下料的时候冲压出孔,节省工序,提高效率
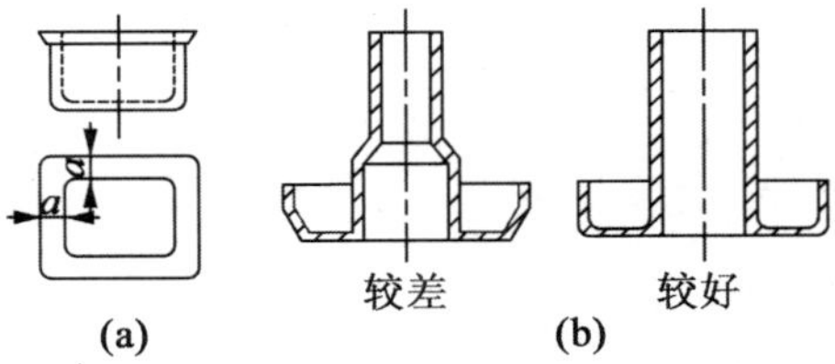 对拉深件外形的要求	图(a)说明,拉深件边缘的大小要适当,并尽可能要利于加工成型。图(b)说明,在满足使用功能的前提下,拉伸的部分结构要尽可能简单,使工艺简单化,提高生产效率和成品率

四、焊接应注意的常见问题和解决方法(见表 3-18)

表 3-18　　焊接应注意的常见问题和解决方法说明

应注意的问题	解决方法说明
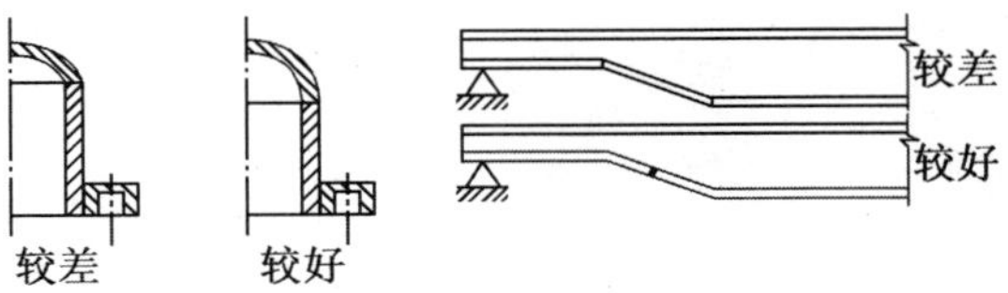 焊缝影响加工或影响装配	焊接被加工后,焊接强度降低,如果是装配表面,也不利于装配。转折处受到的工作力比较大,如果在转折处进行焊接,对焊接技术要求较高,容易出现不合格品

续表

<table>
<tr><td>

考虑焊缝受力的影响</td><td>避免焊缝底部受拉应力。受扭转力作用的焊缝要尽量远离回转中心。套管与板的连接，要将管插入板孔再焊接，使焊接更加牢固。千万不要在梁受力大的中间部位采用焊接的方法</td></tr>
<tr><td>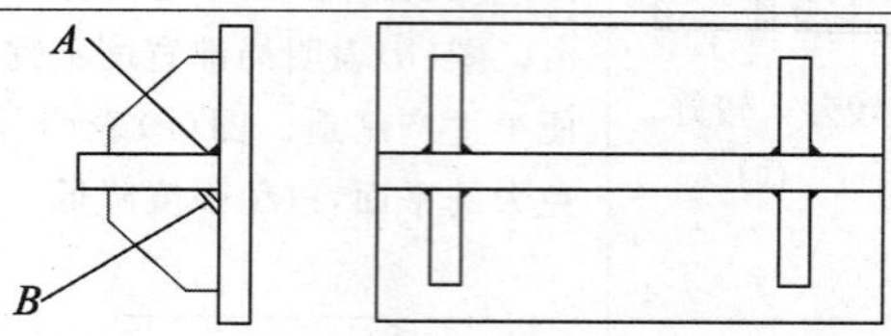

避免多条焊缝的会聚</td><td>在焊缝会聚处 A 点，多条焊缝叠加，焊接的变形量大，结构复杂，焊接强度低。同样的情况在 B 点，筋板发生变化，去掉了尖角部分，避免了焊缝的重叠</td></tr>
<tr><td colspan="2">焊缝接头要尽量平稳过渡，焊缝尽量避开加工表面</td></tr>
</table>

第四章　零件的结构工艺性

一个零件的具体尺寸大小、结构形状主要取决于该零件在产品中的使用功能。在保证该功能可靠实现的前提下，其结构工艺性是决定其生产过程经济性乃至可行性的关键。影响结构工艺性的因素很多，在本书的第三章中介绍了零件毛坯成型方面的结构工艺性，下面将重点介绍影响零件机械加工及装配结构工艺性等问题，供设计者参考使用。

第一节　零件的机械加工结构工艺性

机械加工结构工艺性问题及解决方法见表 4-1。

表 4-1　　机械加工结构工艺性问题及解决方法

问题种类	结构工艺性实例	解决方法
设计尺寸与坯料尺寸的协调性	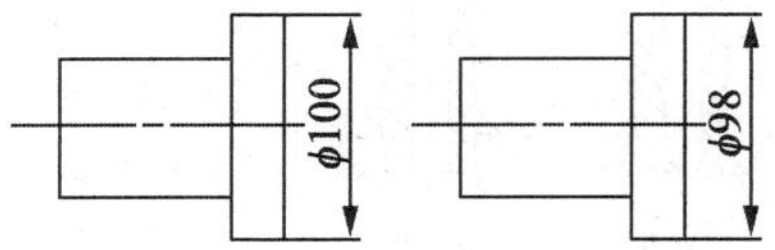	外圆如果由圆钢直接车削而成，若最大直径设计为 ϕ100mm，则最少需要 ϕ105mm 以上的圆钢坯料进行加工。在 ϕ98mm 同样能满足零件的使用性能的前提下，则可以选择 ϕ100mm 的圆钢坯料进行加工，可以节省大量钢材
减少不必要的加工长度	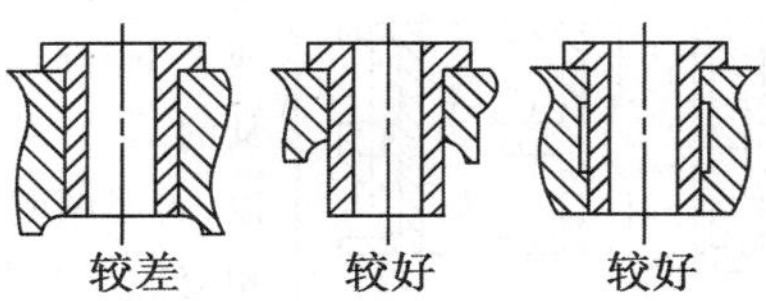	两配合的表面应精确加工，减小配合面的加工长度可以减少加工量。如果配合面较长，为了保证配合的稳定可靠性，可以将中间部分的孔径加大，加大部分的孔不必精确加工，加工方便，配合效果好

续表

减少不必要的加工面积	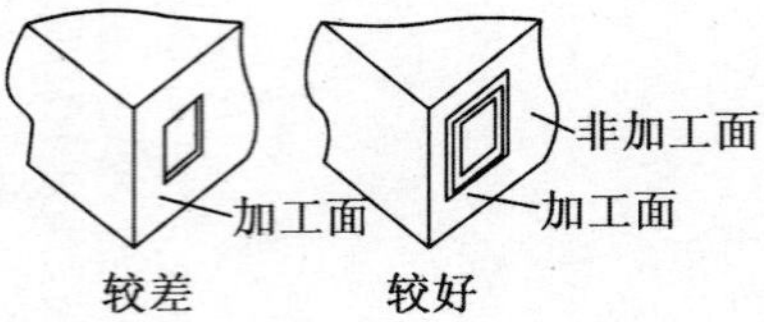	在一个大平台上，如果有一小部分需要加工，那么这部分要突出在不加工的表面之上，如果有多个小部分需要加工，那么这些小的部分要尽可能集中并等高
充分考虑铸造误差的影响	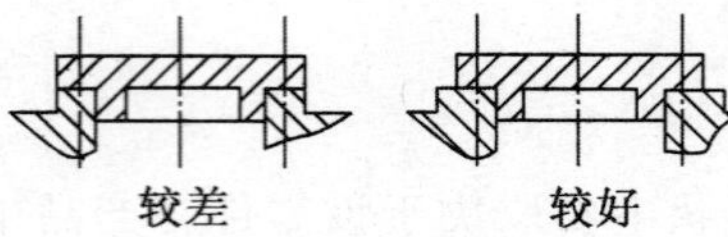	一般情况下，铸造的误差是较大的，如轴承端盖与箱体的凸台面相配，后者的尺寸要大于前者，否则，极容易产生端盖的外轮廓出现在箱体凸台轮廓以外的不良情况
避免不必要的精度要求	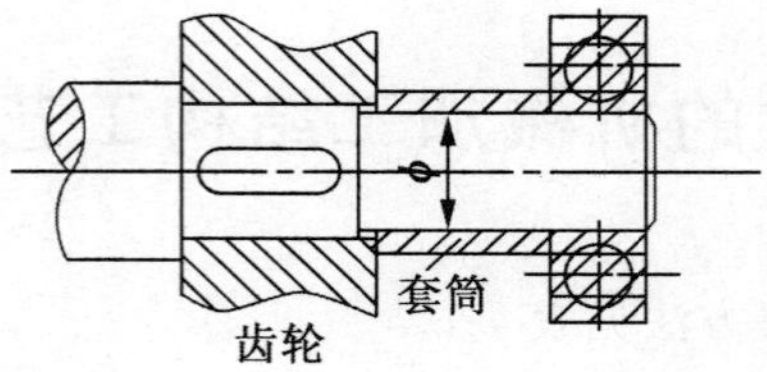	在不影响使用性能的前提下，应尽可能减少精度要求的数量和精度值。如图中的套筒只起齿轮与轴承间的定位作用，如果套筒和轴采用紧密的配合，则必须要求套筒端面与轴线的垂直度，同时还必须要求两端面的平行度。如果采用较大间隙的配合，则只要求套筒两端面的平行度即可
变复杂结构为简单件的组合结构	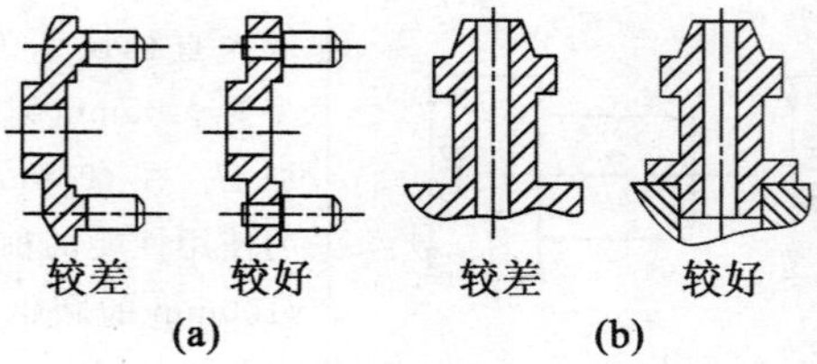	如图(a)所示，在一个主回转件的边缘上，带有若干个小轴，加工非常困难。可以通过将零件改成组合的部件形式，改善其加工工艺性。再如图(b)所示，在一个较大的本体上有一个薄壁的管形结构，加工很不方便，可以改造成装配的结构来解决问题
刀具无法进入加工区域	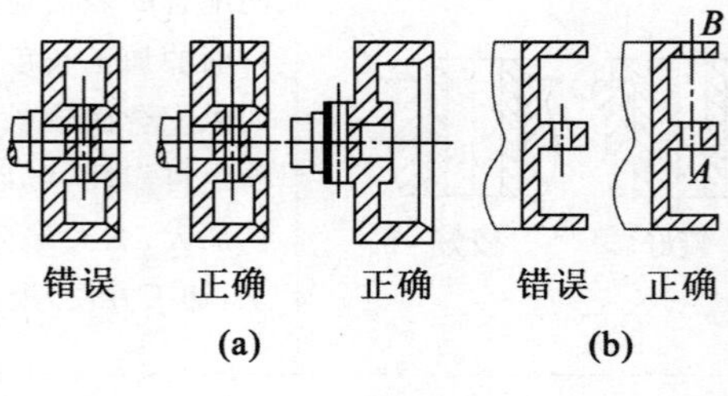	零件的被加工部位周围如果有长壁或上下有凸起结构，都可能阻碍刀具的运动，甚至无法进行加工。所以，为了顺利地进行加工，必须设置相应的工艺孔、槽或者改变其结构。如图(b)所示，在没有工艺孔 B 的情况下，孔 A 无法进行加工

续表

尽量避免在内表面加工复杂的型面	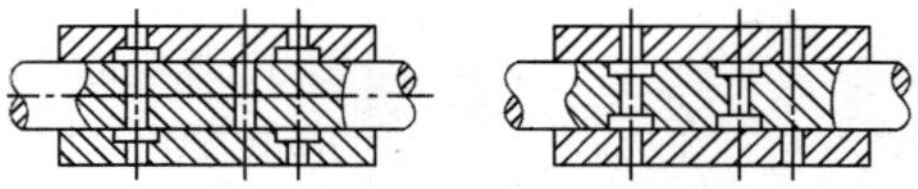 错误　　正确	当内外配合表面有复杂功能结构要求时，要把复杂结构设计在外表面上，尽量避免在内表面上设计复杂的加工结构。图中在阀芯上开环形槽的设计比在阀套上开环形槽的设计更为合理
避免无法正常装夹的零件结构	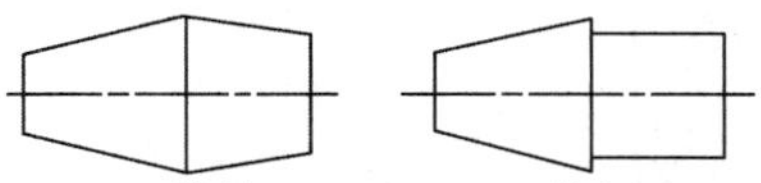 较差　　较好	零件在加工时需要稳定的定位和夹紧，因此在满足功能的基础上要充分考虑其安装的方便性。图中的回转轴均为锥面，不适合用卡盘夹持，改变成部分圆柱面后问题可以得到解决
避免加工中容易出现冲击、振动的结构	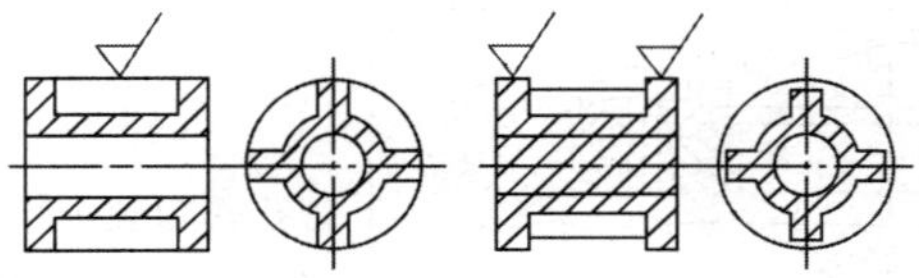 较差　　较好	在车、磨等连续性加工过程中，如果被加工部位结构出现不连续的切削状态，会产生振动，影响加工质量和刀具的使用寿命。图中在加工外圆时切削到筋的位置极易产生冲击、振动，适当降低筋的高度可以避免
要特别注意孔的位置和方向	 较差　　较好　　较差　　较好	尽量避免加工与面不垂直的孔，否则，孔的位置不容易保证，也容易打刀。同样要尽量避免加工半透的孔，否则极容易损坏钻头
尽量减少加工同一个零件所用的刀具数	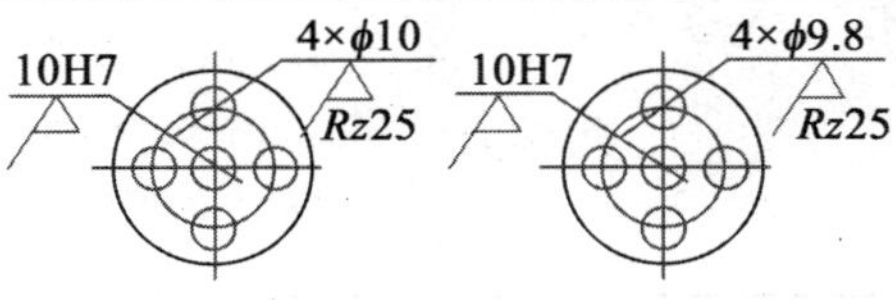 较差　　较好 (a) 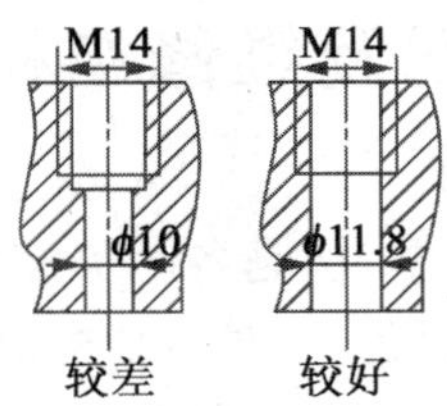 较差　　较好 (b)	图(a)为一个阀座，中间孔和圆周分布的孔基本尺寸相同，加工精度和表面质量不同，加工时，需要 φ9.8mm、φ10mm 的钻头和 φ10mm 的铰刀。在不影响使用性能的情况下，圆周分布的孔改成 φ9.8mm，就可以少用一种 φ10mm 的钻头。同样，将图(b)中的 φ10mm 的孔改为 φ11.8mm，与 M14 的螺纹底孔等径，则可以少用一种 φ10mm 的钻头

续表

尽量避免加工中的多次安装	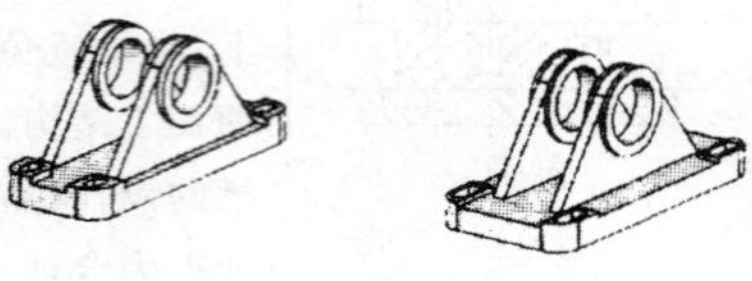 (a)　(b)	在不影响使用性能和结构限制的前提下，尽可能考虑能一次完成较多的相关加工表面的加工。如图(a)所示，在机座的原始设计中加工孔端面后需要第二次安装才能加工地脚螺栓凸台表面，改进后可以在一次加工中完成，如图(b)所示
尽量减少需要的进给次数	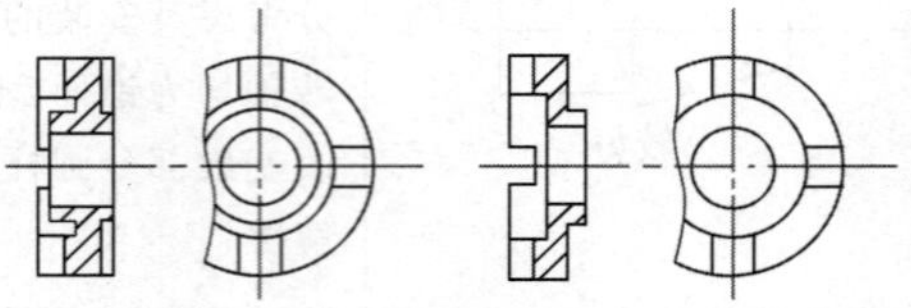 (a) 较差　(b) 较好	图(a)中相对的两个沟槽应该在一次进给中加工完成，但由于中间凸台的限制，无法实现，改进后的图(b)加工工艺性大大提高
以外圆和通孔作为装配的对中面优于其他形式	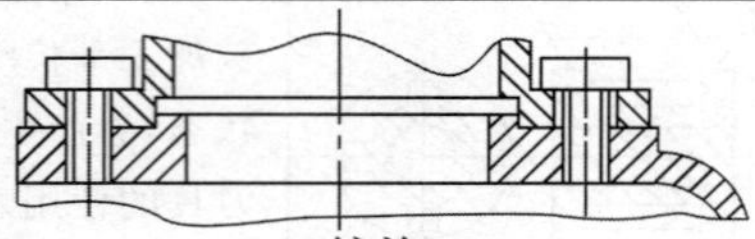 (a)较差 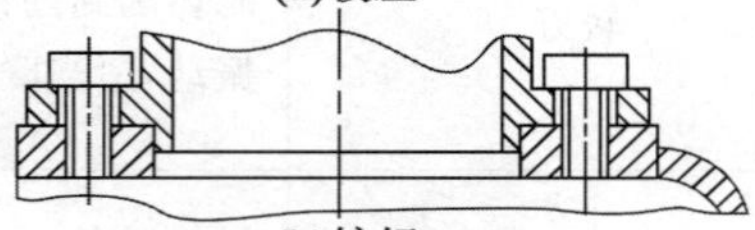 (b)较好	盲孔作为装配部位不便于加工和观察，非回转体上的外圆表面不便于加工。图(b)的结构优于图(a)
尽量采用可避免采用多个工序才能完成加工的结构	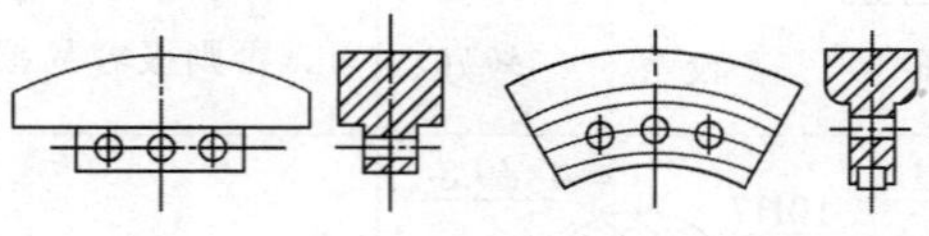 (a)较差　(b)较好	图(a)的结构需要加工圆弧、平面、孔等多种形状，必须采用多种不同的工序，且每次只能加工同一个零件。改进后的图(b)，采用车削加工、钻孔和切开工序就可以，并且可以一 次加工 4 个零件

第二节　零件的装配及维修结构工艺性

装配工作是产品生产相对靠后的生产环节，但是各相关零部件装配或维修工艺性的高低取决于产品结构的装配和维修工艺性，因此，在产品结构设计阶段就必须很好地考虑装配和维修工艺性。表 4-2 列举了一些零件的装配及维修结构工艺性的常见问题和解决方法。

表 4-2　　零件的装配及维修结构工艺性的常见问题及解决方法

问题种类	结构工艺性实例	解决方法
避免同时装入两个配合表面，同时还要考虑装配的顺序要利于观察和装配过程的进行	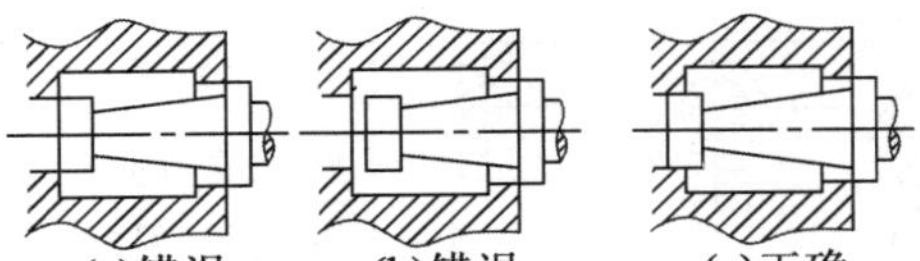 (a)错误　(b)错误　(c)正确	如左图所示，图(a)要同时装入两个轴颈，则不容易同时对准，因此装配困难。图(b)先装入外侧的大端，再继续装入小端轴颈，则不便于观察和对准，所以装配困难。类似这样的装配情况，在设计上采用图(c)的结构，按先小后大、先内后外的顺序进行装配
不利于观察的装配要有引导部分或倒角	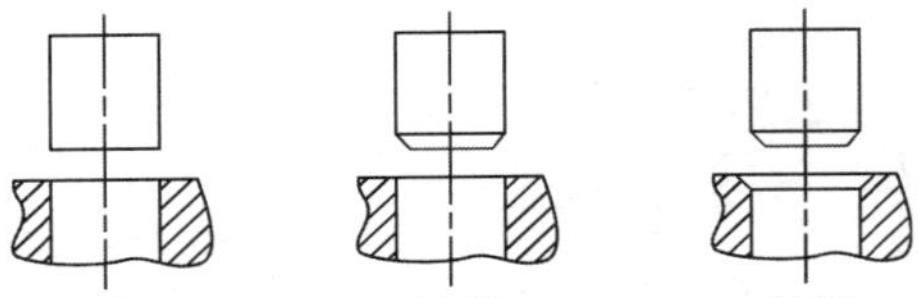 差　较好　很好	有倒角或引导锥面的装配结构可以保证装配过程的柔顺性，其中一个有倒角好些，如果两个都有则最好
避免可能的错误安装影响正常的使用	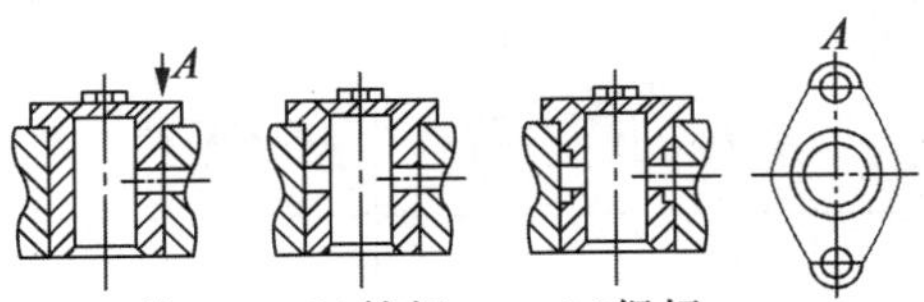 (a)差　(b)较好　(c)很好	对称结构的零件在装配时，方位很容易出现错误，应尽量避免，但在设计时也应该考虑万一出现错误的安装也不致引起重大的事故。图(a)一旦安装方向出现错误，起润滑作用的油路将不通，是重大的事故隐患。在对称位置再打开一个油孔或开个油槽可以解决这个问题
为了装配和拆卸方便，必须留有必要的操作空间	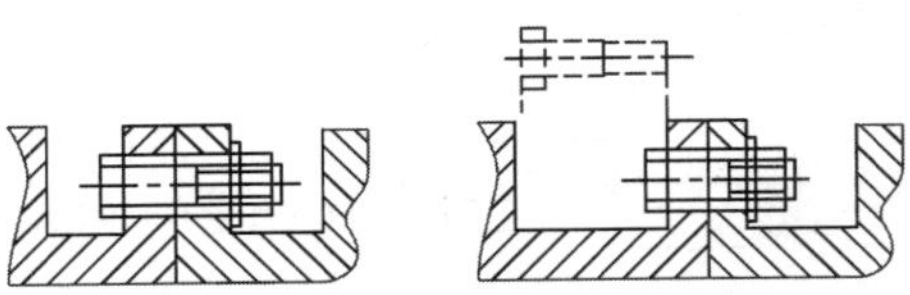 错误　正确	为保证螺栓能顺利地安装或拆卸，在结构设计的时候必须考虑留有螺栓的拆卸空间
拆卸一个零件时应避免必须拆下其他零件	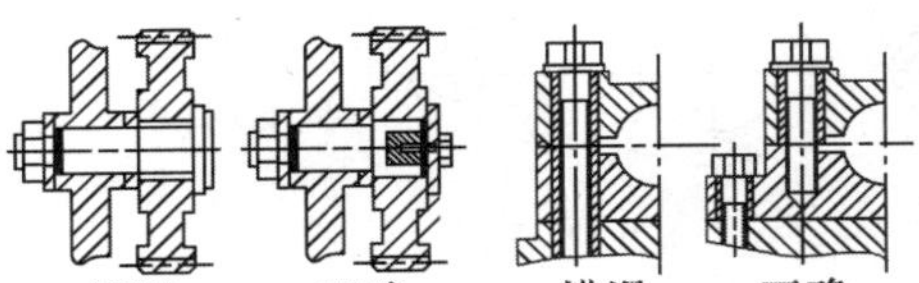 错误　正确　错误　正确	在装配结构设计中，应避免零件间的装配关系相互干扰，其中重要的零件应能单独拆卸，这样就可以避免反复地调整和过多的拆卸工作。例如，左图中齿轮的拆卸不应拆下固定的轴

续表

紧密配合的轴、套应有便于拆卸的结构	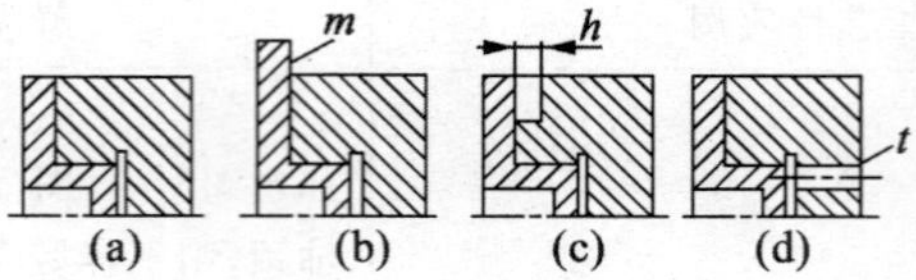	图(a)中没有考虑拆卸问题,装配后难以拆卸维修,图(b)～(d)分别有便于拆卸的结构要素 m、h、t
受弯矩作用的螺栓要尽量减少螺栓的受力	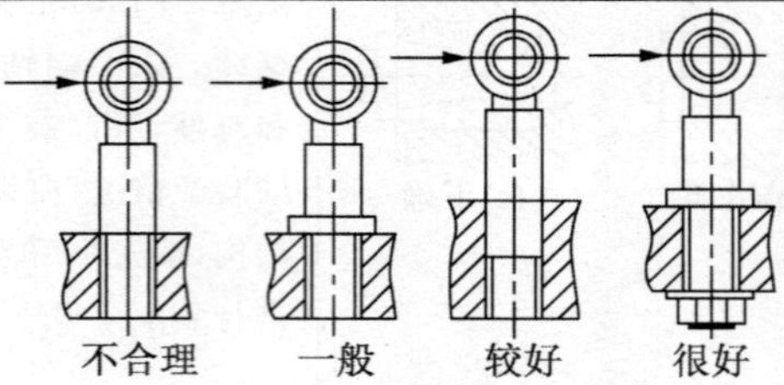	螺栓受弯曲应力时强度将受到严重的削弱,因此在结构设计上要尽量避免螺栓的螺纹部分承受弯矩的作用
受剪切作用的螺栓应有较大的接触长度	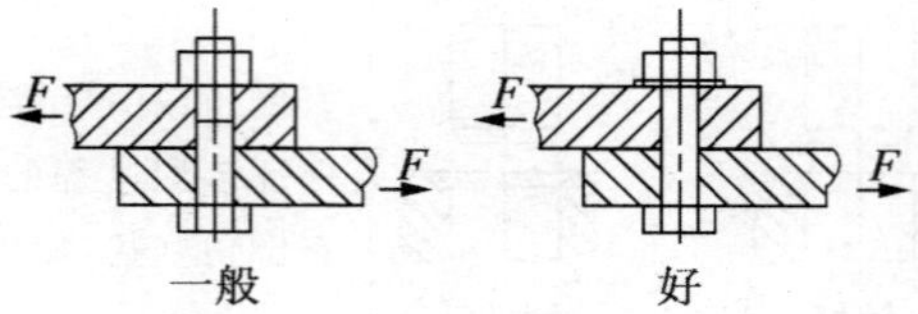	用受剪切的螺栓连接时,余留的螺纹长度要尽可能的短,用垫圈来补偿螺纹的收尾部分,这样可以使连接部分与螺杆无螺纹的接触长度尽可能的长
不要使螺孔穿透内壁,防止出现泄漏	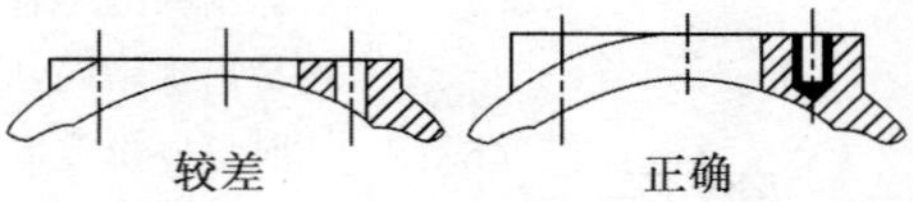	对于容器类零件,在壁厚不够的位置要尽量不开螺纹孔或者不开通螺纹孔,由于螺纹连接会有很大的间隙,容易产生泄漏
螺纹孔不应穿过两个焊接件的结合面	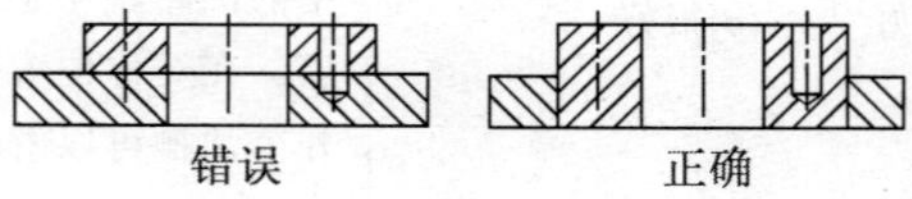	焊接结构件上,螺纹孔既不要开在搭接处,也不要穿通两个件,防止出现泄漏,降低连接强度
键槽不宜一直开到轴的阶梯根部	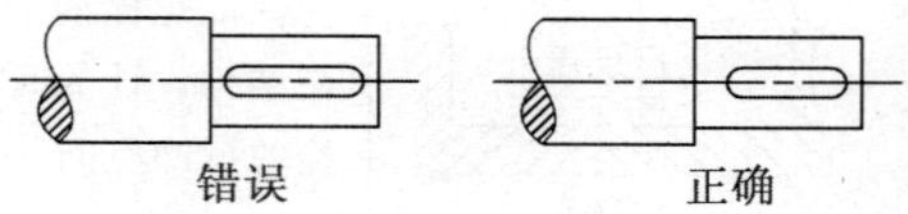	轴间根部和键槽头部都会有较大的应力集中,两者如果叠加在一起对轴的强度不利
键槽不宜开在零件的薄弱部位	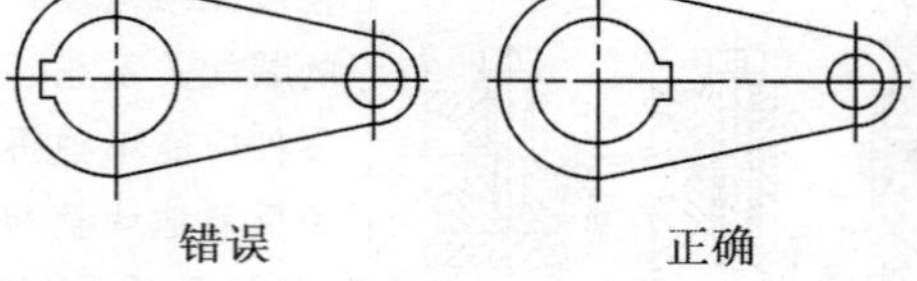	薄弱的地方再开键槽将使强度进一步削弱,因此,要避免在轮毂的薄弱部分、齿轮的齿根部位开键槽

续表

一根轴上分别用平键确定多个零件时，键槽应在同一母线上	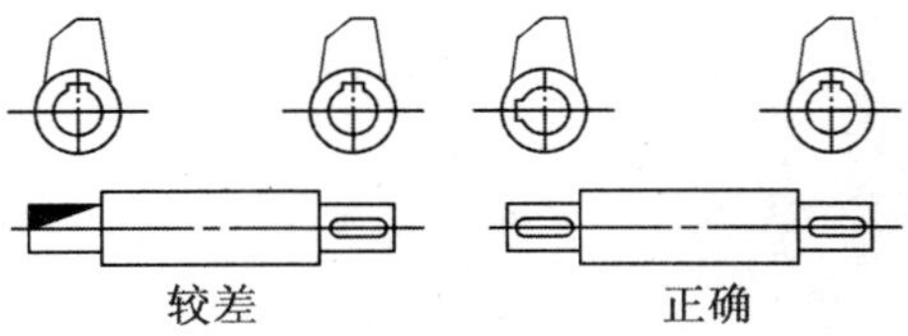	为了方便键槽的铣削加工，键槽应布置在同一母线上，即使两个零件要求错开一定的角度，也要通过改变其他零件键槽的位置来满足要求
过盈配合的轴孔（轮廓）配合面要有一定的长度	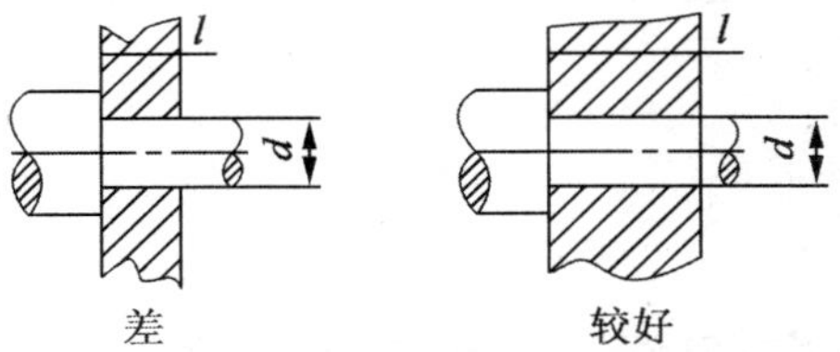	如果过盈配合的轴孔接触面的长度不足，轴上的零件很容易发生晃动，配合长度的推荐值 $l_{\min}=4d^{2/3}$，其中，d 为配合轴孔的直径
同时使用键和过盈的轴孔，应保证先装入键槽	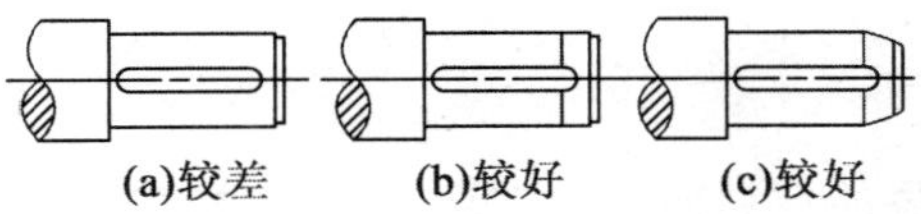	这样的装配要求键与键槽对得非常准，否则装配过程困难[图(a)]。因此，设计的时候应使键先进入键槽。例如轴端一段设计成较小的直径[图(b)]或锥面[图(c)]

第五章　生产纲领与节拍

第一节　生产纲领与生产类型的确定

一、概述

生产纲领是企业在以年为单位的计划期内的产品产量和进度计划。零件的生产纲领用式(5-1)计算：

$$N = Qn(1+a\%)(1+b\%) \tag{5-1}$$

式中：Q——产品的生产纲领(台/年)；

n——每台产品中该零件的数量(件/台)；

a——备品的百分数(%)；

b——废品的百分数(%)。

生产类型是指企业(或车间、工段、班组、工作地)生产的专业化程度，按零件的生产纲领，同时兼顾产品的质量和结构的复杂程度，分为单件生产、成批生产和大量生产三种类型。

二、机械产品的生产类型的四种划分方法

(1)按一定时间内产品产量的连续程度划分，分为单件生产、成批生产和大量生产三种类型。

(2)按产品品种产量的关系划分，分为多品种小批量、中品种中批量和少品种大批量三种类型。

(3)按产品的销售方式划分，分为订货生产和存货生产两种类型。

(4)按生产系统与产品生命周期的关系划分，分为项目型生产、非流水线生产、间歇生产、装配线和流水线生产四种类型。

一般按第一种分类方法，即按单件生产、成批生产和大量生产的划分来研究分析问题。

上述各种生产类型之间存在着内在的联系，如图 5-1 所示。表 5-1 列出了生产类型

与生产纲领的关系，由该表可知，生产类型的划分，还可以根据生产纲领和产品的特点及零件的质量(kg)或工作地每月担负的工序数。同一企业或车间可能同时存在几种生产类型，判断企业或车间的生产类型，应根据企业或车间中占主导地位的产品的生产类型来确定。

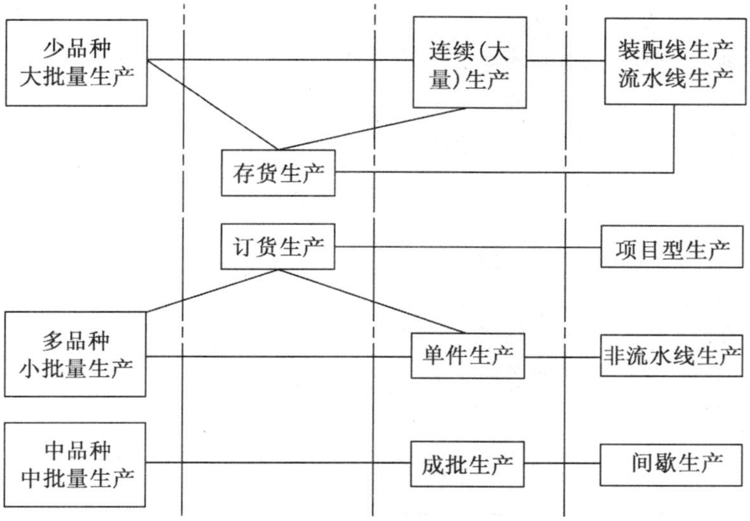

图 5-1　各种生产类型之间的关系

表 5-1　生产类型与生产纲领的关系

生产类型		生产纲领(台/年或件/年)			工作地每月担负的工序数
		重型机械或重型零件(>100kg)	中型机械或中型零件(10～100kg)	小型机械或轻型零件(<10kg)	
单件生产		5	100	100	不作规定
成批生产	小批	5 ～100	100～200	100～500	>20～40
	中批	100～ 300	200～500	500～5000	>10～20
	大批	300 ～1000	500～5000	5000～50000	>1～10
大量生产		>1000	>5000	>50000	>1

注："重型零件"、"中型零件"和"小型零件"可分别用轧钢机械、柴油机和缝纫机中的主要件为代表。

生产类型、节拍的概念以及应用举例对照表见表 5-2。

表 5-2　生产类型、节拍的概念以及应用举例对照表

		概念或特征	公式	公式及符号说明	应用举例
生产类型	单件生产	产品品种很多，同一产品的产量很少，各个工作地的加工对象经常改变，而且很少重复生产	—	—	重型机器、汽轮机、重型机床、大型内燃机、专用设备等的制造和新产品的试制一般属于该类型

续表

生产类型	大量生产	产品的品种固定，每种产品数量很大，工厂内大多数工作地点的加工对象固定不变	—	—	汽车、拖拉机、轴承、自行车和手表的制造一般属于该类型
	成批生产	一年中分批轮流制造几种不同的产品，每种产品均有一定数量，工作地的加工对象周期性重复	—	—	机床、机车、电机和纺织机械的制造一般属于该类型
节拍		生产每一个零件所规定的时间指标 在流水线生产中，相继完成两件制品之间的时间间隔	—	$t=60\varphi/N$（式中 $\varphi=cmn\eta$） t——节拍（min/件） φ——机床每年工作时数（h） N——零件生产纲领（件） c——每天班次（以 2 计算） m——每年周数（以 51 计算） n——每周一班工作时数（以 35 计算） η——设备利用率，一般取 0.94～0.96	—

第二节 各种生产类型的工艺特征

不同的生产类型具有不同的工艺特点，在制定工艺规程时，应首先确定生产类型，根据不同生产类型的工艺特点，制定出合理的工艺规程。表 5-3 给出了各种生产类型的主要工艺特点。

表 5-3 各种生产类型的主要工艺特点

特点	单件生产	成批生产	大量生产
工件的互换性	一般是配对制造，缺乏互换性，广泛用钳工修配	大部分有互换性，少数用钳工修配	全部有互换性，某些精度较高的配合件用分组选择法装配
毛坯的制造方法及加工余量	铸件用木模手工造型；锻件用自由锻。毛坯精度低，加工余量大	部分铸件用金属模；部分锻件用模锻。毛坯精度中等，加工余量中等	铸件广泛采用金属模机器造型；锻件广泛采用模锻，以及其他高生产率的毛坯制造方法。毛坯精度高，加工余量小

续表

机床设备	采用通用机床。按机床种类及大小采用“机群式”排列	部分通用机床和部分高生产率机床。按加工零件类别分工段排列	广泛采用高生产率的专用机床及自动机床。按流水线形式排列
夹具	多用标准附件，极少采用专用夹具，靠划线及试切法达到精度要求	广泛采用专用夹具，部分靠划线法达到精度要求	广泛采用高生产率夹具及调整法达到精度要求
刀具与量具	采用通用刀具和万能量具	较多采用专用刀具及专用量具	广泛采用高生产率刀具和量具
对工人的要求	需要技术熟练的工人	需要一定熟练程度的工人	对操作工人的技术要求较低，对调整工人的技术要求较高
工艺规程	有简单的工艺路线卡	有工艺规程，对关键零件有详细的工艺规程	有详细的工艺规程
生产率	低	中	高
成本	高	中	低
发展趋势	箱体类复杂零件采用加工中心加工	采用成组技术、数控机床或柔性制造系统等进行加工	在计算机控制的自动化制造系统中加工，并可能实现在线故障诊断、自动报警和加工误差自动补偿

第三节　现代生产组织形式及特点

随着知识经济时代的到来，企业的生产组织形式也发生了由手工生产、大规模生产向成组生产、准时化生产、精益生产、计算机集成生产、虚拟企业等形式的转变。

生产组织形式是指生产者对所投入的资源要素、生产过程以及产出物的有机、有效结合和运营方式的一种通盘概括，是对生产与运作管理中的战略决策、系统设计和系统运行管理问题的全面综合。不同的经济时代由于生产模式的不同，导致生产组织形式也有所不同。现代生产组织形式促使制造业在产品结构、生产模式和生产过程方面发生了巨大的变化。产品结构朝着先进、实用、高速、轻小、节能和环保型方向发展；生产模式朝着多品种、小批量、柔性化、生产周期短方向发展；生产过程则朝着高速、精密、自动化、节能环保和少切削、无切削方向发展，产品质量追求“零缺陷”。尤其近二十多年来相继出现了各种各样的现代生产组织形式，对制造业的发展产生了革命性的影响。表 5-4 简单地介绍了它们的特点。

表 5-4 现代生产组织形式简介

<table>
<tr><td rowspan="2">成组技术（GT）</td><td>GT 的含义</td><td>GT 的基本原理</td><td>GT 的基础</td><td>GT 的应用</td><td>GT 的工艺制定</td><td>GT 的生产组织形式</td></tr>
<tr><td>GT 是一门生产技术科学。它利用有关事物的相似性将相似的问题归类成组，并寻求解决这一问题的最优方案</td><td>根据零件结构形状特点、加工工艺和加工方法的相似性，对所有产品零件进行加工，从而变多品种小批量生产的组织形式为大批量生产，提高生产效率</td><td>成组技术的基础就是零件的相似性。零件分类编码系统是识别零件相似性的手段。目前，我国采用的是 OPIZ 分类编码系统和 JLBM-1 分类编码系统</td><td>设计方面：以成组技术为指导的设计，具有合理化和标准化的特点
制造方面：可以充分应用相同设备和成组夹具，易于实现计算机辅助工艺过程设计（CAPP）和夹具 CAD
生产组织管理方面：有利于按模块化原理组织成组生产单元</td><td>零件分组后，对每一个零件组都要制定成组加工工艺规程。工艺文件的核心是成组加工工艺卡片，它适应于组内所有零件的加工工艺，也适应于包含在此范围内的未来的新零件。编制成组工艺的方法通常有复合零件法和复合路线法两种</td><td>单机成组加工：它是把一个零件组内的零件，集中组合在一台设备上加工
成组生产单元：它是在一组机床上完成一组或几组工艺相似的零件的全部工艺过程，该组机床则构成一个封闭的生产单元
成组生产线及柔性制造系统</td></tr>
<tr><td rowspan="2">计算机集成制造系统（CIMS）</td><td colspan="2">CIMS 的含义</td><td>CIMS 的核心内容</td><td>CIMS 的构成</td><td colspan="2">CIMS 的应用</td></tr>
<tr><td colspan="2">CIMS 是在自动化技术、信息技术和制造技术的基础上，通过计算机及其软件，将制造工厂全部生产活动所需的各种分散的自动化系统有机地集成起来所形成的一种适合多品种、中小批量生产的高柔性的先进制造系统</td><td>CIMS 的核心是实现企业信息集成，使企业实现动态总体优化，达到产品上市快，质量高，环境清洁，从而提高企业的竞争能力与生存能力</td><td>从功能角度看，CIMS 包含制造企业的设计、制造、质量控制和经营管理四个功能，并以分布式数据库、通信网络及指导集成的系统作为支撑环境</td><td colspan="2">工程设计自动化方面：便于开发技术含量高及结构复杂的产品，同时保证产品设计质量，缩短设计周期
制造自动化方面：可提高产品的研制和生产能力，加强产品制造的质量与柔性，缩短产品制造周期
经营管理方面：使企业的经营决策和生产管理趋于科学化</td></tr>
</table>

续表

并行工程技术（CE）	CE 的含义	CE 的特点	CE 的应用
	CE 是对产品及相关过程（包括制造过程和支持过程）进行并行、集成化处理的系统方法和综合技术。它要求产品开发人员从一开始就考虑到产品全生命并强调各部门的协同工作	强调团队工作（Team Work）精神的工作方式 强调设计过程的并行性 强调设计过程的系统性 强调设计过程的快速反馈	可缩短产品投放市场的时间；可降低成本；可提高质量；可保证产品功能的实用性；可增加市场竞争力

准时生产（JIT）	JIT 的含义	JIT 的目标	JIT 的管理手段	JIT 的管理手段的作用
	JIT 的基本思想是“只在需要的时候，按需要的量，生产所需的产品”，从而避免库存带来的闲置浪费，因此又称为无库存生产方式，为此开发了包括“看板”在内的一系列措施，逐步形成了一套独具特色的生产体系	废品量最低（零废品）；准备时间最短（零准备时间）；库存量最低（零库存）；搬运量最低；机器损害率低；生产提前期短；批量小	看板管理是准时生产的措施之一，是准时生产方式中最重要的管理手段，看板的机能是传递生产和运送的指令	看板就相当于各工序之间、物流之间的联络神经。看板记载着生产量、加工方法、加工顺序、工时和运送量以及运送地点、运送时间、搬运工具等信息，同时可以实现目视管理，及时发现问题

精益生产（LP）	LP 的含义	LP 的主要特征	LP 与传统生产方式的比较	LP 与大量生产方式的比较
	LP 是指运用多种现代管理方法和手段，以社会需要为依据，以充分发挥人的积极性为根本，有效配置和合理使用企业资源，以彻底消除无效劳动和浪费为目标，最大限度地为企业谋取经济效益的生产方式	生产系统方面：将质量控制融汇到每一生产工序中 零部件供应系统方面：与零部件供应厂家保持长期稳定的全面合作关系 产品的研究与开发方面：强调各个部门之间的信息沟通和并行开发 流通方面：与顾客及零售商、批发商建立一种长期的关系，最大限度地满足顾客的需要 人力资源的利用方面：形成一套劳资互惠的管理体制 管理观念方面：保证质量，追求零缺陷	安排生产进度时以顾客的订单代替传统生产方式的观测；产品能及时满足顾客的需要；生产周期是以小时或天计算而不是传统的以周或月来计算；以单件生产方式代替批量生产方式；产品质量永远贯穿生产过程中；员工有极强的责任心并有自主处理异常问题的权力；存货周期率快，制造成本稳定并且易控制	产品的设计者和生产者是精通多个领域的专业技术人员；在 LP 中劳动力是公司的固定资产；在生产过程中采用的是通用性强、柔韧性高、自动化程度高的设备；产品采用并行工作方式进行开发；项目负责人可以直接控制所需要的全部资源，而在大量生产方式中只作各部门的协调工作；随时控制产品质量；协作单位对产品的各个方面非常熟悉；制造商与销售商之间的关系非常密切

续表

敏捷制造（AM）	AM 的含义	AM 的优势	AM 的主要特征	AM 的应用前景	
	AM 是指制造企业采用现代通信手段，通过快速配置各种资源，以有效和协调的方式响应用户需求，实现制造的敏捷性。敏捷性是核心，是企业在不断变化、不可预测的经营环境中善于应变的能力，是企业在市场中生存和领先能力的综合表现，具体表现在产品的需求、设计和制造上具有敏捷性	对市场需求反应敏捷。敏捷制造高度柔性化、无库化的生产组织方式，是以动态联盟为基础的生产组织模式。产品服务可以全程面向用户，可以达到充分的资源共享，可以充分调动和发挥“人”的作用	关注顾客，了解顾客的期望；以高度细分化、个性化市场为目标市场；建立良好的顾客关系；市场快速反应；高柔性、分布的、并行的制造过程；扁平化的组织结构和自我管理的团队；以人为本，广泛协作；高投入的员工培训；信息共享；充分利用员工的知识和技能；内部的和外部的协作；兼顾环保问题和社会价值	实施敏捷制造，可促使企业的工作流程重组、信息资源重组和制造结构重组，促使企业更快地捕捉市场需求信息，从而缩短产品开发时间，提高市场竞争能力	
智能制造系统	智能制造系统的含义	智能制造系统的应用	人工智能的组成	智能制造系统的特点	智能制造系统的结构
	智能制造系统是将人工智能技术融入到制造系统的各个环节，通过模拟专家的智能活动，取代或延伸应由专家来完成的那部分工作。系统具有部分专家的“智能”，并有自适应能力、自学能力和组织能力	智能设计方面：将人工智能的专家系统技术引入设计领域 智能机器人方面：具有视觉功能、听觉功能、语言功能、触觉功能和理解能力等	规则库（知识库）、工作存储器、推理机和人机界面四部分	具有极强的适应性和友好性。一是采用开放式系统设计策略；二是采用分布式多自主体智能系统设计策略	整个系统是多智能体分布式网络结构，分成四个部分：中心层、管理层、计划层和生产层

续表

仿真技术和虚拟制造（VM）	仿真的含义	仿真的主要特征	虚拟制造的含义	虚拟制造的应用领域	虚拟制造的作用
	当设计方案初步拟订后，在计算机中建立产品的数学模型或工艺系统的数学模型，然后在计算机上进行各种模拟	系统模拟的目的是将仿真的对象用数据模型来表示，仿真技术包括外形仿真、装配关系仿真、运动学动态仿真、动力学仿真和性能仿真	一种含义是通过信息高速路组建虚拟公司；另一种含义是仿真概念的扩充，即将计算机建模和仿真从设计和制造领域进一步扩展到生产过程管理、市场管理各方面，可以对企业的一切生产经营活动进行计算机仿真，以求整体优化效果	设计及生产规划、工厂运转（可很方便地接受、处理工厂中的各种信息，并作出适当的解释以及实现对工厂状态的检测及异常诊断）、生产预测（VM 系统可以在实际生产之前实现对生产过程的预测）、生产教育（实现对工厂生产人员的操作训练）	运用软件对制造系统中的五大要素（人、组织管理、物流、信息流、能量流）进行全面仿真；可加深人们对生产过程和制造系统的认识和理解，更好地指导实际生产；对现实制造的企业组织管理工作及决策有重要的作用；它的应用将加快企业人才的培养速度
CAPP	CAPP 的含义	CAPP 的结构组成	CAPP 的类型	CAPP 的优点	CAPP 的发展趋势
	借助于计算机软硬件技术和支撑环境，利用计算机进行数值计算、逻辑判断和推理等功能来制定零件机械加工工艺过程	支撑层、核心层、应用层、作用层、用户层	交互型 CAPP 系统、变异型 CAPP 系统、创成型 CAPP 系统、综合型 CAPP 系统、智能型 CAPP 系统、智能型工艺系统开发工具	具有工艺设计效率高、一致性好、质量稳定、易达到最优化和标准化设计等优点	向集成化、智能化、网络化、可视化方向发展

第六章　加工质量及其选择

零件的表面质量包括加工表面的几何形状误差和表面层的物理机械性能。本章仅介绍与几何形状误差相关的表面粗糙度、形状精度及其选择。

我国与表面粗糙度相关的现行标准有:《产品几何技术规范　表面结构　轮廓法　表面结构的术语、定义及参数》(GB 3505-2000)、《机械制图　表面粗糙度符号、代号及其注法》(GB 1031-1995)(代替 GB 131-1983)、《表面粗糙度参数及其数值》(GB 1031-1995)。

新标准规定采用中线制评定表面粗糙度,可选用轮廓算术平均偏差 Ra、轮廓最大高度 Rz 作为评定参数。

根据表面功能的需要,除以上高度参数外,还可选用轮廓微观不平度的平均间距 S_m、轮廓的单峰平均间距 S 或轮廓支承长度率 t_p 作为附加评定参数。

实际选用表面粗糙度的评定参数时从 Ra、Rz 中选用一个,也可同时选用 Ra 和 Rz 两个参数,推荐优先选用 Ra。

第一节　图样上涉及加工质量的要素

机械产品的工作性能和使用寿命与零件的加工质量有着直接的关系。设计人员在设计产品的同时必须对产品的质量提出具体的要求,一般来说,对产品质量的具体要求通常在其相关图样上给出,主要包括以下要素:

(1)加工零件材料的牌号、毛坯的种类、热处理要求(如热处理方法、热处理后获得的力学性能要求、金相组织等)。

(2)几何形状尺寸及尺寸偏差、形状和位置公差、表面粗糙度等。

(3)对结构要素的统一要求(如圆角、倒角的尺寸等)。

(4)对零件、部件表面处理的要求(如表面涂镀、喷丸处理等)。

(5)对配合表面和个别结构要素的特殊要求。

(6)对校准、调整及密封的要求。

(7)对产品零部件的性能和质量等的技术要求(如噪声、耐振性、制动及安全性等)。

(8)试验条件和方法。

第二节　表面粗糙度

一、表面粗糙度 *Ra* 值及与旧标准的对照

表 6-1 所列为表面粗糙度与表面光洁度的对应关系。

表 6-1　　表面粗糙度与表面光洁度的对照

表面粗糙度 *Ra*(μm)	50	25	12.5	6.3	3.2	1.6	0.80	0.40	0.20	0.10	0.05	0.025	0.012	—
表面光洁度	▽1	▽2	▽3	▽4	▽5	▽6	▽7	▽8	▽9	▽10	▽11	▽12	▽13	▽14

表面粗糙度对零件使用性能的影响见表 6-2。

表 6-2　　表面粗糙度对零件使用性能的影响

使用性能	影响情况
耐磨性	两表面接触时，只有峰顶接触，接触面积减小，比压增大，磨损加剧
配合性质	配合性质的可靠性和稳定性
接触刚度	实际接触面积小于理想接触面积，单位面积压力增大，易产生接触变形
疲劳强度	对应力集中敏感，导致零件疲劳损坏
抗腐蚀性	腐蚀性气体、液体易积聚在零件表面向零件表层渗透，加剧腐蚀

零件的表面质量即表面粗糙度的选择要与零件的尺寸公差等级相适应，表 6-3 列出了尺寸公差等级与表面粗糙度数值之间的关系。

表 6-3　　尺寸公差等级与表面粗糙度数值之间的关系

<table>
<tr><th rowspan="3">尺寸公差等级</th><th colspan="8">基本尺寸(mm)</th></tr>
<tr><th>>6～10</th><th>>10～18</th><th>>18～30</th><th>>30～50</th><th>>50～80</th><th>>80～120</th><th>>120～180</th><th>>180～250</th></tr>
<tr><th colspan="8">表面粗糙度数值 Ra 不大于(μm)</th></tr>
<tr><td>IT6</td><td colspan="3">0.2</td><td colspan="4">0.4</td><td>0.8</td></tr>
<tr><td>IT7</td><td colspan="4">0.8</td><td colspan="4">1.6</td></tr>
<tr><td>IT8</td><td>0.8</td><td colspan="7">1.6</td></tr>
<tr><td>IT9</td><td colspan="5">1.6</td><td colspan="3">3.2</td></tr>
<tr><td>IT10</td><td colspan="3">1.6</td><td colspan="4">3.2</td><td>6.3</td></tr>
<tr><td>IT11</td><td>1.6</td><td colspan="5">3.2</td><td colspan="2">6.3</td></tr>
<tr><td>IT12</td><td colspan="5">3.2</td><td colspan="3">6.3</td></tr>
</table>

二、加工方法与表面粗糙度

根据零件的使用性能确定表面粗糙度值，进而选择可行的加工方法。

表 6-4 列出了加工方法与表面粗糙度数值的对应关系，供查阅参考使用。其中表面粗糙度 *Ra* 值是经验统计值，是对应正常加工条件下工艺水平可以达到的。其中左端的最小参数值需采用一些工艺措施才能达到，右端的最大参数值则是由于加工过于粗糙所致。

表 6-4　　不同加工方法可能达到的表面粗糙度

加工方法		表面粗糙度 *Ra*(μm)													
		0.012	0.025	0.05	0.1	0.2	0.4	0.8	1.6	3.2	6.3	12.5	25	50	100
砂模铸造											—	—	—	—	—
型壳铸造											—	—	—	—	—
金属模铸造									—	—	—	—	—	—	
离心铸造								—	—	—	—	—	—		
精密铸造								—	—	—	—	—			
熔模铸造							—	—	—	—	—	—			
压力铸造							—	—	—	—	—				
热轧											—	—	—	—	—
模锻									—	—	—	—	—	—	—
冷轧						—	—	—	—	—	—	—			
冷拉							—	—	—	—	—	—			
挤压							—	—	—	—	—	—	—		
刨削	粗										—	—	—		
	半精								—	—	—				
	精						—	—	—						
插削									—	—	—	—	—		
钻孔								—	—	—	—	—	—		
扩孔	粗										—	—	—		
	精								—	—	—				
金刚镗孔				—	—	—	—								
镗孔	粗										—	—	—	—	
	半精							—	—	—	—				
	精						—	—	—						

续表

铰孔	粗									—	—	—	—		
	半精						—	—	—	—					
	精				—	—	—	—	—						
拉削	半精						—	—	—	—					
	精				—	—	—								
周铣	粗									—	—	—	—		
	半精							—	—	—	—				
	精						—	—	—						
端面铣	粗									—	—	—			
	半精						—	—	—	—	—				
	精					—	—	—	—						
车外圆	粗										—	—	—		
	半精								—	—	—	—			
	精					—	—	—	—						
金刚车			—	—	—	—									
车端面	粗											—	—		
	半精								—	—	—	—			
	精						—	—	—						
磨外圆	粗							—	—	—	—				
	半精					—	—	—	—						
	精		—	—	—	—	—								
磨平面	粗								—	—					
	半精						—	—	—						
	精		—	—	—	—	—								
珩磨	平面		—	—	—	—	—	—	—	—					
	圆柱	—	—	—	—	—	—								
研磨	粗					—	—	—	—						
	半精			—	—	—	—								
	精	—	—	—	—										
抛光	一般				—	—	—	—	—						
	精	—	—	—	—										
滚压抛光					—	—	—	—	—	—				—	—

续表

超精加工		—	—	—	—	—	—								
化学磨								—	—	—	—	—	—		
电解磨		—	—	—	—	—	—	—	—	—					
电火花								—	—	—	—	—	—		
螺纹加工	丝锥板牙							—	—	—	—				
	梳铣							—	—	—	—				
	滚					—	—	—							
	车							—	—	—	—	—			
	搓							—	—	—	—				
	滚压						—	—	—	—				—	—
	磨					—	—	—	—						
	研磨			—	—	—	—	—	—						
齿轮及花键加工	刨							—	—	—	—				
	滚							—	—	—	—				
	插							—	—	—	—				
	剃					—	—	—	—						
	磨				—	—	—	—							

三、表面粗糙度的选用实例

表 6-5 列出了部分表面粗糙度的选用实例，供查阅参考使用。

表 6-5　　表面粗糙度选用实例

表面粗糙度 $Ra(\mu m)$	相当于表面光洁度	表面形状特征		应用举例
>40～80	▽ 1	粗糙的	明显可见刀痕	粗糙度最高的加工面，一般很少采用
>20～40	▽ 2		可见刀痕	
>10～20	▽ 3		微见刀痕	粗加工表面比较精确的一级，应用范围较广，如轴端面、倒角、穿螺钉孔和铆钉孔的表面、垫圈的接触面等

续表

<table>
<tr><td>>5～10</td><td>▽4</td><td rowspan="3">半光</td><td>可见加工痕迹</td><td>半精加工面，支架、箱体、离合器、带轮侧面、凸轮侧面等非接触的自由表面，与螺栓头和铆钉头相接触的表面，所有轴和孔的退刀槽，一般遮板的结合面等</td></tr>
<tr><td>>2.5～5</td><td>▽5</td><td>微见加工痕迹</td><td>半精加工面，箱体、支架、盖面、套筒等和其他零件连接而没有配合要求的表面，需要发蓝的表面，需要滚花的预先加工面，主轴非接触面的全部外表面等</td></tr>
<tr><td>>1.25～2.5</td><td>▽6</td><td>看不清加工痕迹</td><td>基面及表面质量要求较高的表面，中型机床工作台面（普通精度），组合机床主轴箱和盖面的结合面、中等尺寸平带轮和V带轮的工作表面，衬套、滑动轴承的压入孔，一般低速转动的轴颈</td></tr>
<tr><td>>0.25～0.63</td><td>▽7</td><td rowspan="3">光</td><td>可辨加工痕迹</td><td>中型机床（普通精度）滑动导轨面，导轨压板，圆柱销和圆锥销的表面，一般精度的刻度盘，需镀铬抛光的外表面，中速转动的轴颈，定位销压入孔等</td></tr>
<tr><td>>0.32～0.63</td><td>▽8</td><td>微辨加工痕迹的方向</td><td>中型机床（较高精度）滑动导轨面，滑动轴承轴瓦的工作表面，夹具定位元件和钻套的主要表面，曲轴和凸轮轴的工作轴颈，分度盘表面，高速工作下的轴颈及衬套的工作面等</td></tr>
<tr><td>>0.16～0.32</td><td>▽9</td><td>不可辨加工痕迹的方向</td><td>精密机床主轴锥孔，顶尖圆锥面，直径小的精密心轴和转轴的结合面，活塞的活塞销孔，要求气密的表面和支承面</td></tr>
<tr><td>>0.08～0.16</td><td>▽10</td><td rowspan="5">最光</td><td>暗光泽面</td><td>精密机床主轴箱与套筒配合的孔，仪器在使用中要承受摩擦的表面，如导轨、槽面等，液压传动用孔的表面，阀的工作面，气缸内表面，活塞销的表面等</td></tr>
<tr><td>>0.04～0.08</td><td>▽11</td><td>亮光泽面</td><td>特别精密的滚动轴承套圈滚道，滚动体表面，量仪中中等精度间隙配合零件的工作表面，工作量规的测量表面等</td></tr>
<tr><td>>0.02～0.04</td><td>▽12</td><td>镜状光泽面</td><td>特别精密的滚动轴承套圈滚道，滚动体表面，高压液压泵中柱塞和柱塞套的配合表面，保证高度气密的结合表面等</td></tr>
<tr><td>>0.01～0.02</td><td>▽13</td><td>雾状镜面</td><td>仪器的测量表面，量仪中高精度间隙配合零件的工作表面，尺寸超过100mm的量块工作表面等</td></tr>
<tr><td>≤0.01</td><td>▽14</td><td>镜面</td><td>量块工作表面，高精度测量仪器的测量面，光学测量仪器中的金属镜面等</td></tr>
</table>

四、公差等级与表面粗糙度的一般关系

选定的表面粗糙度要与其公差等级相适应，一般来说，公差等级高时，表面粗糙度要求也应该较高，所以表面粗糙度数值也应该较小。尺寸公差、形位公差和表面粗糙度往往在图样上同时给出，三者联系密切，故取值时应该相互协调，一般应符合：尺寸公差＞形状公差＞表面粗糙度。表 6-6 列出了表面粗糙度与尺寸公差、形状公差的对应关系，供查阅参考使用。

表 6-6　　表面粗糙度与尺寸公差、形状公差的对应关系

尺寸公差等级		IT5			IT6			IT7			IT8		
相应的形状公差		A	B	C	A	B	C	A	B	C	A	B	C
基本尺寸(mm)		表面粗糙度参数值(μm)											
≤18	Ra	0.20	0.10	0.05	0.40	0.20	0.10	0.80	0.40	0.20	0.80	0.40	0.20
＞18～50	Ra	0.40	0.20	0.10	0.80	0.40	0.20	1.60	0.80	0.40	1.60	0.80	0.40
＞50～120	Ra	0.80	0.40	0.20	0.80	0.40	0.20	1.60	0.80	0.40	1.60	1.60	0.80
＞120～500	Ra	0.80	0.40	0.20	1.60	0.80	0.40	1.60	1.60	0.80	1.60	1.60	0.80

尺寸公差等级		IT9			IT10			IT11			IT12、IT13		IT14、IT15	
相应的形状公差		A、B	C	D	A、B	C	D	A、B	C	D	A、B	C	A、B	C
基本尺寸(mm)		表面粗糙度参数值(μm)												
≤18	Ra	1.60	0.80	0.40	1.60	0.80	0.40	3.20	1.60	0.80	6.3	3.2	6.3	6.3
＞18～50	Ra	1.60	1.60	0.80	3.20	1.60	0.80	3.20	1.60	0.80	6.30	3.20	12.5	6.3
＞50～120	Ra	3.20	1.60	0.80	3.20	1.60	0.80	6.30	3.20	1.60	12.5	6.3	25.0	12.5
＞120～500	Ra	3.20	3.20	1.60	3.20	3.20	1.60	6.30	3.20	1.60	12.5	6.3	25.0	12.5

注：A 为形状公差在尺寸极限之内；B 为形状公差相当于尺寸公差的 60%；C 为形状公差相当于尺寸公差的 40%；D 为形状公差相当于尺寸公差的 25%。

表 6-7 列出了公差等级与表面粗糙度的对应关系。

表 6-7　　公差等级与表面粗糙度的对应关系

公差等级	基本尺寸(mm)							
	6～10	10～18	18～30	30～50	50～80	80～120	120～180	180～250
	表面粗糙度 Ra 值不大于(μm)							
IT5	0.2		0.4		0.8			1.6

续表

<table>
<tr><td>IT6</td><td>0.2</td><td>0.4</td><td>0.8</td><td colspan="2">1.6</td><td colspan="2">3.2</td></tr>
<tr><td>IT7</td><td colspan="3">1.6</td><td colspan="4">3.2</td></tr>
<tr><td>IT8</td><td colspan="2">1.6</td><td colspan="5">3.2</td></tr>
<tr><td>IT9</td><td colspan="2">3.2</td><td colspan="5">6.3</td></tr>
<tr><td>IT10</td><td colspan="2">3.2</td><td colspan="4">6.3</td><td></td></tr>
<tr><td>IT11</td><td>3.2</td><td colspan="3">6.3</td><td colspan="3">12.5</td></tr>
<tr><td>IT12</td><td colspan="3">6.3</td><td colspan="4">12.5</td></tr>
</table>

五、典型零件被加工表面粗糙度的确定

1. 根据零件的使用要求选择

根据零件的使用要求选择被加工表面粗糙度时，既要满足零件的功能要求，又要考虑工艺经济性。表 6-8 列出了典型零件被加工表面粗糙度的参数值，供选择参考。

表 6-8　典型零件被加工表面粗糙度参数值选择　单位：μm

<table>
<tr><td>表面特性</td><td>部位</td><td colspan="4">表面粗糙度 Ra 值不大于</td></tr>
<tr><td rowspan="4">滑动轴承的配合表面</td><td rowspan="2">表面</td><td colspan="2">公差等级</td><td colspan="2" rowspan="2">液体摩擦</td></tr>
<tr><td>IT7～IT9</td><td>IT11～IT12</td></tr>
<tr><td>轴</td><td>0.2～3.2</td><td>1.6～3.2</td><td colspan="2">0.1～0.4</td></tr>
<tr><td>孔</td><td>0.4～1.6</td><td>1.6～3.2</td><td colspan="2">0.2～0.8</td></tr>
<tr><td rowspan="6">带密封的轴颈表面</td><td rowspan="2">密封方式</td><td colspan="4">轴颈表面速度(m/s)</td></tr>
<tr><td>≤3</td><td>≤5</td><td>>5</td><td>≤4</td></tr>
<tr><td>橡胶</td><td>0.4～0.8</td><td>0.2～0.4</td><td>0.1～0.2</td><td></td></tr>
<tr><td>毛毡</td><td colspan="3"></td><td>0.4～0.8</td></tr>
<tr><td>迷宫</td><td colspan="2">1.6～3.2</td><td colspan="2"></td></tr>
<tr><td>油槽</td><td colspan="2">1.6～3.2</td><td colspan="2"></td></tr>
<tr><td rowspan="3">圆锥结合</td><td>表面</td><td>密封结合</td><td>定心结合</td><td colspan="2">其他</td></tr>
<tr><td>外圆锥表面</td><td>0.1</td><td>0.4</td><td colspan="2">1.6～3.2</td></tr>
<tr><td>内圆锥表面</td><td>0.2</td><td>0.8</td><td colspan="2">1.6～3.2</td></tr>
<tr><td rowspan="4">螺纹</td><td rowspan="2">类别</td><td colspan="4">螺纹精度</td></tr>
<tr><td>4</td><td>5</td><td colspan="2">6</td></tr>
<tr><td>粗牙普通螺纹</td><td>0.4～0.8</td><td>0.8</td><td colspan="2">1.6～3.2</td></tr>
<tr><td>细牙普通螺纹</td><td>0.2～0.4</td><td>0.8</td><td colspan="2">1.6～3.2</td></tr>
</table>

续表

<table>
<tr><td rowspan="3">键结合</td><td colspan="2">结合形式</td><td>键</td><td>轴槽</td><td colspan="3">毂槽</td></tr>
<tr><td>工作表面</td><td>沿毂槽移动</td><td>0.2～0.4</td><td>1.6</td><td colspan="3">0.4～0.8</td></tr>
<tr><td colspan="2">非工作表面</td><td>6.3</td><td>6.3</td><td colspan="3">6.3</td></tr>
<tr><td rowspan="4">矩形齿花键</td><td colspan="2">定心方式</td><td>外径</td><td>内径</td><td colspan="3">键侧</td></tr>
<tr><td>外径 D</td><td>内花键</td><td>1.6</td><td>6.3</td><td colspan="3">3.2</td></tr>
<tr><td>内径 d</td><td>内花键</td><td>6.3</td><td>0.8</td><td colspan="3">3.2</td></tr>
<tr><td>键宽 b</td><td>内花键</td><td>6.3</td><td>6.3</td><td colspan="3">3.2</td></tr>
<tr><td rowspan="3">齿轮</td><td rowspan="2">部位</td><td colspan="6">齿轮精度等级</td></tr>
<tr><td>5</td><td>6</td><td>7</td><td>8</td><td>9</td><td>10</td></tr>
<tr><td>齿面</td><td>0.2～0.4</td><td>0.4</td><td>0.4～0.8</td><td>1.6</td><td>3.2</td><td>6.3</td></tr>
<tr><td rowspan="4">蜗杆副</td><td rowspan="2">部位</td><td colspan="6">蜗杆蜗轮精度等级</td></tr>
<tr><td>5</td><td>6</td><td>7</td><td>8</td><td colspan="2">9</td></tr>
<tr><td>齿面</td><td>0.2</td><td>0.4</td><td>0.4</td><td>0.8</td><td colspan="2">1.6</td></tr>
<tr><td>齿面</td><td>0.4</td><td>0.4</td><td>0.8</td><td>1.6</td><td colspan="2">3.2</td></tr>
</table>

2. 用类比法确定表面粗糙度

对新设计的零件，可以参照已经实践验证的实例，用类比的方法选定其表面粗糙度，类比的原则见表 6-9。

表 6-9　　选用表面粗糙度的类比原则

表面工作情况	表面粗糙度要求 Ra 值	
	小一些	大一些
工作表面	—	
非工作表面		—
摩擦表面	—	
非摩擦表面		—
间隙配合表面	—	
过盈配合表面		—
受交变载荷表面	—	
可能发生应力集中的圆角或凹槽处	—	

第三节　配合性质及其选择

一、公差与配合的新旧国家标准对照简表

表 6-10 为公差与配合的新旧国家标准对照简表。

表 6-10　　公差与配合的新旧国家标准对照简表

基孔制的轴(尺寸 1～500mm)											
间隙配合						过渡配合			过盈配合		
旧国标	新国标	备注	旧国标	新国标	备注	旧国标	新国标	备注	旧国标	新国标	备注
dl	h5		d4	h8,h9	③	ga1	n5	p5①	jb1	s5	s6①
db1	g5	g6①	dc4	f9		gab1	m5	n5①	jc1	r5	r6①
dcl	f5，f6	②	de4	d9,d10	③	gc1	k5	m4①	jd	s7,u5	②
d	h6		d5	h10		gd1	j5,js5	②	jc	u6	②
db	g6		d6	h11		ga	n6	p6①	jf	r6,s6	
dc	f7		dc6	d11		gb	m6	n6①	jb3	r6	
dd	e8		dd6	b11，c10，c11	②	gc	k6		jc3	u8	
de	d8		de6	a11,b11	②	gd	Js6		ja4	s7	
df	c8		d7	h12,h13	③	ga3	n7	p7①	jb4		④
d3	h7		dc7	b12,c12，c13	②	gb3	m7		jc4		④
dc3	f8					gc3 gd3	k7 j7,js7	②	je6		④
基轴制的孔(尺寸 1～500mm)											
间隙配合						过渡配合			过盈配合		
旧国标	新国标	备注	旧国标	新国标	备注	旧国标	新国标	备注	旧国标	新国标	备注
D1	H6		D4	H8,H9	③	Ca1	N6		Jd	U7,S7	②
Db1	G6		Dc4	F9		Gb1	M6		Je	R7,R8	②
Dc1	F7		Dc4	D9,D10	③	Gc1	K6		Jb3	U8	
D	H7		D5	H10	Gd1	J6,JS6	②				
Db	G7		D6	H11	Ga	N7	K7①				
Dc	F8		Dc6	D11		Gb	M7	JS7①			
Dd	E8,E9	②	Db6	B11,C11	②	Gc	K7				
De	D8,D9	②	De6	A11,B11	②	Gd	J7				
D3	H8		D7	H12,H13	③	Ga3	N8				
			Dc7		④	Gb3	M8				
						Gc3	K8				
						Gd3	J8				

注：①仅 1～3mm 尺寸段使用。②不同尺分段分别与不同的新国标符号相近似。③介于两者之间。④没有适当的相近符号。

二、各公差等级的适用范围及实例

1. 基准制的选用

选择基准制应从结构、工艺、经济性等几方面来考虑。一般情况优先采用基孔制，这样可以减少定值刀、量具的品种和数量。

基轴制一般用在以下几种情况：

(1)在农业机械行业中，采用冷拉钢做轴，不再进行切削加工。

(2)同一基本尺寸的轴与不同配合性质的几个孔相配合，如活塞连杆中销轴需同时与连杆孔和活塞孔配合。若采用基孔制必须做成台阶轴，无论从装配还是加工来看均不合理。

(3)孔与标准件的配合，如轴承座孔与滚动轴承外圈配合。

2. 公差等级的选用

选用公差等级就是解决零件使用要求与制造经济性的矛盾。

公差选择时首先要满足使用要求，各个等级的应用可参考表 6-11、表 6-12。

三、标准公差值

标准公差值见表 6-13。

四、直径小于 500mm 的轴、孔的基本偏差数值

直径小于 500mm 的轴、孔的基本偏差数值见表 6-14、表 6-15。

表 6-11　　公差等级的应用

应用	公差等级(IT)																			
	01	0	1	2	3	4	5	6	7	8	9	10	11	12	13	14	15	16	17	18
量块	—	—	—																	
量规			—	—	—	—	—	—	—											
配合尺寸							—	—	—	—	—	—	—	—	—					
特别精密零件的配合							—		—		—		—							
非配合尺寸（大制造公差）														—	—	—	—	—	—	—
原材料公差										—	—	—	—	—	—	—				

表 6-12 公差等级的应用条件和举例

公差等级	应用条件说明	应用举例
IT01	用于特别精密的尺寸传递基准	特别精密的标准量块
IT0	用于特别精密的尺寸传递基准及宇航中特别重要的极个别精密配合尺寸	特别精密的标准量块，个别特别重要的精密机械零件尺寸，校对检验 IT6 级轴用量规的校对量规
IT1	用于精密的尺寸传递基准，高精密测量工具，特别重要的极个别精密配合尺寸	高精密标准量规，校对检验 IT7 ~ IT9 级轴用量规的校对量规，个别特别重要的精密机械零件尺寸
IT2	用于高精密的测量工具，特别重要的精密配合尺寸	检验 IT6 ~ IT7 级工件用量规的尺寸制造公差，校对检验 IT8 ~ IT11 级轴用量规的校对量规，个别特别重要的精密机械零件的尺寸
IT3	用于精密测量工具，小尺寸零件的高精度的精密配合及与 4 级滚动轴承配合的轴颈和外轴承座孔径	检验 IT8 ~ IT11 级工件用量规和校对检验 IT9 ~ IT13 级轴用量规的校对量规，与特别精密的 4 级滚动轴承内环孔（直径至 100mm）相配的机床主轴，精密机械和高速机械的轴颈，与 4 级向心球轴承外环外径相配合的外轴承座孔径，航空工业及航海工业中导航仪器上特殊精密的个别小尺寸零件的精密配合
IT4	用于精密测量工具，高精度的精密配合和与 4 级、5 级滚动轴承配合的轴颈和外轴承座孔径	检验 IT9 ~ IT12 级工件用量规和校对 IT12 ~ IT14 级轴用量规的校对量规，与 4 级轴承孔（孔径大于 100mm 时）及与 5 级轴承孔相配的机床主轴，精密机械和高速机械的轴颈，与 4 级轴承相配的轴承座孔，柴油机活塞销及活塞销座孔径，高精度（1 级至 4 级）齿轮的基准孔或轴颈，航空及航海工业用仪器中特殊精密的孔径
IT5	用于机床、发动机和仪表中特别重要的配合，在配合公差要求很小、形状精度要求很高的条件下，这类公差等级能使配合性质比较稳定，相当于旧国标中最高精度（1 级精度轴），故它对加工要求较高，一般机械制造中较少应用	检验 IT11 ~ IT14 级工件用量规和校对 IT14 ~ IT15 级轴用量规的校对量规，与 5 级滚动轴承相配的机床箱体孔，与 6 级滚动轴承孔相配的机床主轴，精密机械及高速机械的轴颈，机床尾架套筒，高精度分度盘轴颈，分度头主轴，精密丝杠基准轴颈，高精度镗套的外径等，发动机中主轴的外径，活塞销外径与活塞的配合，精密仪器中轴与各种传动件轴承的配合，航空、航海工业仪表中重要的精密孔的配合，5 级精度齿轮的基准孔及 5 级、6 级精度齿轮的基准轴

续表

IT6	广泛用于机械制造中的重要配合，配合表面有较高均匀性的要求，能保证相当高的配合性质，使用可靠，相当于旧国标中 2 级精度轴和 1 级精度孔的公差	检验 IT12～IT15 级工件用量规和校对 IT15～IT16 级轴用量规的校对量规，与 6 级滚动轴承相配的轴承座孔及与滚子轴承相配的机床主轴轴颈，机床制造中，装配、定心的孔径、轴颈，机床夹具的导向件的外径尺寸，精密仪器光学仪器、计量仪器中的精密轴，航空、航海仪器仪表中的精密轴，无线电工业、自动化仪表、电子仪器、邮电机械中的特别重要的轴，手表中特别重要的轴，导航仪器中主罗经的方位轴、微电动机轴，电子计算机外部设备中的重要尺寸，医疗器械中牙科直车头、中心齿轴及 X 线机齿轮箱的精密轴等，缝纫机中的重要轴类尺寸，发动机中的气缸套外径、曲轴主轴颈，活塞销、连杆衬套、连杆和轴瓦外径等，6 级精度齿轮的基准孔和 7 级、8 级精度齿轮的基准轴颈，特别精密（1 级、2 级精度）齿轮的顶圆直径
IT7	应用条件与 IT6 相类似，但它要求的精度可比 IT6 稍低一点，在一般机械制造业中应用相当普遍，相当于旧国标中 3 级精度轴或 2 级精度孔的公差	检验 IT14～IT16 级工件用量规和校对 IT16 级轴用量规的校对量规，机床制造中装配式青铜蜗轮轮缘孔径，联轴器、带轮、凸轮等的孔径，机床卡盘座孔、摇臂钻床的摇臂孔、车床丝杠的轴承孔等，机床夹头导向件的内孔（如固定钻套、可换钻套、衬套、镗套等），发动机中的连杆孔、活塞孔、铰制螺栓定位孔等，纺织机械中的重要零件，印染机械中要求较高的零件，精密仪器光学仪器中精密配合的内孔，手表中的离合杆压簧等，导航仪器中主罗经壳底座孔、方位支架孔，医疗器械中牙科直车头中心齿轮轴的轴承孔及 X 线机齿轮箱的转盘孔，电子计算机、电子仪器、仪表中的重要内孔，自动化仪表中的重要内孔，缝纫机中的重要零件的内孔，邮电机械中的重要零件的内孔，7 级、8 级精度齿轮的基准孔和 9 级、10 级精密齿轮的基准轴
IT8	用于机械制造中属中等精度，在仪器、仪表及钟表制造中，由于基本尺寸较小，所以属较高精度范畴，在配合确定性要求不太高时，是应用较多的一个等级，在农业机械、纺织机械、印染机械、自行车、缝纫机、医疗器械中应用最广	检验 IT6 级工件用量规，轴承座衬套沿宽度方向的尺寸配合，手表中跨齿轴、棘爪拨针轮等与夹板的配合，无线电仪表工业中的一般配合，电子仪器仪表中较重要的内孔，计算机中变速齿轮孔和轴的配合，医疗器械中牙科车头的钻头套的孔与车针柄部的配合，导航仪器中主罗经粗刻度盘孔月牙形支架与微电机汇电环孔等，电机制造中铁芯与机座的配合，发动机活塞油环槽宽，连杆轴瓦内径，低精度（9～12 级精度）齿轮的基准孔和 11～12 级精度齿轮和基准轴，6～8 级精度齿轮的顶圆
IT9	应用条件与 IT8 相类似，但要求精度低于 IT8 时用，比旧国标 4 级精度公差值稍大	机床制造中轴套外径与孔、操纵件与轴、空转带轮与轴、操纵系统的轴与轴承等的配合，纺织机械、印染机械中的一般配合零件，发动机中机油泵体内孔、气门导管内孔、飞轮与飞轮套圈衬套、混合气预热阀轴、气缸盖孔径、活塞槽环的配合等，光学仪器、自动化仪表中的一般配合，手表中要求较高零件的未注公差尺寸的配合，单键连接中键宽配合尺寸，打字机中的活动件配合

续表

IT10	应用条件与 IT9 相类似，但要求精度低于 IT9 时用，相当于旧国标的 5 级精度公差	电子仪器仪表中支架上的配合，导航仪器中绝缘衬套孔与汇电环衬套轴，打字机中铆合件的配合尺寸，闹钟机构中的中心管与前夹板、轴套与轴，手表中尺寸小于 18mm 时要求一般的未注公差尺寸及大于 18 mm 时要求较高的未注公差尺寸，发动机中油封挡圈孔与曲轴皮带轮毂
IT11	配合精度要求较粗糙，装配后可能有较大的间隙，特别适用于要求间隙较大，且有显著变动而不会引起危险的场合，相当于旧国标的 6 级精度公差	机床上法兰盘止口与孔、滑块与滑移齿轮、凹槽等，农业机械、机车车箱部件及冲压加工的配合零件，钟表制造中不重要的零件，手表制造用的工具及设备中的未注公差尺寸，纺织机械中较粗糙的活动配合，印染机械中要求较低的配合，医疗器械中手术刀片的配合，磨床制造中的螺纹连接及粗糙的动连接，不作测量基准用的齿轮顶圆直径公差
IT12	配合精度要求很粗糙，装配后有很大的间隙，适用于基本上没有什么配合要求的场合，要求较高的未注公差尺寸的极限偏差，比旧国标的 7 级精度公差值稍小	非配合尺寸及工序间尺寸，发动机分离杆，手表制造中工艺装备的未注公差尺寸，计算机行业切削加工中未注公差尺寸的极限偏差，医疗器械中手术刀柄的配合，机床制造中扳手孔与扳手座的连接
IT13	应用条件与 IT12 相类似，但比旧国标 7 级精度公差值稍大	非配合尺寸及工序间尺寸，计算机、打字机中切削加工零件及圆片孔、二孔中心距的未注公差尺寸
IT14	用于非配合尺寸及不包括在尺寸链中的尺寸，相当于旧国标的 8 级精度公差	在机床、汽车、拖拉机、冶金矿山、石油化工、电机、电器、仪器、仪表、造船、航空、医疗器械、钟表、自行车、缝纫机、造纸与纺织机械等工业中对切削加工零件未注公差尺寸的极限偏差，广泛应用此等级
IT15	用于非配合尺寸及不包括在尺寸链中的尺寸，相当于旧国标的 9 级精度公差	冲压件、木模铸造零件、重型机床制造中尺寸大于 3150mm 时的未注公差尺寸
IT16	用于非配合尺寸及不包括在尺寸链中的尺寸，相当于旧国标的 10 级精度公差	打字机中的浇铸件尺寸，无线电制造中的箱体外形尺寸，手术器械中的一般外形尺寸公差，压弯延伸加工用尺寸，纺织机械中木制零件和塑料零件尺寸公差，木模制造和自由锻造时用
IT17	用于非配台尺寸及不包括在尺寸链中的尺寸，相当于旧国标的 11 级精度	塑料成型尺寸公差，手术器械中的一般外形尺寸公差
IT18	用于非配合尺寸及不包括在尺寸链中的尺寸，相当于旧国标的 12 级精度	冷作、焊接尺寸用公差

表 6-13　标准公差数值(GB/T 1800.4-1999)

基本尺寸(mm)	公差等级																			
	IT01	IT0	IT1	IT2	IT3	IT4	IT5	IT6	IT7	IT8	IT9	IT10	IT11	IT12	IT13	IT14	IT15	IT16	IT17	IT18
	μm													mm						
≤3	0.3	0.5	0.8	1.2	2	3	4	6	10	14	25	40	60	0.10	0.14	0.25	0.40	0.60	1.0	1.4
>3~6	0.4	0.6	1	1.5	2.5	4	5	8	12	18	30	48	75	0.12	0.18	0.30	0.48	0.75	1.2	1.8
>6~10	0.4	0.6	1	1.5	2.5	4	6	9	15	22	36	58	90	0.15	0.22	0.36	0.58	0.90	1.5	2.2
>10~18	0.5	0.8	1.2	2	3	5	8	11	18	27	43	70	110	0.18	0.27	0.43	0.70	1.10	1.8	2.7
>18~30	0.6	1	1.5	2.5	4	6	9	13	21	33	52	84	130	0.21	0.33	0.52	0.84	1.30	2.1	3.3
>30~50	0.6	1	1.5	2.5	4	7	11	16	25	39	62	100	160	0.25	0.39	0.62	1.00	1.60	2.5	3.9
>50~80	0.8	1.2	2	3	5	8	13	19	30	46	74	120	190	0.30	0.46	0.74	1.20	1.90	3.0	4.6
>80~120	1	1.5	2.5	4	6	10	15	22	35	54	87	140	220	0.35	0.54	0.87	1.40	2.20	3.5	5.4
>120~180	1.2	2	3.5	5	8	12	18	25	40	63	100	160	250	0.40	0.63	1.00	1.60	2.50	4.0	6.3
>180~250	2	3	4.5	7	10	14	20	29	46	72	115	185	290	0.46	0.72	1.15	1.85	2.90	4.6	7.2
>250~315	2.5	4	6	8	12	16	23	32	52	81	130	210	320	0.52	0.81	1.30	2.10	3.20	5.2	8.1
>315~400	3	5	7	9	13	18	25	36	57	89	140	230	360	0.57	0.89	1.40	2.30	3.60	5.7	8.9
>400~500	4	6	8	10	15	20	27	40	63	97	155	250	400	0.63	0.97	1.55	2.50	4.0	6.3	9.7

注:基本尺寸小于 1mm 时,无 IT14~IT18。

表 6-14　直径小于 500mm 的轴的基本偏差数值(GB/T 1800.3-1998)

基本偏差代号	a	b	c	cd	d	e	ef	f	fg	g	h	js
公差等级	所有等级											
基本尺寸(mm)	上偏差(μm)											
≤3	-270	-140	-60	-34	-20	-14	-10	-6	-4	-2	0	偏差 = ±IT/2
>3~6	-270	-140	-70	-46	-30	-20	-14	-10	-6	-4	0	
>6~10	-280	-150	-80	-56	-40	-25	-18	-13	-8	-5	0	
>10~14 >14~18	-290	-150	-95	—	-50	-32	—	-16	—	-6	0	
>18~24 >24~30	-300	-160	-110	—	-65	-40	—	-20	—	-7	0	
>30~40	-310	-170	-120	—	-80	-50	—	-25	—	-9	0	
>40~50	-320	-180	-130									
>50~65	-340	-190	-140	—	-100	-60	—	-30	—	-10	0	
>65~80	-360	-200	-150									
>80~100	-380	-220	-170	—	-120	-72	—	-36	—	-12	0	
>100~120	-410	-240	-180									
>120~140	-460	-260	-200	—	-145	-85	—	-43	—	-14	0	
>140~160	-520	-280	-210									
>160~180	-580	-310	-230									
>180~200	-660	-340	-240	—	-170	-100	—	-50	—	-15	0	
>200~225	-740	-380	-260									
>225~250	-820	-420	-280									
>250~280	-920	-480	-300	—	-190	-110	—	-56	—	-17	0	
>280~315	-1050	-540	-330									
>315~355	-1200	-600	-360	—	-210	-125	—	-62	—	-18	0	
>355~400	-1350	-680	-400									
>400~450	-1500	-760	-440	—	-230	-135	—	-68	—	-20	0	
>450~500	-1650	-840	-480									

续表

基本偏差代号	j			k		m	n	p	f	s	t	u	v	x	y	z	za	zb	zc
公差等级	5,6	7	8	4~7	≤3 >7	所有等级													
基本尺寸(mm)	下偏差(μm)																		
≤3	-2	-4	-6	0	0	+2	+4	+6	+10	+14	—	+18	—	+20	—	+26	+32	+40	+60
>3~6	-2	-4	—	+1	0	+4	+8	+12	+15	+19	—	+23	—	+28	—	+35	+42	+50	+80
>6~10	-2	-5	—	+1	0	+6	+10	+15	+19	+23	—	+28	—	+34	—	+42	+52	+67	+97
>10~14	-3	-6	—	+1	0	+7	+12	+18	+23	+28	—	+33	—	+40	—	+50	+64	+90	+130
>14~18													+39	+45	—	+60	+77	+108	+150
>18~24	-4	-8	—	+2	0	+8	+15	+22	+28	+35	—	+41	+47	+54	+63	+73	+98	+136	+188
>24~30											+41	+48	+55	+64	+75	+88	+118	+160	+218
>30~40	-5	-10	—	+2	0	+9	+17	+26	+34	+43	+48	+60	+68	+80	+94	+112	+148	+200	+274
>40~50											+54	+70	+81	+97	+114	+136	+180	+242	+325
>50~65	-7	-12	—	+2	0	+11	+20	+32	+41	+53	+66	+87	+102	+122	+114	+172	+226	+300	+450
>65~80									+43	+59	+75	+102	+120	+146	+174	+210	+274	+360	+480
>80~100	-9	-15	—	+3	0	+13	+23	+37	+51	+71	+91	+124	+146	+178	+214	+258	+335	+445	+585
>100~120									+54	+79	+104	+144	+172	+210	+254	+310	+400	+525	+690
>120~140									+63	+92	+122	+170	+202	+248	+300	+365	+470	+620	+800
>140~160	-11	-18	—	+3	0	+15	+27	+43	+65	+100	+134	+190	+228	+280	+340	+415	+535	+700	+900
>160~180									+68	+108	+146	+210	+252	+310	+380	+465	+600	+780	+1000
>180~200									+77	+122	+166	+236	+284	+350	+425	+520	+670	+880	+1150
>200~225	-13	-21	—	+4	0	+17	+31	+50	+80	+130	+180	+258	+310	+385	+470	+575	+740	+960	+1250
>225~250									+84	+140	+196	+284	+340	+425	+520	+640	+820	+1050	+1350
>250~280	-16	-26	—	+4	0	+20	+34	+56	+94	+158	+218	+315	+385	+475	+580	+710	+920	+1200	+1550
>280~315									+98	+170	+240	+350	+425	+525	+650	+790	+1000	+1300	+1700

续表

>315 ~ 355 >355 ~ 400	-18	-28	—	+4	0	+21	+37	+62	+108 +114	+190 +208	+268 +294	+390 +435	+475 +530	+590 +660	+730 +820	+900 +1000	+1150 +1300	+1500 +1650	+1900 +2100
>400 ~ 450 >450 ~ 500	-20	-32	—	+5	0	+23	+40	+68	+126 +132	+232 +252	+330 +360	+490 +540	+595 +660	+740 +820	+920 +1000	+1100 +1250	+1450 +1600	+1850 +2100	+2400 +2600

表 6-15　直径小于 500mm 的孔的基本偏差数值(GB/T 1800.3-1998)

基本偏差代号	A	B	C	CD	D	E	EF	F	FG	G	H	JS	J			K		M		N	
公差等级	所有等级												6	7	8	≤8	>8	≤8	>8	≤8	>8
基本尺寸(mm)	下偏差(μm)												上偏差(μm)								
≤3	+270	+140	+60	+34	+20	+14	+10	+6	+4	+2	0	偏差=±IT/2	+2	+4	+6	0	0	-2	-2	-4	-4
>3 ~ 6	+270	+140	+70	+46	+30	+20	+14	+10	+6	+4	0		+5	+6	+10	-1 +Δ	—	-4 +Δ	-4	-8 +Δ	0
>6 ~ 10	+280	+150	+80	+56	+40	+25	+18	+13	+8	+5	0		+5	+8	+12	-1 +Δ	—	-6 +Δ	-6	-10 +Δ	0
>10 ~ 14 >14 ~ 18	+290	+150	+95	—	+50	+32	—	+16	—	+6	0		+6	+10	+15	-1 +Δ	—	-7 +Δ	-7	-12 +Δ	0
>18 ~ 24 >24 ~ 30	+300	+160	+110	—	+65	+40	—	+20	—	+7	0		+8	+12	+20	-2 +Δ	—	-8 +Δ	-8	-15 +Δ	0
>30 ~ 40 >40 ~ 50	+310 +320	+170 +180	+120 +130	—	+80	+50	—	+25	—	+9	0		+10	+14	+24	-2 +Δ	—	-9 +Δ	-9	-17 +Δ	0
>50 ~ 65 >65 ~ 80	+340 +360	+190 +200	+140 +150	—	+100	+60	—	+30	—	+10	0		+13	+18	+28	-2 +Δ	—	-11 +Δ	-11	-20 +Δ	0

续表

>80 ~ 100	+380	+220	+170	—	+120	+72	—	+36	—	+12	0	偏差=±IT/2	+16	+22	+34	−3 + Δ	—	−13 + Δ	−13	−23 + Δ	0
>100 ~ 120	+410	+240	+180																		
>120 ~ 140	+460	+260	+200	—	+145	+85	—	+43	—	+14	0		+18	+26	+41	−3 + Δ	—	−15 + Δ	−15	−27 + Δ	0
>140 ~ 160	+520	+180	+210																		
>160 ~ 180	+580	+310	+230																		
>180 ~ 200	+660	+340	+240	—	+170	+100	—	+50	—	+15	0		+22	+30	+47	−4 + Δ	—	−17 + Δ	−17	−31 + Δ	0
>200 ~ 225	+740	+380	+260																		
>225 ~ 250	+820	+420	+280																		
>250 ~ 280	+920	+480	+300	—	+190	+110	—	+56	—	+17	0		+25	+36	+55	−4 + Δ	—	−20 + Δ	−20	−34 + Δ	0
>280 ~ 315	+1050	+540	+330																		
>315 ~ 355	+1200	+600	+360	—	+210	+125	—	+62	—	+18	0		+29	+39	+60	−4 + Δ	—	−21 + Δ	−21	−37 + Δ	0
>355 ~ 400	+1350	+680	+400																		
>400 ~ 450	+1500	+760	+440																		
>450 ~ 500	+1650	+840	+480	—	+230	+135	—	+68	—	+20	0		+33	+43	+66	−5 + Δ	—	−23 + Δ	−23	−40 + Δ	0

续表

基本偏差代号	P 至 ZC	P	R	S	T	U	V	X	Y	Z	ZA	ZB	ZC	Δ(μm)					
公差等级	≤7	>7												3	4	5	6	7	8
基本尺寸(mm)	下偏差(μm)													上偏差(μm)					
≤3	在大于7级的相应数值上增加一个Δ值	-6	-10	-14	—	-18	—	-20	—	-26	-32	-40	-60	0	0	0	0	0	0
>3~6		-12	-15	-19	—	-23	—	-28	—	-35	-42	-50	-80	1	1.5	1	3	4	6
>6~10		-15	-19	-23	—	-28	—	-34	—	-42	-52	-67	-97	1	1.5	2	3	6	7
>10~14		-18	-23	-28	—	-33	-39	-40	—	-50	-64	-90	-130	1	2	3	3	7	9
>14~18								-45	—	-60	-77	-108	-150						
>18~24		-22	-28	-35	-41	-41	-47	-54	-63	-73	-98	-136	-188	1.5	2	3	4	8	12
>24~30						-48	-55	-64	-75	-88	-118	-160	-218						
>30~40		-26	-34	-43	-48	-60	-68	-80	-94	-112	-148	-200	-274	1.5	3	4	5	9	14
>40~50					-54	-70	-81	-97	-114	-136	-180	-242	-325						
>50~65		-32	-41	-53	-66	-87	-102	-122	-144	-172	-226	-300	-405	2	3	5	6	11	16
>65~80			-43	-59	-75	-102	-120	-146	-174	-210	-274	-360	-480						
>80~100		-37	-51	-71	-91	-124	-146	-178	-214	-258	-335	-445	-585	2	4	5	7	13	19
>100~120			-54	-79	-104	-144	-172	-210	-254	-310	-400	-525	-690						
>120~140		-43	-63	-92	-122	-170	-202	-248	-300	-365	-470	-620	-800	3	4	6	7	15	23
>140~160			-65	-100	-134	-190	-228	-280	-340	-415	-535	-700	-900						
>160~180			-68	-108	-146	-210	-252	-310	-380	-465	-600	-780	-1000						
>180~200		-50	-77	-122	-166	-236	-284	-350	-425	-520	-670	-880	-1150	3	4	6	9	17	26
>200~225			-80	-130	-180	-258	-310	-385	-470	-575	-740	-960	-1250						
>225~250			-84	140	-196	-284	-340	-425	-520	-640	-820	-1050	-1350						
>250~280		-56	-94	-158	-218	-315	-385	-475	-580	-710	-920	-1200	-1550	4	4	7	9	20	29
>280~315			-98	-170	-240	-350	-425	-525	-650	-790	-1000	-1300	-1700						
>315~355		-62	-108	-190	-268	-390	-475	-590	-730	-900	-1150	-1500	-1900	4	5	7	11	21	23
>355~400			-114	-208	-294	-435	-530	-660	-820	-1000	-1300	-1650	-2100						
>400~450		-68	-126	-232	-330	-490	-595	-740	-920	-1100	-1450	-1850	-2400	5	5	7	13	23	34
>450~500			-132	-252	-360	-540	-660	-820	-1000	-1250	-1600	-2100	-2600						

五、常用配合及选择实例

表 6-16 所列为一些典型配合的特性及应用实例。

表 6-16　　一些典型配合的特性及应用实例

<table>
<tr><th rowspan="2">配合种类</th><th rowspan="2">装配方法</th><th rowspan="2">配合特性及使用条件</th><th colspan="2">应用实例</th></tr>
<tr><th>文字说明</th><th>图示说明</th></tr>
<tr><td>$\frac{H7}{z7}$</td><td rowspan="2">温差法</td><td rowspan="2">用于传递巨大转矩或承受较大冲击载荷。配合处不用其他连接件或紧固件。零件材料的许用应力较大</td><td>钢与轻合金或塑料等不同材料的配合，中小型交流电动机轴壳上绝缘体与接触环的配合</td><td rowspan="2">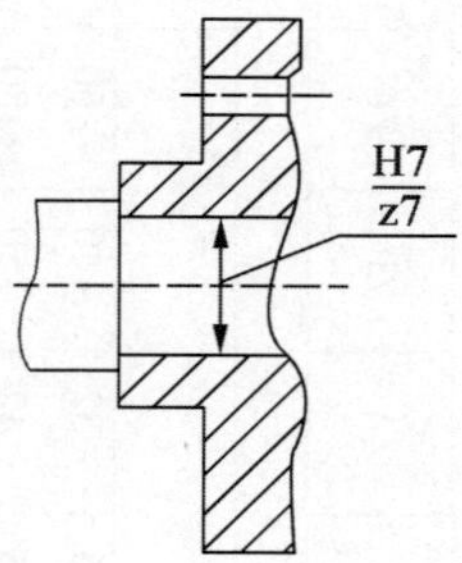
联轴器与轴的配合</td></tr>
<tr><td>$\frac{H7}{u7}$ $\frac{U8}{h8}$
$\frac{U7}{h6}$ $\frac{H8}{u8}$</td><td>车轮轮毂与轮心、联轴器与轴、轧钢设备中辊子与心轴等的配合</td></tr>
<tr><td>$\frac{H7}{s6}$ $\frac{R7}{h6}$
$\frac{S7}{h6}$</td><td rowspan="3">压力机压入或温差法</td><td rowspan="2">多用于传递较小转矩，传递较大转矩时，要分组选择装配才可靠，也用于承受交变载荷的薄壁轴套与孔的配合。当零件材料强度不够时用以代替重级过盈配合，但要加紧固件</td><td>$\frac{H7}{s6}$为优先配合，用途极为广泛。例如：减速器中的轴与蜗轮、空压机的连杆头与衬套、辊道辊子与轴、大中型减速器中低速级齿轮与轴、水泵阀座与壳体的配合（当键连接为辅助固定装置时）</td><td rowspan="2">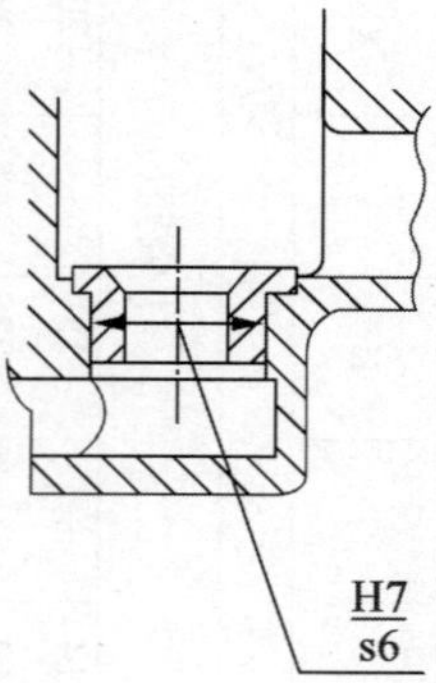
水泵阀座与壳体的配合</td></tr>
<tr><td>$\frac{H8}{s7}$</td><td>$\frac{H8}{s7}$为常用配合，当分组装配时可代替$\frac{H7}{s6}$，如蜗轮青铜轮缘与轮心、轴套与轴承座的配合</td></tr>
<tr><td>$\frac{H7}{r6}$</td><td>多用于承受很小的转矩和轴向力的地方，或不受转矩和轴向力但要求无相对运动，或偶有移动亦无大影响的地方。传递转矩时需加紧固件。用于材料强度较低的零件</td><td>受反复载荷的薄壁套筒、重型载荷的齿轮与轴的连接（附加键）、软填料的圆柱形填料壳体与衬套、车床齿轮箱中的齿轮与衬套、蜗轮与轴、轴与联轴器的配合</td><td>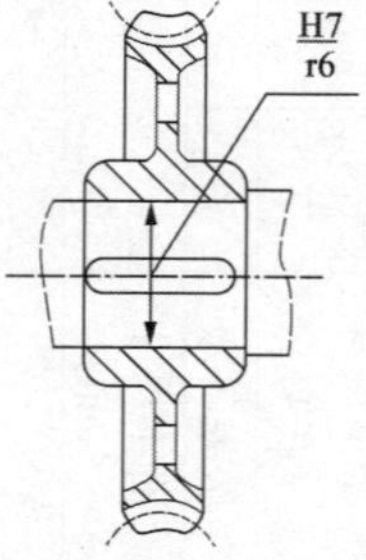
蜗轮与轴的配合</td></tr>
</table>

续表

$\frac{H7}{n6}$ $\frac{N7}{n6}$ $\frac{H8}{n7}$ $\frac{N8}{h7}$	压力机压入	可承受很大转矩、振动及冲击，但需加紧固件。同轴度及配合紧密性很好，不经常拆卸	爪型联轴器与轴的配合，链轮轮缘与轮心、蜗轮青铜轮缘及轮心、破碎机等振动机械的齿轮与轴的配合	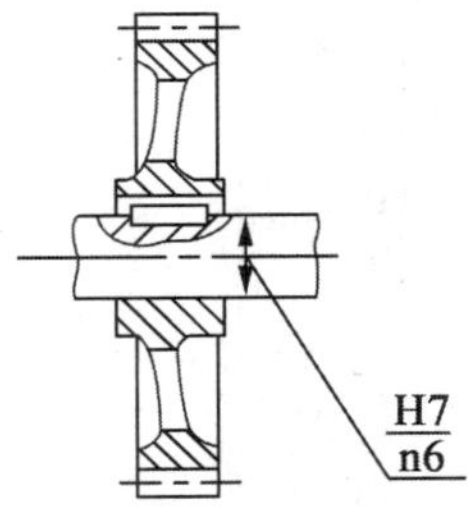 冲床齿轮与轴的配合
$\frac{H7}{m6}$ $\frac{M7}{h6}$ $\frac{H8}{m7}$ $\frac{M8}{h7}$	手锤打入	用于零件必须绝对紧密而不经常拆卸的地方。当配合长度超过直径的 1.5 倍时，可代替 $\frac{H7}{n6}$，$\frac{N7}{h6}$，同轴度好	减速器的轴与锥齿轮、定位销与孔、蜗轮青铜轮缘与轮辐、齿轮与轴的配合	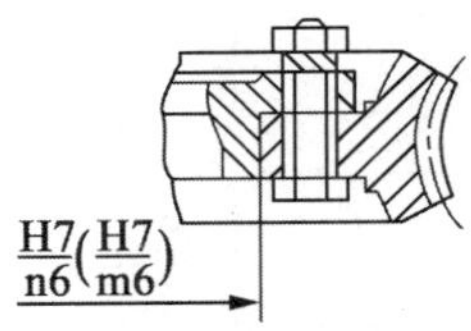 蜗轮青铜轮缘与轮辐的配合
$\frac{H6}{k5}$ $\frac{K6}{h5}$	手锤轻轻打入	用于承受不大的冲击载荷。转矩和冲击很大时，应加紧固件。同轴度很好	精密螺纹车床的主轴箱体与后轴承座的配合	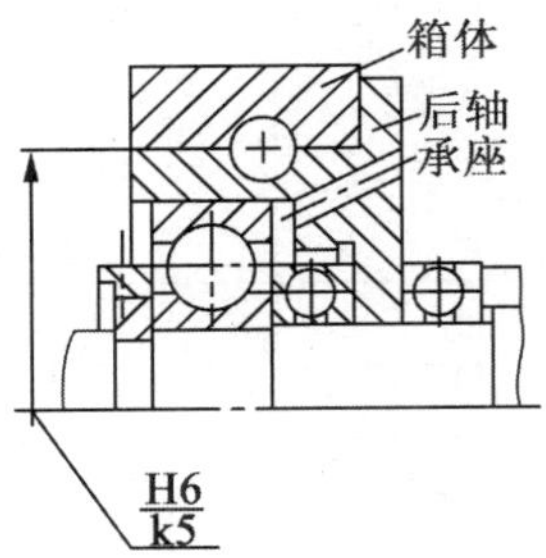
$\frac{H7}{k6}$ $\frac{K7}{h6}$			转动的齿轮与轴、中型电动机的轴端与联轴器或带轮、减速器蜗轮与轴的配合	
$\frac{H8}{k7}$ $\frac{K8}{h7}$			空压机连杆头与十字头销、循环泵活塞与活塞杆的配合	
$\frac{H7}{js6}$ $\frac{J7}{h6}$ $\frac{H8}{js7}$ $\frac{J8}{h7}$	手装或木槌卸	用于频繁拆卸、同轴度要求不高的部位。当配合面很宽时，可代替$\frac{K7}{h6}$、$\frac{H7}{k6}$，保持轴孔的同轴度	机床变速箱中的齿轮与轴、滚动轴承与箱体孔、轴端部可拆卸的带轮或手轮的配合，齿圈与钢轮辐的配合	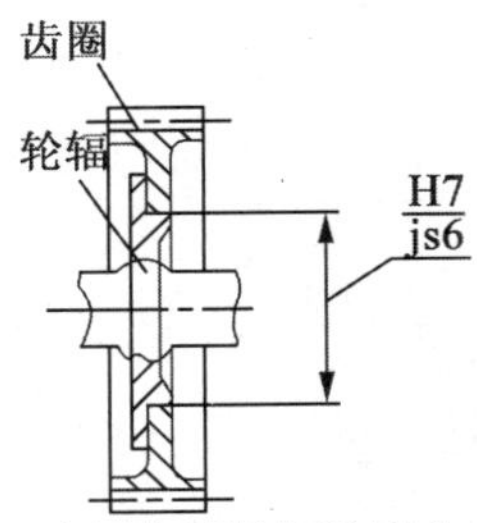 齿圈与钢轮辐的配合

续表

H7/h6 H8/h7	加油后用手旋进	用于间隙较小、经常拆卸（或在调整时需移动或转动）、对同轴度有一定要求、通过紧固件传递转矩的固定连接	齿轮轴与轴套、定心的凸缘与轴、机床的变速齿轮与轴、风钻气缸与活塞、空压机的连杆与十字头、内燃机气门导杆与座的配合	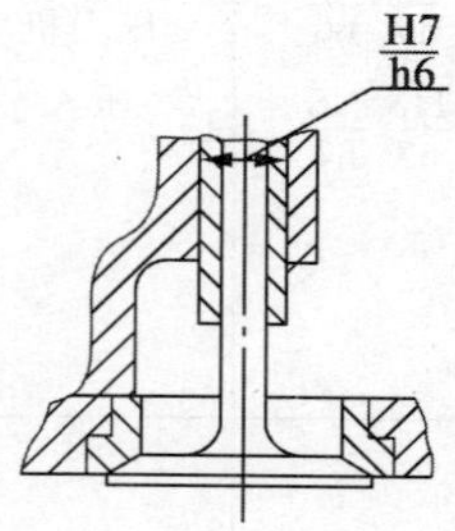 内燃机气门导杆与座的配合
H9/h9 H10/h10		用于同轴度要求不高、工作时零件没有相对运动的连接。承受载荷不大而平稳，易于拆卸，通过键、销等传递转矩	齿轮与轴、带轮与轴、剖分式滑动轴承与轴瓦、螺旋搅拌机的轴与桨叶、滑块与导向轴的配合	
H11/h11		用于精度低、工作时没有相对运动（附加紧固件）、定心要求不高的连接	起重机的链轮与轴、对开轴瓦与轴承座两侧的配合，一般的铰链连接	
H7/g6　G7/h6	手旋进	具有很小间隙，适用于有一定相对运动、运动速度不高并且精密定位的配合，以及运动可能有冲击，但又能保证零件同轴度或紧密性的配合	精密机床的主轴与轴承、分度头轴颈与轴套、拖拉机的曲轴与连杆头、安全阀的阀杆与套筒、钻套与衬套的配合	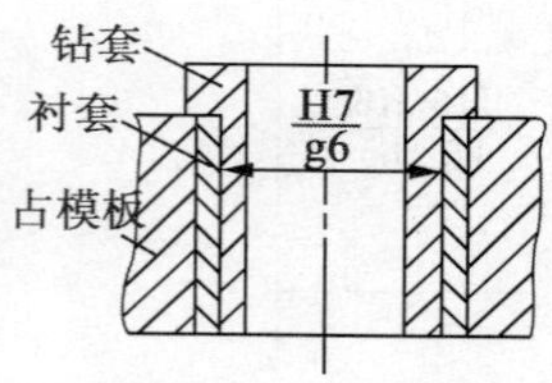 钻套与衬套的配合
H7/f6　F8/h7 H8/f7	手推滑进	中等间隙、转速不高而又具有相对运动的配合	在轴上自由转动的齿轮与轴、中速和中等载荷的滑动轴承与轴、柱塞与缸体、齿轮轴套与轴的配合	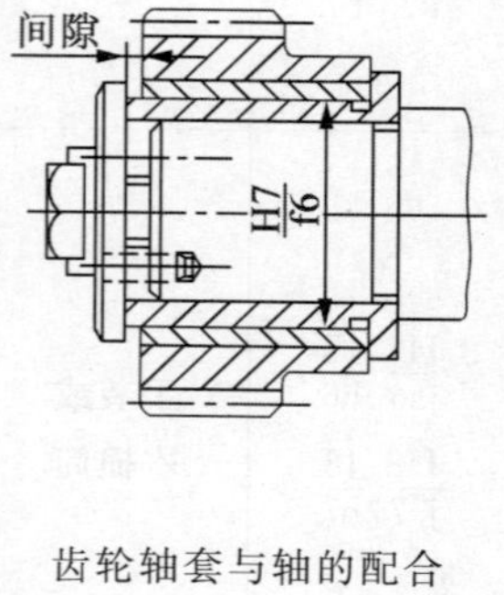 齿轮轴套与轴的配合
H8/f8　F8/h8		间隙较大，能保证良好的润滑，允许在工作中发热，故可用于高速旋转的轴承，也用于支承较远或有几个支承的转轴。同轴度要求不高	含油轴承与轴、球体滑动轴承与轴承座及轴、活塞环与活塞环槽宽度的配合，滑块与凹槽、带传动导轮及链传动张紧轮与轴的配合	
H11/d11　D11/h11 H12/d12　B12/b12		间隙较大，配合粗糙	滚动轴承压盖与箱体的环形槽、粗糙机构中轴上联轴器及非固定的齿轮与轴的配合	

六、形位公差等级及选择实例

形位公差等级的应用见表 6-17～表 6-20。

表 6-17　直线度、平面度公差等级应用举例

公差等级	应用举例
IT1、IT2	用于精密量具、测量仪器以及精度要求很高的精密机械零件，如 0 级样板平尺、0 级宽平尺、工具显微镜等精密测量仪器的导轨面等
IT3	用于 0 级及 1 级宽平尺的工作面、1 级样板平尺的工作面、测量仪器圆弧导轨、测量仪器测杆等
IT4	用于高精度平面磨床的 V 形导轨和滚动导轨、轴承磨床及平面磨床床身导轨，1 级宽平尺、0 级平板、测量仪器的 V 形导轨等
IT5	用于平面磨床的纵向导轨、垂直导轨、立柱导轨和平面磨床的工作台、液压龙门刨床导轨面、转塔车床床身导轨面、1 级平板、2 级宽平尺等
IT6	用于卧式车床床身导轨面、龙门刨床导轨面、滚齿机立柱导轨、床身导轨以及工作台、自动车床床身导轨、平面磨床垂直导轨、卧式镗床工作台、卧式铣床工作台，以及机床主轴箱的导轨、1 级平板等
IT7	用于机床的床头箱体、滚齿机床身导轨、镗床的工作台、摇臂钻床底座工作台以及 0.02mm游标卡尺尺身的直线度、2 级平板等
IT8	用于车床溜板箱体、机床主轴箱体、机床传动箱体的结合面、自动车床底面、2 级平板等
IT9	用于机床溜板箱、立钻底面的工作台、螺纹磨床的交换齿轮架以及 3 级平板等
IT10	用于自动车床床身底面的平面、车床变换齿轮架的平面等
IT11、IT12	用于易变形的薄片、薄壳零件，如离合器的摩擦片等

表 6-18　平行度、垂直度及端面圆跳动公差等级应用举例

公差等级	面/面 平行度举例	面/线、线/线 平行度举例	垂直度和端面圆跳动举例
IT1	高精度机床、高精度测量仪器以及量具等主要基准面和工作面	—	高精度机床、高精度测量仪器以及量具等主要基准面和工作面
IT2、IT3	精密机床、精密测量仪器、量具以及夹具的基准面和工作面	精密机床上重要箱体主轴孔对基准面及其他孔的要求	精密机床导轨、普通机床重要导轨、机床主轴轴向定位面、精密机床主轴肩端面、滚动轴承座圈端面、齿轮测量仪的心轴、光学分度头心轴端面、精密刀具、量具工作面和基准面

续表

IT4、IT5	卧式车床、测量仪器、量具的基准面和工作面，高精度轴承座圈、端盖、挡圈的端面	机床主轴孔对基准面的要求，重要轴承孔对基准面的要求，主轴箱体重要孔间的要求，齿轮泵的端面等	普通机床导轨、精密机床重要零件、机床重要支承面、普通机床主轴偏摆、测量仪器、刀具和量具、液压传动轴瓦端面、刀具和量具工作面和基准面
IT6、IT7	一般机床零件的工作面和基准面，一般刀、量、夹具的工作面	机床一般轴承孔对基准面的要求，主轴箱一般孔间的要求，主轴花键对定心直径的要求，刀、量、模具	普通精度机床主要基准面和工作面，回转工作台端面，一般导轨、主轴箱体孔、刀架、砂轮架及工作台回转中心、一般轴肩对其轴线

注：1. 在满足设计要求的前提下，考虑到零件加工的经济性，对于线对线和线对面的平行度及垂直度公差等级，应选用低于面对面的平行度及垂直度的公差等级。

2. 使用本表选择面对面的平行度、垂直度时，宽度应不大于 1/2 长度，若大于 1/2 长度，建议降低一级公差等级。

表 6-19　圆度、圆柱度公差等级应用举例

公差等级	应用举例
IT1	高精度机床主轴，滚动轴承滚动体，高精度测量仪主轴等
IT2	精密机床主轴轴颈，针阀圆柱表面，精密测量仪主轴，外套，阀套，高压油泵柱塞，柱塞套
IT3	高精度外圆磨床，轴承磨床砂轮主轴套筒，高精度微型滚动轴承内外圈等
IT4	较精密机床主轴，精密机床主轴箱孔，较高精度滚动轴承配合轴等
IT5	一般测量仪主轴，一般机床主轴，较精密机床主轴箱孔，较低精度滚动轴承配合轴等
IT6	一般机床主轴箱孔，通用减速器轴颈等

表 6-20　同轴度、径向圆跳动公差等级应用举例

公差等级	应用举例
IT1、IT2	用于同轴度或旋转精度要求很高、尺寸公差高于 IT1 级的零件，如精密测量仪器的主轴和顶尖等
IT3、IT4	用于同轴度或旋转精度要求高、尺寸公差为 IT1 级或高于 IT1 级的零件，如机床主轴轴颈、砂轮轴轴颈，高精度滚动轴承内外圈等
IT5、IT6	应用范围比较广的公差等级。用于精度要求较高、尺寸公差为 IT2 级的零件，如机床主轴轴颈、主轴箱孔（不同轴度）及一般精度轴承内外圈等

注：选用公差等级时，除根据零件使用要求外，还应注意零件结构特征，如细长的零件或两孔距离较大的零件，应相应地降低公差等级 1～2 级。

第四节　加工质量及其选择实例

加工质量及其选择实例如图 6-1 所示。

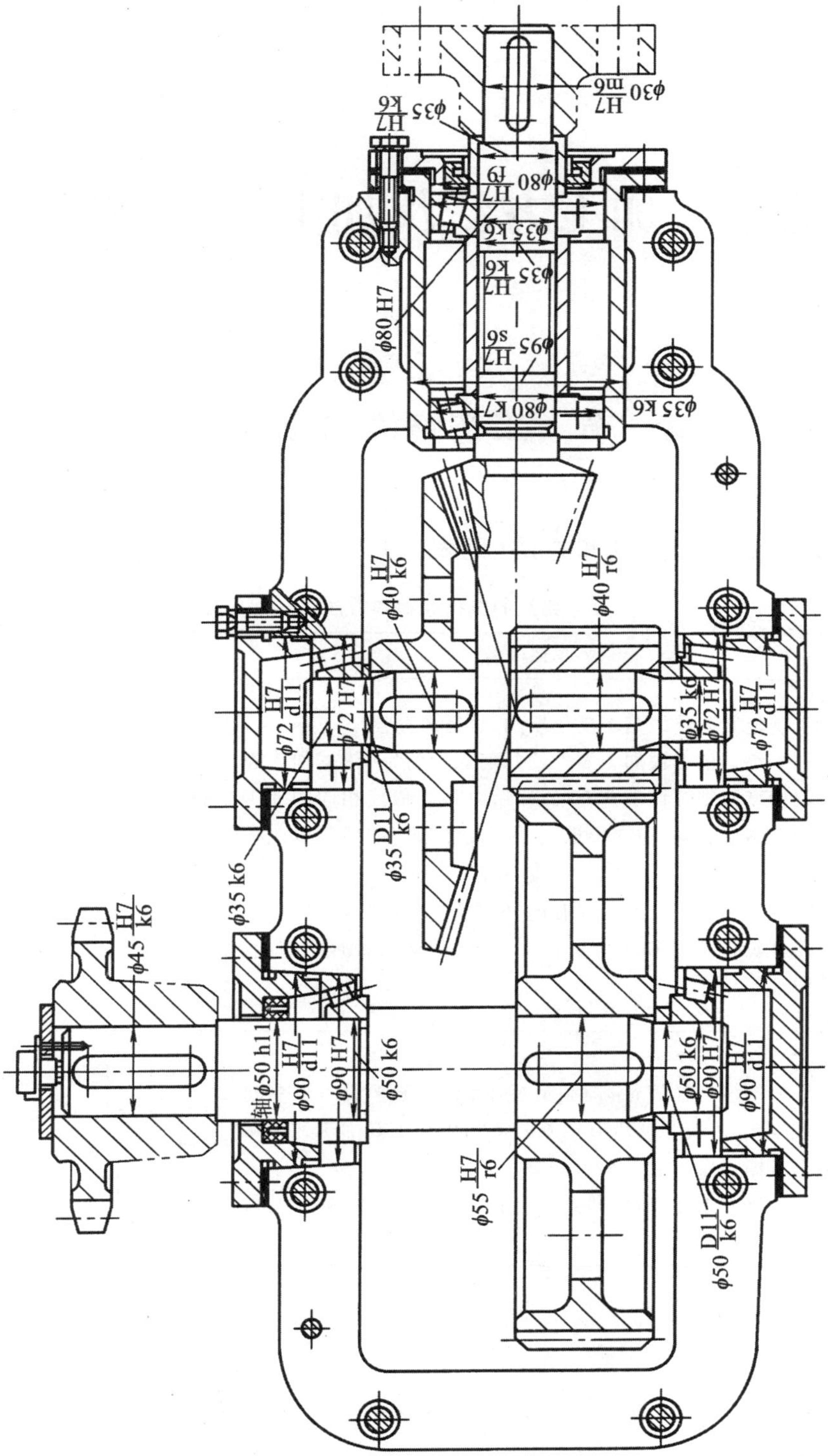

图6-1　加工质量及其选择实例

第七章　加工方法及加工经济精度

第一节　工艺路线的拟订

一、工艺路线的选择原则和方法(见表 7-1)

表 7-1　工艺路线的选择原则和方法

纲要	详细内容	备注
工艺路线的拟订过程和步骤	①制定工艺路线是个反复斟酌、修复的过程 ②主要是根据被加工零件的几何表面特征,依据加工经济精度原则拟订工艺路线,然后再将相似或相同的加工方法结合起来,逆向递推到毛坯设计为止的反复修改完善的过程 ③常见的加工表面主要有内、外回转表面,平面等 ④常见的机械加工方法主要有车削、铣削、刨削、钻削、磨削等	整个拟订过程可以是单个工艺人员独立完成,也可以是多个工艺人员或部门联合完成
工艺路线拟订中考虑的问题	①始终考虑经济性,即制造成本低,一般来说若要制造成本低,主要是从现有资源的重利用和提高加工效率两个方面出发 ②始终考虑合理性,即技术上能够制造出合格零件	资源主要是指企业或车间的工艺设备和工艺装备 合格零件是指加工后或加工中达到尺寸、形状、位置和表面粗糙度的要求

二、外圆表面加工方案及加工精度(见表 7-2)

表 7-2　外圆表面加工方案

<table>
<tr><th>序号</th><th>加工方案</th><th>公差等级
(经济精度)</th><th>表面粗糙度
$Ra(\mu m)$</th><th>适用对象范围</th></tr>
<tr><td>1</td><td>粗车</td><td>IT13～IT11</td><td>50～12.5</td><td rowspan="5">除淬火钢以外的各种金属</td></tr>
<tr><td>2</td><td>粗车—半精车</td><td>IT10～IT9</td><td>6.3～3.2</td></tr>
<tr><td>3</td><td>粗车—半精车—精车</td><td>IT7～IT6</td><td>1.6～0.8</td></tr>
<tr><td>4</td><td>粗车—半精车—精车—滚压</td><td>IT7～IT6</td><td>0.02～0.025</td></tr>
<tr><td>5</td><td>粗车—半精车—精车—抛光</td><td>IT7～IT6</td><td>0.02～0.025</td></tr>
<tr><td>6</td><td>粗车—半精车—磨削</td><td>IT7～IT6</td><td>0.8～0.4</td><td rowspan="3">淬火钢、未淬火钢、钢铁等,不易加工强度低、韧性大的非铁金属</td></tr>
<tr><td>7</td><td>粗车—半精车—粗磨—精磨</td><td>IT6～IT5</td><td>0.4～0.2</td></tr>
<tr><td>8</td><td>粗车—半精车—粗磨—精磨—高精度磨削</td><td>IT5～IT3</td><td>0.1～0.008</td></tr>
<tr><td>9</td><td>粗车—半精车—粗磨—精磨—研磨</td><td>IT5～IT3</td><td>0.01～0.008</td><td rowspan="2">适用于非铁金属</td></tr>
<tr><td>10</td><td>粗车—半精车—精车—精细车</td><td>IT6～IT5</td><td>0.4～0.025</td></tr>
</table>

三、内孔表面加工方案及加工精度(见表 7-3)

表 7-3　内孔表面加工方案

<table>
<tr><th>序号</th><th>加工方案</th><th>公差等级
(经济精度)</th><th>表面粗糙度
$Ra(\mu m)$</th><th>适用对象范围</th></tr>
<tr><td>1</td><td>钻</td><td>IT13～IT11</td><td>12.5</td><td>除淬火钢以外的各种金属的实心工件</td></tr>
<tr><td>2</td><td>钻—铰</td><td>IT9</td><td>3.2～1.6</td><td>除淬火钢以外的各种金属的实心工件,但一般孔径 $D<20mm$</td></tr>
<tr><td>3</td><td>钻—扩—铰</td><td>IT9～IT8</td><td>3.2～1.6</td><td rowspan="2">除淬火钢以外的各种金属的实心工件,但孔径为 10～80mm</td></tr>
<tr><td>4</td><td>钻—扩—粗铰—精铰</td><td>IT7</td><td>1.6～0.45</td></tr>
<tr><td>5</td><td>钻—拉</td><td>IT9～IT7</td><td>1.6～0.4</td><td rowspan="2">大批量生产,推削适合校正变形</td></tr>
<tr><td>6</td><td>钻—拉—推</td><td>IT9～IT7</td><td>1.6～0.4</td></tr>
<tr><td>7</td><td>钻—粗镗—半精镗</td><td>IT10～IT9</td><td>6.3～3.2</td><td rowspan="4">除淬火钢以外的各种材料</td></tr>
<tr><td>8</td><td>钻—粗镗—半精镗—精镗</td><td>IT8～IT7</td><td>1.6～0.8</td></tr>
<tr><td>9</td><td>粗镗—半精镗</td><td>IT10～IT9</td><td>6.3～3.2</td></tr>
<tr><td>10</td><td>粗镗—半精镗—精镗</td><td>IT8～IT7</td><td>1.6～0.8</td></tr>
</table>

续表

11	钻—粗镗—半精镗—磨	IT8～IT7	0.8～0.4	用于淬火钢、不淬火钢和铸铁件，但不宜加工硬度低、韧性大的非铁金属
12	钻—粗镗—半精镗—粗磨—精镗	IT7～IT6	0.4～0.2	
13	粗镗—半精镗—磨	IT8～IT7	0.8～0.4	
14	粗镗—半精镗—粗磨—精磨	IT7～IT6	0.4～0.2	
15	粗镗—半精镗—精镗—研磨	IT7～IT6	0.4～0.025	用于钢件、铸铁和非铁金属件的加工
16	粗镗—半精镗—精镗—精细镗	IT7～IT6	0.4～0.025	

四、平面加工方案及加工精度(见表 7-4)

表 7-4　　平面加工方案

序号	加工方法	公差等级（经济精度）	表面粗糙度 $Ra(\mu m)$	适用对象范围
1	粗车	IT13～IT11	12.5～50	回转体端面
2	粗车—半精车	IT10～IT8	3.2～6.3	
3	粗车—半精车—精车	IT8～IT7	0.8～1.6	
4	粗车—半精车—磨削	IT8～IT6	0.2～0.8	
5	粗刨	IT13～IT11	6.3～25	一般不淬硬平面
6	粗铣	IT13～IT11	6.3～25	
7	粗刨—精刨（或精铣）	IT10～IT8	1.6～6.3	
8	粗铣—精铣（或精刨）	IT10～IT8	1.6～6.3	
9	粗刨—精刨（或精铣）—刮研	IT7～IT6	0.1～0.8	精度要求较高的不淬硬平面
10	粗铣—精铣（或精刨）—刮研	IT7～IT6	0.1～0.8	
11	粗刨—精刨（或精铣）—宽刃精刨	IT7	0.2～0.8	批量较大时宜采用宽刃精刨方案
12	粗铣—精铣（或精刨）—宽刃精刨	IT7	0.2～0.8	
13	粗刨—精刨（或精铣）—磨削	IT7	0.2～0.8	精度要求较高的淬硬平面或不淬硬平面
14	粗铣—精铣（或精刨）—磨削	IT7	0.2～0.8	
15	粗刨—精刨（或精铣）—粗磨—精磨	IT7～IT6	0.025～0.4	
16	粗铣—精铣（或精刨）—粗磨—精磨	IT7～IT6	0.025～0.4	
17	粗铣—精铣—磨削	IT5	0.008～0.1	高精度平面
18	粗铣—拉削	IT9～IT7	0.8～1.6	大批量生产，加工较小平面

五、螺纹的常用加工方案(见表 7-5)

表 7-5　　螺纹的常用加工方案

<table>
<tr><th colspan="3">加工对象</th><th>加工精度</th><th>表面粗糙度 $Ra(\mu m)$</th><th colspan="2">加工方案</th></tr>
<tr><td rowspan="6">紧固螺纹</td><td>单件小批</td><td>各种精度的内外螺纹</td><td>IT1～IT3</td><td>3.2～0.4</td><td colspan="2">车削,精车可达到很高的精度</td></tr>
<tr><td rowspan="3">大批量生产</td><td>一般精度的外螺纹</td><td>IT2～IT3</td><td>1.6～0.8</td><td rowspan="2">滚压</td><td>搓板滚压</td></tr>
<tr><td>较高精度的外螺纹</td><td>IT1～IT2</td><td>1.6～0.2</td><td>滚子滚压</td></tr>
<tr><td>较低精度的外螺纹</td><td>IT2～IT3</td><td>6.3～3.2</td><td colspan="2">铣削</td></tr>
<tr><td rowspan="2">各种批量</td><td>一般精度的外螺纹</td><td>IT3</td><td>6.3～1.6</td><td colspan="2" rowspan="2">板牙套螺纹
丝锥攻螺纹</td></tr>
<tr><td>一般精度的内螺纹</td><td>IT2～IT3</td><td>3.2～1.6</td></tr>
<tr><td rowspan="3">传动螺纹</td><td>单件小批</td><td>各种精度的内外螺纹</td><td>IT1～IT3</td><td>1.6～0.4</td><td colspan="2">车削</td></tr>
<tr><td>大批量生产</td><td>低精度的螺纹</td><td>IT2～IT3</td><td>6.3～3.2</td><td colspan="2">铣削</td></tr>
<tr><td>各种批量</td><td>直径大于 30mm 的内螺纹,高精度外螺纹,淬硬螺纹</td><td>IT1～IT2</td><td>0.4～0.1</td><td colspan="2">磨削</td></tr>
</table>

第二节　经济精度等级及表面粗糙度

一、各种外圆加工方法能达到的经济精度等级及表面粗糙度(见表 7-6)

表 7-6　　加工外圆表面的经济精度及表面粗糙度

加工方法	加工情况	公差等级(经济精度)	表面粗糙度 $Ra(\mu m)$
车	粗车	IT12～IT13	10～80
	半精车	IT10～IT11	2.5～10
	精车	IT7～IT8	1.25～5
	金刚石车(镜面车)	IT5～IT6	0.02～1.25
铣	粗铣	IT12～IT13	10～80
	半精铣	IT11～IT12	2.5～10
	精铣	IT8～IT19	1.25～25

续表

外磨圆	粗磨	IT8～IT9	1.25～10
	半精磨	IT7～IT8	0.63～1.25
	精磨	IT6～IT7	0.16～1.25
	精密磨(精修整砂轮)	IT5～IT6	0.08～0.32
	镜面磨	IT5	0.008～0.08
抛光		IT5～IT6	0.008～0.08
研磨	粗研	IT5～IT6	0.016～0.63
	精研	IT5	0.04～0.32
	精密研	IT5	0.008～0.08
超精加工	精	IT5	0.08～0.32
	精密	IT5	0.01～0.16
砂带磨	精磨	IT5～IT6	0.02～0.16
	精密磨	IT5	0.01～0.04
滚压		IT6～IT7	0.16～1.25

二、各种孔加工方法能达到的经济精度及表面粗糙度(见表 7-7)

表 7-7 加工孔的加工经济精度及表面粗糙度

加工方法	加工情况	公差等级(经济精度)	表面粗糙度 Ra(μm)
钻	ϕ5mm 以下	IT11～IT13	5～80
	ϕ15mm 以下	IT10～IT12	20～80
扩	粗扩	IT12～IT13	5～20
	一次扩孔	IT11～IT13	10～40
	精扩	IT9～IT13	1.25～10
铰	半精铰	IT8～IT9	1.25～10
	精铰	IT6～IT7	0.32～5
	精铰	IT5	0.08～1.25
拉	粗拉	IT9～IT10	1.25～5
	一次拉孔	IT10～IT11	0.32～2.5
	精拉	IT7～IT9	0.16～0.63
推	半精推	IT6～IT8	0.32～1.25
	精推	IT6	0.08～0.32

续表

镗	粗镗	IT12～IT13	5～20
	半精镗	IT10～IT11	2.5～10
	精镗(浮动镗)	IT5～IT9	0.63～5
	金刚镗	IT5～IT7	0.16～1.25
内磨	粗磨	IT9～IT11	1.25～10
	半粗磨	IT9～IT10	0.32～1.25
	精磨	IT7～IT8	0.08～0.63
	精密磨(精修整砂轮)	IT6～IT7	0.04～0.32
珩	粗珩	IT5～IT6	0.16～0.63
	精珩	IT5	0.04～0.32
粗研	研磨	IT5～IT6	0.16～0.63
	精研	IT5	0.04～0.32
	精密研	IT5	0.008～0.08
挤	滚珠、滚柱扩孔器,挤压头	IT6～IT8	0.01～1.25

三、平面的各种加工方法能达到的经济精度及表面粗糙度(见表 7-8)

表 7-8　　平面的各种加工方法能达到的经济精度及表面粗糙度

加工方法	加工情况	公差等级(经济精度)	表面粗糙度 $Ra(\mu m)$
周铣	粗铣	IT11～IT13	5～20
	半精铣	IT8～IT11	2.5～10
	精铣	IT6～IT8	0.63～5
端铣	粗铣	IT11～IT13	5～20
	半精铣	IT8～IT11	2.5～10
	精铣	IT6～IT8	0.63～5
车	粗车	IT8～IT11	2.5～10
	半精车	IT6～IT8	1.25～5
	精车	IT8	0.02～1.25
刨	粗刨	IT11～IT13	5～20
	半精刨	IT8～IT11	2.5～10
	精刨	IT6～IT8	0.63～5
	宽刀精刨	IT6	0.16～1.25

续表

插	粗插		IT11～IT13	5～20
	精插		IT7～IT8	2.5～10
拉	粗拉		IT10～IT11	5～20
	精拉		IT6～IT9	0.32～2.5
平磨	粗磨		IT8～IT10	1.25～10
	半精磨		IT8～IT9	0.63～2.5
	精磨		IT6～IT8	0.16～1.25
	精密磨		IT6	0.04～0.32
刮	25mm×25mm内点数	8～10	—	0.63～1.25
		10～13	—	0.32～0.63
		13～16	—	0.16～0.32
		16～20	—	0.08～0.16
		20～25	—	0.04～0.08
研磨	粗磨		IT6	0.16～0.63
	精磨		IT5	0.04～0.32
	精密磨		IT5	0.008～0.08
砂轮磨	精磨		IT5～IT6	0.04～0.32
	精密磨		IT5	0.01～0.04
滚压			IT7～IT10	0.16～2.5

四、端面及槽的各种加工方法能达到的经济精度及表面粗糙度(见表 7-9)

表 7-9　端面及槽的各种加工方法能达到的经济精度及表面粗糙度

加工方法	加工情况	公差等级(经济精度)	表面粗糙度 Ra(μm)
车	粗车端面	IT12～IT13	10～80
	半精车端面	IT10～IT11	2.5～10
	精车端面	IT7～IT8	1.25～5
车槽	一次行程	IT11～IT12	6.3～20
	二次行程	IT10～IT11	2.5～10
铣	粗铣	IT12～IT13	5～20
	半精铣	IT8～IT11	2.5～10
	精铣	IT6～IT8	0.63～5

续表

<table>
<tr><td rowspan="2">插</td><td>粗插</td><td>IT11～IT13</td><td>5～20</td></tr>
<tr><td>精插</td><td>IT7～IT8</td><td>2.5～10</td></tr>
<tr><td rowspan="2">刨</td><td>粗刨</td><td>IT11～IT13</td><td>5～20</td></tr>
<tr><td>精刨</td><td>IT6～IT8</td><td>0.63～5</td></tr>
<tr><td rowspan="3">磨</td><td>粗磨</td><td>IT8～IT10</td><td>1.25～10</td></tr>
<tr><td>半精磨</td><td>IT8～IT9</td><td>0.63～2.5</td></tr>
<tr><td>精磨</td><td>IT6～IT8</td><td>0.16～1.25</td></tr>
</table>

五、几种常见特种加工方法的加工精度(见表 7-10)

表 7-10　　几种常见特种加工方法的加工精度

<table>
<tr><th>加工方法</th><th>可加工材料</th><th>可达到的尺寸精度(mm)(平均/最高)</th><th>可达到的表面粗糙度 Ra(μm)(平均/最高)</th><th>主要用途</th></tr>
<tr><td>电火花或成型加工</td><td rowspan="5">任何导电的金属材料，如硬质合金、耐热钢、淬硬钢、钛合金等</td><td>0.03/0.003</td><td>10/0.04</td><td>型腔加工：加工各种型腔模及各种复杂的型腔零件
穿孔加工：加工各种冲模、塑料模、压铸模和各种异型孔及微孔</td></tr>
<tr><td rowspan="2">电火花线切割加工</td><td>0.02/0.002</td><td>5/0.32</td><td>切割各种冲模和具有直纹面的零件以及进行下料、切割和窄缝的加工</td></tr>
<tr><td>0.1/0.01</td><td>1.25/0.16</td><td>加工各种异型孔、锻造模、铸造模及抛光、去毛刺等</td></tr>
<tr><td>电解加工</td><td rowspan="2">0.02/0.001</td><td rowspan="2">1.25/0.04</td><td rowspan="2">硬质合金等难加工材料的磨削及超加工光整研磨、珩磨</td></tr>
<tr><td>电解磨削</td></tr>
<tr><td>超声波加工</td><td>任何脆性材料</td><td>0.03/0.005</td><td>0.63/0.16</td><td>加工、切割脆硬材料，如玻璃、石英、金刚石等，可加工型孔、型腔、小孔、深孔</td></tr>
<tr><td>激光加工</td><td rowspan="3">任何材料</td><td rowspan="2">0.01/0.001</td><td rowspan="2">10/0.4</td><td>精密加工小孔、窄缝及切割、焊接、热处理</td></tr>
<tr><td>电子束加工</td><td>在各种难加工材料上打微孔、切缝、蚀刻、曝光、焊接</td></tr>
<tr><td>离子束加工</td><td>/0.01</td><td>/0.01</td><td>对零件表面进行超精密、超微量加工、抛光、蚀刻等</td></tr>
</table>

第三节　常见加工方法能达到的形状位置公差等级

一、常见加工方法能达到的圆度、圆柱度的公差等级(见表 7-11)

表 7-11　　常见加工方法能达到的圆度、圆柱度的公差等级

加工方法	加工情况	公差等级(经济精度)	加工方法	加工情况	公差等级(经济精度)
车轴	普通卧式车床	IT5～IT12	镗孔	普通镗	IT5～IT9
	自动车或半自动车	IT7～IT9		精镗	IT3～IT5
	立车或六角车	IT6～IT9	磨轴	外圆磨	IT1～IT7
	精车	IT3～IT5		无心磨	IT3～IT8
车孔		IT5～IT9		研磨	IT1～IT5
钻孔		IT7～IT12	磨孔	内圆磨	IT4～IT6
铰孔		IT6～IT8		珩磨	IT5～IT7
拉孔		IT6～IT8		研磨	IT1～IT5

二、常见加工方法能达到的同轴度、圆跳动的公差等级(见表 7-12)

表 7-12　　常见加工方法能达到的同轴度、圆跳动的公差等级

加工方法	公差等级(经济精度)	加工方法	公差等级(经济精度)
车轴	IT4～IT9	磨轴	IT2～IT7
车孔	IT5～IT10	磨孔	IT3～IT8
镗孔	IT5～IT10	珩磨	IT3～IT5
铰孔	IT6～IT8	研磨	IT1～IT5

三、常见加工方法能达到的平行度、垂直度的公差等级(见表 7-13)

表 7-13　　常见加工方法能达到的平行度、垂直度的公差等级

加工方法	几何要素关系类别	公差等级(经济精度)	加工方法	几何要素关系类别	公差等级(经济精度)	加工方法	几何要素关系类别	公差等级(经济精度)
铣	面对面	IT5～IT10	钻	面对线	IT8～IT12	钻	线对线	IT8～IT10
刨		IT6～IT12	铰		IT8～IT12	铰		IT7～IT9
插		IT7～IT12	铣		IT6～IT10	车		IT6～IT8
拉		IT8～IT12	车		IT5～IT9	镗		IT6～IT8
磨		IT3～IT8	镗		IT4～IT7	坐标镗		IT3～IT6
刮		IT1～IT3	磨		IT3～IT8	磨		IT5～IT8
研		IT1～IT3						

第八章　工序间加工余量及其确定

工序间加工余量是相邻两工序的工序尺寸之差，有双边和单边余量两种。由于工序尺寸存在公差，所以余量也有公差存在，因此也就有工序的基本余量、最大余量和最小余量。确定余量和工序尺寸是工艺设计的一个重要组成部分。

一、工序余量的确定原则

1. 加工余量应尽量小。

2. 加工余量应能保证按此余量加工后能达到零件图样要求的尺寸、形状、位置公差和表面粗糙度。

二、工序余量的确定方法

1. 分析计算法

该方法是在可靠的实际数据资料基础上进行计算，目前应用较少。

2. 经验估算法

该方法是根据工艺人员的实际经验确定工序余量，通常都比较偏大，一般用于单件小批生产中。

3. 查表法

该方法是应用广泛的方法，查阅有关的手册，再结合工厂的实际情况适当修正后使用。

三、工序尺寸公差的确定原则

1. 工艺基准与设计基准重合时，由最后一道工序依次向前推算工序基本尺寸，直到毛坯尺寸（本工序的余量＝前工序的工序尺寸－本工序的工序尺寸）。

2. 工序尺寸的公差按各工序采用的加工方法的经济精度确定，并按“入体原则”确定其上、下偏差；毛坯和两孔中心距按双向对称偏差标注。

3. 工艺基准与设计基准不重合时，应用工艺尺寸链分析计算。

第一节　轴的加工余量

各类轴端面及外圆的加工余量见表 8-1～表 8-8。

表 8-1　　圆棒料切断和端面加工余量　　单位:mm

基本尺寸	余量							
	切断后不加工的				端面需加工的			
	机械弓锯	切断机床用圆盘锯	车床用切断刀	铣床上用圆盘铣刀	≤300（长度）	＞300～1000（长度）	＞1000～5000（长度）	＞5000（长度）
≤30	2	2	3	3	2	2	4	5
＞30～50	2	4	4	4	2	4	5	7
＞50～60	2	4	5	5	3	6	7	9
＞60～80	2	6	7	7	3	7	8	10
＞80～150	2	6	7	8	4	8	10	12

注:对于不再进行加工的毛坯切断,只给出切宽余量;对于还需加工的,则在加工面上附加补充的余量。

表 8-2　　粗车及半精车外圆的加工余量　　单位:mm

零件基本尺寸(外圆直径)	直径余量						直径公差	
	粗车(长度)		半精车(未经热处理)(长度)		半精车(经热处理)(长度)		荒车 h14	粗车 h12～h13
	≤200	＞200～400	≤200	＞200～400	≤200	＞200～400		
＞3～6	—	—	0.5	—	0.3	—	−0.30	−0.12～−0.18
＞6～10	1.5	1.7	0.8	1.0	1.0	1.3	−0.36	−0.15～−0.22
＞10～18	1.5	1.7	1.0	1.3	1.3	1.5	−0.43	−0.18～−0.27
＞18～30	2.0	2.2	1.3	1.3	1.3	1.5	−0.52	−0.21～−0.33
＞30～50	2.0	2.2	1.4	1.5	1.5	1.9	−0.62	−0.25～−0.39
＞50～80	2.3	2.5	1.5	1.8	1.8	2.0	−0.74	−0.30～−0.45
＞80～120	2.5	2.8	1.5	1.8	1.8	2.0	−0.87	−0.35～−0.54
＞120～180	2.5	2.8	1.8	2.0	2.0	2.3	−1.00	−0.40～−0.63
＞180～250	2.8	3.0	2.0	2.3	2.3	2.5	−1.15	−0.46～−0.72
＞250～315	3.0	3.3	2.0	2.3	2.3	2.5	−1.30	−0.52～−0.81

注:加工阶梯轴时,加工余量要根据零件的全长和最大直径来确定。

表 8-3　**半精车端面的加工余量**　单位:mm

零件长度	余量(端面最大直径)					粗车端面尺寸公差 IT12～IT13
	≤30	>30～120	>120～250	≥260～500	>500	
≤10	0.5	0.6	1.0	1.2	1.4	−0.15～−0.22
>10～18	0.5	0.7	1.0	1.2	1.4	−0.18～−0.27
>18～30	0.6	1.0	1.2	1.3	1.5	−0.21～−0.33
>30～50	0.6	1.0	1.2	1.3	1.5	−0.25～−0.39
>50～80	0.7	1.0	1.3	1.5	1.7	−0.30～−0.46
>80～120	1.0	1.0	1.3	1.5	1.7	−0.35～−0.54
>120～180	1.0	1.3	1.5	1.7	1.8	−0.40～−0.63
>180～250	1.0	1.3	1.5	1.7	1.8	−0.46～−0.72
>250～500	1.2	1.4	1.5	1.7	1.8	−0.52～−0.97
>500	1.4	1.5	1.7	1.8	2.0	−0.70～−1.10

注:加工阶梯轴时,加工余量要根据零件的全长和加工轴的直径来确定。

表 8-4　**半精车后磨外圆的加工余量**　单位:mm

零件基本尺寸	直径余量				直径公差 h10～h11	直径余量				直径公差 h8～h9
	终磨(长度)		热处理前粗磨(长度)			热处理后粗磨(长度)		热处理后半精磨(长度)		
	≤200	>200～400	≤200	>200～400		≤200	>200～400	≤200	>200～400	
>3～6	0.15	0.20	—	—	−0.048～−0.075	0.10	0.12	0.05	0.08	−0.018～−0.030
>6～10	0.20	0.30	0.12	0.20	−0.058～−0.090	0.12	0.20	0.08	0.10	−0.022～−0.036
>10～18	0.20	0.30	0.12	0.20	−0.070～−0.110	0.12	0.20	0.08	0.10	−0.027～−0.043
>18～30	0.20	0.30	0.12	0.20	−0.084～−0.130	0.12	0.20	0.08	0.10	−0.033～−0.052
>30～50	0.30	0.40	0.20	0.25	−0.100～−0.160	0.20	0.25	0.10	0.15	−0.039～−0.062
>50～80	0.40	0.50	0.25	0.30	−0.120～−0.190	0.25	0.30	0.15	0.20	−0.046～−0.074
>80～120	0.40	0.50	0.25	0.30	−0.140～−0.220	0.25	0.30	0.15	0.20	−0.054～−0.087
>120～180	0.50	0.80	0.30	0.50	−0.160～−0.250	0.30	0.50	0.20	0.30	−0.063～−0.100
>180～250	0.50	0.80	0.30	0.50	−0.185～−0.290	0.30	0.50	0.20	0.30	−0.072～−0.115
>250～315	0.50	0.80	0.30	0.50	−0.210～−0.320	0.30	0.50	0.20	0.30	−0.081～−0.130

表 8-5　**无心磨外圆的加工余量**　单位:mm

零件基本尺寸	直径余量				直径公差 h10～h11	直径余量		直径公差 h8～h9
	终磨未加工过		终磨加工过	热处理前粗磨		热处理后粗磨	热处理后半精磨	
	冷拉棒料	热轧棒料						
>3～6	0.3	0.5	0.2	0.1	−0.048～−0.075	0.10	0.05	−0.018～−0.030
>6～10	0.3	0.6	0.3	0.2	−0.058～−0.090	0.12	0.08	−0.022～−0.036
>10～18	0.5	0.8	0.3	0.2	−0.070～−0.110	0.12	0.08	−0.027～−0.043
>18～30	0.6	1.0	0.3	0.3	−0.084～−0.130	0.12	0.08	−0.033～−0.052
>30～50	0.7	1.2	0.4	0.3	−0.100～−0.160	0.20	0.10	−0.039～−0.062
>50～80	—	—	0.4	0.3	−0.120～−0.190	0.25	0.15	−0.046～−0.074

表 8-6　**精车外圆的加工余量**　单位:mm

零件材料	直径加工余量		
	≤50(加工直径)	>50～100(加工直径)	>100(加工直径)
轻合金	0.3	0.5	0.7
青铜及铸铁	0.3	0.4	0.6
钢	0.2	0.3	0.5

注:1. 精车前零件加工公差按 h8、h9 确定。
2. 适合硬质合金和高速钢刀具。
3. 适合零件长度不超过直径的 3 倍,如超过,应适当加大余量。

表 8-7　**抛光外圆的加工余量**　单位:mm

零件基本尺寸	≤100	>100～200	>200～600	>600
直径加工余量	0.1	0.3	0.4	0.5

注:抛光前的加工精度按 IT7 级确定。

表 8-8　**磨端面的加工余量**　单位:mm

零件长度	余量(按端面直径选)					半精车端面尺寸公差(IT11)
	≤30	>30～120	>120～260	>260～500	>500	
≤10	0.2	0.2	0.3	0.4	0.6	−0.09
>10～18	0.2	0.3	0.3	0.4	0.6	−0.11
>18～30	0.2	0.3	0.3	0.4	0.6	−0.13
>30～50	0.2	0.3	0.3	0.4	0.6	−0.16

续表

＞50～80	0.3	0.3	0.4	0.5	0.6	－0.19
＞80～120	0.3	0.3	0.5	0.5	0.6	－0.22
＞120～180	0.3	0.4	0.5	0.6	0.7	－0.25
＞180～250	0.3	0.4	0.5	0.6	0.7	－0.29
＞250～500	0.4	0.5	0.6	0.7	0.8	－0.40
＞500	0.5	0.6	0.7	0.7	0.8	－0.44

注：加工阶梯轴时，加工余量要根据零件的全长和加工轴的直径来确定。

第二节 孔的加工余量

各类孔的加工余量见表 8-9～表 8-13。

表 8-9 基孔制 H7 孔的加工 单位：mm

零件基本尺寸	直径					
	钻		车刀镗孔以后	扩孔钻	粗铰	精铰
	第一次	第二次				
3	2.9	—	—	—	—	3H7
4	3.9	—	—	—	—	4H7
5	4.8	—	—	—	—	5H7
6	5.8	—	—	—	—	6H7
8	7.8	—	—	—	7.96	8H7
10	9.8	—	—	—	9.96	10H7
12	11.0	—	—	11.85	11.95	12H7
13	12.0	—	—	12.85	12.95	13H7
14	13.0	—	—	13.85	13.95	14H7
15	14.0	—	—	14.85	14.95	15H7
16	15.0	—	—	15.85	15.95	16H7
18	17.0	—	—	17.85	17.94	18H7
20	18.8	—	19.8	19.80	19.94	20H7
22	20.0	—	21.8	21,80	21.94	22H7
24	22.0	—	23.8	23.80	23.94	24H7
25	23.0	—	24.8	24.80	24.94	25H7

续表

26	24.0	—	25.8	25.80	25.94	26H7
28	26.0	—	27.8	27.80	27.94	28H7
30	15.0	28.0	29.8	29.80	29.93	30H7
32	15.0	30.0	31.7	31.5	31.93	32H7
35	20.0	33.0	34.7	34.75	34.93	35H7
38	20.0	36.0	37.7	37.75	37.93	38H7
40	25.0	38.0	39.7	39.75	39.93	40H7
42	25.0	40.0	41.7	41.75	41.93	42H7
45	25.0	43.0	44.7	44.75	44.93	45H7
48	25.0	46.0	47.7	47.75	47.93	48H7
50	25.0	48.0	49.7	49.75	49.93	50H7
60	30.0	55.0	59.5	59.5	59.90	60H7
70	30.0	65.0	69.5	69.5	69.90	70H7
80	30.0	75.0	79.5	79.5	79.90	80H7
90	30.0	80.0	89.3	—	89.90	90H7
100	30.0	80.0	99.3	—	99.80	100H7
120	30.0	80.0	119.3	—	119.8	120H7
140	30.0	80.0	139.3	—	139.8	140H7
160	30.0	80.0	159.3	—	159.8	160H7
180	30.0	80.0	179.3	—	179.8	180H7

注：1. 在铸铁上加工直径小于 ϕ15mm 的孔时，不用扩孔和镗孔。

2. 如果仅用一次铰孔，则铰孔的加工余量为本表中粗铰和精铰加工余量之和。

表 8-10　　**基孔制 H8 孔的加工**　　单位：mm

零件基本尺寸	第一次钻	第二次钻	车刀镗后	扩孔钻	精铰
3	2.9	—	—	—	3H7
4	3.9	—	—	—	4H7
5	4.8	—	—	—	5H7
6	5.8	—	—	—	6H7
8	7.8	—	—	—	8H7
10	9.8	—	—	—	10H7
12	11.8	—	—	11.85	12H8

续表

13	12.8	—	—	12.85	13H8
14	13.8	—	—	13.85	14H8
15	14.8	—	—	14.85	15H8
16	15.0	—	15.85	15.85	16H8
18	17.0	—	17.85	17.85	18H8
20	18.0	—	19.8	19.8	20H8
22	20.0	—	21.8	21.8	22H8
24	22.0	—	23.8	23.8	24H8
25	23.0	—	24.8	24.8	25H8
26	24.0	—	25.8	25.8	26H8
28	26.0	—	27.8	27.8	28H8
30	15.0	28.0	29.8	29.8	30H8
32	15.0	30.0	31.7	31.75	32H8
35	20.0	33.0	34.7	34.75	35H8
38	20.0	36.0	37.7	37.75	38H8
40	25.0	38.0	39.7	39.75	40H8
42	25.0	40.0	41.7	41.75	42H8
45	25.0	43.0	44.7	44.75	45H8
48	25.0	46.0	47.7	47.75	48H8
50	25.0	48.0	49.7	49.75	50H8
60	30.0	55.0	59.5	—	60H8
70	30.0	65.0	69.5	—	70H8
80	30.0	75.0	79.5	—	80H8
90	30.0	80.0	89.3	—	90H8
100	30.0	80.0	99.3	—	100H8
120	30.0	80.0	119.3	—	120H8
140	30.0	80.0	139.3	—	140H8
160	30.0	80.0	159.3	—	160H8
180	30.0	80.0	179.3	—	180H8

表 8-11 一般孔的加工余量 单位:mm

零件基本尺寸	直径的余量						
	钻孔后				扩孔或镗孔后		粗铰孔后
	扩孔	粗镗孔	半精镗孔	铰孔	铰孔	粗铰孔	半精铰孔
＞3～6	—	—	—	0.15		0.15	0.05
＞6～10	—	—	—	0.2	0.2	0.2	0.1
＞10～18	0.8	0.8	0.5	0.3	0.2	0.2	0.1
＞18～30	1.2	1.2	0.8	0.3	0.3	0.2	0.1
＞30～50	1.5	1.5	1.0	—	—	—	—
＞50～80	—	2.0	1.0	—	—	—	—
＞80～120	—	2.0	1.3	—	—	—	—
＞120～180	—	2.0	1.5	—	—	—	—

表 8-12 半精镗后磨孔的加工余量 单位:mm

基本尺寸	直径余量	直径公差（终磨前 H10）	直径余量		直径公差（半精磨前）
	一般终磨		热处理后粗磨	热处理后半精磨	
＞6～10	0.2	—	—	—	—
＞10～18	0.3	+0.07	0.2	0.1	+0.027
＞18～30	0.3	+0.08	0.2	0.1	+0.033
＞30～50	0.3	+0.10	0.2	0.1	+0.039
＞50～80	0.4	+0.12	0.3	0.1	+0.046
＞80～120	0.5	+0.14	0.3	0.2	+0.054
＞120～180	0.5	+0.16	0.3	0.2	+0.063

表 8-13 非铁金属及其合金的加工余量 单位:mm

加工方法	直径余量（按孔基本尺寸取）					
	≤30	＞30～50	＞50～80	＞80～120	＞120～180	＞180～260
铸造后粗镗或扩孔（砂型浇注）	2.7	2.8	3.0	3.0	3.2	3.2
铸造后粗镗或扩孔（离心浇注）	2.4	2.5	2.7	2.7	3.0	3.0
铸造后粗镗或扩孔（金属型浇注）	1.3	1.4	1.5	1.5	1.6	1.6

续表

粗镗后半精镗或拉孔	0.25	0.30	0.40	0.40	0.50	0.50
半精镗后拉孔、精镗、铰或预磨	0.10	0.15	0.20	0.20	0.25	0.25
预磨后半精磨	0.10	0.12	0.15	0.15	0.20	0.20
镗孔后精磨	0.05	0.08	0.08	0.10	0.10	0.15
精铰后研磨	0.008	0.01	0.015	0.02	0.025	0.03

非铁金属及其合金外回转表面的加工余量

加工方法	直径余量(按孔基本尺寸取)					
	≤30	>30～50	>50～80	>80～120	>120～180	>180～260
铸造后粗车(砂型浇注)	2.0	2.1	2.1	2.2	2.4	2.6
铸造后粗车(离心浇注)	1.6	1.7	1.7	1.8	2.0	2.2
铸造后粗车(金属型浇注)	0.9	1.0	1.0	1.1	1.2	1.3
粗车后半精车或预磨	0.4	0.5	0.5	0.6	0.7	0.8
半精车后精车或预磨	0.15	0.20	0.20	0.25	0.25	0.30
粗磨后半精磨	0.10	0.15	0.15	0.15	0.20	0.20
半精车后精磨或珩磨	0.01	0.015	0.015	0.02	0.025	0.03
精车后研磨或抛光	0.006	0.008	0.009	0.01	0.01	0.015

非铁金属及其合金端面的加工余量

加工方法	直径余量(按孔基本尺寸取)					
	≤30	>30～50	>50～80	>80～120	>120～180	>180～260
铸造后粗车或一次车完(砂型浇注)	0.8	0.9	1.0	1.1	1.3	1.5
铸造后粗车或一次车完(离心浇注)	0.6	0.7	0.7	0.8	0.9	1.2
铸造后粗车或一次车完(金属型浇注)	0.4	0.45	0.45	0.5	0.6	0.7
粗车后半精车	0.1	0.13	0.13	0.15	0.15	0.15
粗车后磨	0.08	0.08	0.08	0.11	0.11	0.11

第三节 平面的加工余量

各种平面的加工余量见表 8-14～表 8-19。

表 8-14 平面第一次粗加工余量 单位:mm

平面最大尺寸	毛坯制造方法					
	铸件			热冲压	冷冲压	锻造
	灰铸铁	青铜	可锻铸铁			
≤50	1.0～1.5	1.0～1.3	0.8～1.0	0.8～1.1	0.6～0.8	1.0～1.4
>50～120	1.5～2.0	1.3～1.7	1.0～1.4	1.3～1.8	0.8～1.1	1.4～1.8
>120～260	2.0～2.7	1.7～2.2	1.4～1.8	1.5～1.8	1.0～1.4	1.5～2.5
>260～500	2.7～3.5	2.2～3.0	2.0～2.5	1.8～2.2	1.3～1.8	2.2～3.0
>500	4.0～6.0	3.5～4.5	3.0～4.0	2.4～3.0	2.0～2.6	3.5～4.5

表 8-15 平面粗刨后精铣的加工余量 单位:mm

平面长度	平面宽度			平面长度	平面宽度		
	≤100	>100～200	>200		≤100	>100～200	>200
≤100	0.6～0.7	—	—	>250～500	0.7～1.0	0.8～1.0	0.8～1.1
>100～250	0.6～0.8	0.7～0.9	—	>500	0.8～1.0	0.9～1.2	0.9～1.2

表 8-16 粗铣平面的加工余量 单位:mm

零件厚度	宽度≤200			宽度>200～400		
	荒铣后粗铣不同长度下的加工余量					
	≤100	>100～250	>250～400	≤100	>100～250	>250～400
>6～30	1.0	1.2	1.5	1.2	1.5	1.7
>30～50	1.0	1.5	1.7	1.5	1.5	2.0
>50	1.5	1.7	2.0	1.7	2.0	2.5

表 8-17 半精铣平面的加工余量 单位:mm

零件厚度	宽度≤200			宽度>200～400		
	粗铣后半精铣不同长度下的加工余量					
	≤100	>100～250	>250～400	≤100	>100～250	>250～400
>6～30	0.7	1.0	1.0	1.0	1.0	1.0
>30～50	1.0	1.0	1.2	1.0	1.2	1.2
>50	1.0	1.3	1.5	1.3	1.5	1.5

表 8-18　　**磨平面的加工余量**　　单位：mm

<table>
<tr><td rowspan="3">零件厚度</td><td colspan="3">宽度≤200</td><td colspan="3">宽度>200～400</td></tr>
<tr><td colspan="6">终磨不同长度下的加工余量(未经热处理或经热处理)</td></tr>
<tr><td>≤100</td><td>>100～250</td><td>>250～400</td><td>≤100</td><td>>100～250</td><td>>250～400</td></tr>
<tr><td>>6～30</td><td>0.3</td><td>0.3</td><td>0.5</td><td>0.3</td><td>0.5</td><td>0.5</td></tr>
<tr><td>>30～50</td><td>0.5</td><td>0.5</td><td>0.5</td><td>0.5</td><td>0.5</td><td>0.5</td></tr>
<tr><td>>50</td><td>0.5</td><td>0.5</td><td>0.5</td><td>0.5</td><td>0.5</td><td>0.5</td></tr>
<tr><td rowspan="3">零件厚度</td><td colspan="3">宽度≤200</td><td colspan="3">宽度>200～400</td></tr>
<tr><td colspan="6">热处理后粗磨不同长度下的加工余量</td></tr>
<tr><td>≤100</td><td>>100～250</td><td>>250～400</td><td>≤100</td><td>>100～250</td><td>>250～400</td></tr>
<tr><td>>6～30</td><td>0.2</td><td>0.2</td><td>0.3</td><td>0.2</td><td>0.3</td><td>0.3</td></tr>
<tr><td>>30～50</td><td>0.3</td><td>0.3</td><td>0.3</td><td>0.3</td><td>0.3</td><td>0.3</td></tr>
<tr><td>>50</td><td>0.3</td><td>0.3</td><td>0.3</td><td>0.3</td><td>0.3</td><td>0.3</td></tr>
<tr><td rowspan="3">零件厚度</td><td colspan="3">宽度≤200</td><td colspan="3">宽度>200～400</td></tr>
<tr><td colspan="6">热处理后精磨不同长度下的加工余量</td></tr>
<tr><td>≤100</td><td>>100～250</td><td>>250～400</td><td>≤100</td><td>>100～250</td><td>>250～400</td></tr>
<tr><td>>6～30</td><td>0.1</td><td>0.1</td><td>0.2</td><td>0.1</td><td>0.2</td><td>0.12</td></tr>
<tr><td>>30～50</td><td>0.2</td><td>0.2</td><td>0.2</td><td>0.2</td><td>0.2</td><td>0.2</td></tr>
<tr><td>>50</td><td>0.2</td><td>0.2</td><td>0.2</td><td>0.2</td><td>0.2</td><td>0.2</td></tr>
</table>

表 8-19　　**刮平面的加工余量及公差**　　单位：mm

<table>
<tr><td rowspan="3">加工面长度</td><td colspan="6">加工面宽度</td></tr>
<tr><td colspan="2">≤100</td><td colspan="2">>100～300</td><td colspan="2">>300～1000</td></tr>
<tr><td>余量</td><td>公差</td><td>余量</td><td>公差</td><td>余量</td><td>公差</td></tr>
<tr><td>≤300</td><td>0.15</td><td>+0.06</td><td>0.15</td><td>+0.06</td><td>0.20</td><td>+0.10</td></tr>
<tr><td>>300～1000</td><td>0.20</td><td>+0.10</td><td>0.20</td><td>+0.10</td><td>0.25</td><td>+0.12</td></tr>
<tr><td>>1000～2000</td><td>0.25</td><td>+0.12</td><td>0.25</td><td>+0.12</td><td>0.30</td><td>+0.15</td></tr>
</table>

第四节　攻螺纹前的钻孔直径

攻螺纹前的钻孔直径见表 8-20。

表 8-20　　攻螺纹前的钻孔直径　　单位：mm

基本尺寸	粗牙普通螺纹	细牙普通螺纹（螺距）								英制螺纹		管螺纹
		0.2	0.25	0.35	0.5	0.75	1.0	1.25	1.5	Ⅰ	Ⅱ	
1.0	0.75	0.8	—	—	—	—	—	—	—	—	—	—
1.1	0.85	0.9	—	—	—	—	—	—	—	—	—	—
1.2	0.95	1.0	—	—	—	—	—	—	—	—	—	—
1.4	1.10	1.2	—	—	—	—	—	—	—	—	—	—
1.6	1.25	1.4	—	—	—	—	—	—	—	—	—	—
1.8	1.45	1.6	—	—	—	—	—	—	—	—	—	—
2.0	1.6	—	1.75	—	—	—	—	—	—	—	—	—
2.2	1.75	—	1.95	—	—	—	—	—	—	—	—	—
2.5	2.05	—	—	2.15	—	—	—	—	—	—	—	—
3.0	2.50	—	—	2.65	—	—	—	—	—	—	—	—
1/8in	—	—	—	—	—	—	—	—	—	—	—	8.8
3.5	2.90	—	—	3.10	—	—	—	—	—	—	—	—
4.0	3.30	—	—	—	3.5	—	—	—	—	—	—	—
4.5	3.70	—	—	—	4.0	—	—	—	—	—	—	—
3/16in	—	—	—	—	—	—	—	—	—	3.7	3.7	—
5.0	4.20	—	—	—	4.5	—	—	—	—	—	—	—
5.5	—	—	—	—	5	—	—	—	—	—	—	—
6.0	5.00	—	—	—	—	5.2	—	—	—	—	—	—
1/4in	—	—	—	—	—	—	—	—	—	5.1	5.1	11.7
7.0	6.00	—	—	—	—	6.2	—	—	—	—	—	—
5/16in	—	—	—	—	—	—	—	—	—	6.4	6.5	—
8.0	6.80	—	—	—	—	7.2	7.0	—	—	—	—	—

基本尺寸	粗牙普通螺纹	细牙普通螺纹（螺距）								英制螺纹		管螺纹
		0.5	0.75	1.0	1.25	1.5	2	3	4	Ⅰ	Ⅱ	
9.0	7.80	—	—	—	—	8.2	8.0	—	—	—	—	—
3/8in	—	—	—	—	—	—	—	—	—	7.8	7.9	15.2
10	8.50	—	—	—	—	9.2	9.0	8.8	—	—	—	—
11	9.50	—	—	—	—	10.2	10.0	—	—	—	—	—
7/16in	—	—	—	—	—	—	—	—	—	9.2	9.2	—
12	10.2	—	—	—	—	—	11.0	10.8	10.5	—	—	—
1/2in	—	—	—	—	—	—	—	—	—	10.4	10.5	18.9
14	11.9	—	—	—	—	—	13	12.8	12.5	—	—	—

续表

15	—	—	—	—	—	13.5	14.0	—	13.5	—	—	—
5/8in	—	—	—	—	—	—	—	—	—	13.3	13.5	20.8
16	14	—	—	—	—	14.5	15.0	—	14.5	—	—	—
17	—	—	—	—	—	15.5	16.0	—	15.5	—	—	—
18	15.5	—	—	—	—	16.5	17.0	—	16.5	—	—	—
3/4in	—	—	—	—	—	—	—	—	—	16.3	16.4	24.3
20	17.5	—	—	—	—	18.5	19.0	—	18.5	—	—	—
22	19.5	—	—	—	—	20.5	21.0	—	20.5	—	—	—
7/8in	—	—	—	—	—	—	—	—	—	19.1	19.3	28.1
24	21.0	—	—	—	—	22.5	23.0	—	22.5	—	—	—
25	—	—	—	—	—	23.5	24.0	—	23.5	—	—	—
1in	—	—	—	—	—	—	—	—	—	21.9	22	30.5
26	—	—	—	—	—	24.5	—	—	—	—	—	—
27	24.0	—	—	26.0	—	25.5	25.0	—	—	—	—	—
28	—	—	—	27.0	—	26.5	26.0	—	—	—	—	—
11/8in	—	—	—	—	—	—	—	—	—	24.6	24.7	35.2
30	26.5	—	—	29.0	—	28.5	28.0	27.0	—	—	—	—
32	—	—	—	—	—	30.5	30.0	—	—	—	—	—
33	29.5	—	—	—	—	31.5	31.0	30.0	—	—	—	—
13/8in	—	—	—	—	—	—	—	—	—	—	—	41.6
35	—	—	—	—	—	33.5	—	—	—	—	—	—
36	32.0	—	—	—	—	34.5	34.0	33.0	—	—	—	—
37	—	—	—	—	—	—	—	—	—	—	—	—
38	—	—	—	—	—	36.5	—	—	—	—	—	—
11/2in	—	—	—	—	—	—	—	—	—	33.4	33.5	45.1
39	35.0	—	—	—	—	37.5	37.0	36.0	—	—	—	—
40	—	—	—	—	—	38.5	38.0	37.0	—	—	—	—
15/8in	—	—	—	—	—	—	—	—	—	35.7	35.8	—
42	37.5	—	—	—	—	40.5	40.0	39.0	38.0	—	—	—
13/4in	—	—	—	—	—	—	—	—	—	38.9	39	51
45	40.5	—	—	—	—	43.5	43.0	42.0	41.0	—	—	—
17/8in	—	—	—	—	—	—	—	—	—	41.4	41.5	—
48	43.0	—	—	—	—	46.5	46.0	45.0	44.0	—	—	
50	—	—	—	—	—	48.5	49.0	47.0	—	—	—	—
2in	—	—	—	—	—	—	—	—	—	44.6	44.7	—
52	47.0	—	—	—	—	50.5	50.0	49.0	48.0	—	—	—
56	50.5	—	—	—	—	—	—	—	—	—	—	—

注：1in=25.4mm。

第九章　切削用量及工时定额

第一节　切削用量的确定

一、切削用量的一般性选择原则(见表9-1)

在已经选择了刀具的材料和几何角度的基础上，用查表法按如下步骤合理地选择切削用量：首先，由工序余量确定背吃刀量 a_P，全部余量尽可能在一次进给中去除，也可以多次进给完成；而后，在切削力允许的条件下，选择大的进给量 f(粗加工)，或按本工序的加工表面粗糙度确定进给量(精加工)，在机床功率允许的条件下，选大的切削速度 v(粗加工)，或按刀具使用寿命确定切削速度(精加工)，选择机床所具有的主轴转速中最接近的速度；最后，验算机床的功率是否足够。常用刀具的合理使用寿命参考值见表9-2。

表9-1　切削用量的一般性选择原则

影响因素和选择原则		详细说明
应考虑的因素	提高切削加工生产率	①在机床、刀具、夹具、工件、工艺规程等已定的前提下，保证工序质量，并获得高的加工效率和低的加工成本 ②在切削加工中，金属切除率与切削用量三要素 a_P、f、v 均保持线性关系，即其中任何一个参数增大一倍，都可使生产率提高一倍。由于刀具寿命的制约，当任何一个参数增大时，其他二参数必须调整。因此，切削用量三要素的合理组合，才是提高效率的关键
	延长或稳定刀具寿命	①切削用量三要素对刀具寿命的影响从大到小的顺序为 v、f、a_P ②为保证合理的刀具寿命，首先应选用尽可能大的背吃刀量；然后再选用大的进给量；最后求出切削速度
	加工表面粗糙度	增大进给量将增大表面粗糙度，因此，进给量是精加工时抑制提高生产率的主要因素

续表

<table>
<tr><td rowspan="2">刀具寿命的选择原则</td><td colspan="2">最高生产率刀具寿命
根据单件工时最少的目标确定</td><td rowspan="2">①根据刀具的复杂程度、制造和刃磨的成本来选择。复杂和精度高的刀具，其寿命应选得比单刃刀具高些
②对于机夹可转位刀具，由于换刀时间短，为了充分发挥其切削性能，提高生产效率，刀具寿命可选得低些
③对于装刀、换刀和调刀比较复杂的多刀机床、组合机床与自动化加工刀具，刀具寿命应选得高些，保证刀具可靠性
④车间内某一工序的生产率限制了整个车间的生产率的提高时，该工序的刀具寿命要选得低些
⑤大件精加工时，为保证至少完成一次走刀，避免切削时中途换刀，刀具寿命应按零件精度和表面粗糙度来确定</td></tr>
<tr><td colspan="2">最低成本刀具寿命
根据工序成本最低的目标确定</td></tr>
<tr><td rowspan="4">切削用量制定的一般步骤</td><td rowspan="2">背吃刀量
a_P(切削深度)
的选择</td><td>粗加工</td><td>根据工件的加工余量来确定，除留下精加工余量外，一次进给尽可能切除全部余量。a_P 可达 8～10mm。当切削加工余量过大、工艺系统刚度过低、机床功率不足、刀具强度不够或断续切削的冲击振动较大时，可分多次进给。切削表面层有硬皮的铸锻件时，应尽量使背吃刀量大于硬皮层的厚度，以保护刀尖</td></tr>
<tr><td>半精加工
和精加工</td><td>此时一般加工余量较小，可一次切除。为了保证加工精度和表面质量，也可多次进给，第一次进给的背吃刀量一般为加工余量的 2/3 以上。半精加工(表面粗糙度 Ra 为 6.3～3.2μm)时，a_P 取为 0.5 ～ 2mm，精加工(表面粗糙度 Ra 为 1.6 ～ 0.8μm)时，a_P 取为 0.1～0.4mm</td></tr>
<tr><td colspan="2">进给量 f 的选择</td><td>①a_P 选定后尽可能选用较大的 f，粗加工时主要受工艺系统强度和刚度的制约
②半精加工和精加工时，最大进给量主要受工件加工表面粗糙度的制约
③进给量一般多根据经验按一定表格选取(详见本章车、钻、铣等有关表格)</td></tr>
<tr><td colspan="2">切削速度 v 的确定</td><td>①在 a_P 和 f 选定以后，可在保证刀具合理使用寿命的条件下，用计算的方法或用查表法确定 v (详见本章车、钻、铣等有关表格)
②粗加工的 a_P 和 f 均较大，故选择较低的 v；精加工时，则选择较高的 v
③工件材料的加工性较差时，应选较低的 v。加工灰铸铁的 v 应较加工中碳钢低，而加工有色金属的 v 则较加工钢高得多
④刀具材料的切削性能越好时，v 也可选择越高。因此，硬质合金刀具的 v 比高速钢高好几倍，涂层硬质合金、陶瓷、金刚石和立方氮化硼刀具的切削速度 v 又比硬质合金刀具高许多
⑤在确定精加工和半精加工的 v 时，应注意避开积屑瘤和鳞刺产生的区域
⑥在易发生振动的情况下，v 应避开自激振动的临界速度
⑦在加工带硬皮的铸件、锻件时，大件、细长件和薄壁件及断续切削时，应选用较低的 v</td></tr>
</table>

表 9-2　　常用刀具的合理使用寿命参考值

刀具类型	使用寿命参考值(min)	刀具类型	使用寿命参考值(min)
高速钢车刀、刨刀、镗刀	30～60	加工淬火钢用立方氮化硼车刀	120～150
硬质合金可转位刀、陶瓷刀	15～45	仿形车刀	120～180
硬质合金焊接车刀	15～60	多轴钻床上的高速钢钻头	200～300
硬质合金端铣刀	120～180	多轴铣床上的铣刀	400～800
高速钢钻头	80～120	齿轮刀具硬质合金端铣刀	200～300
金刚石车刀	600～1200	数控机床加工用刀具	按班次安排

二、车削加工切削用量的选择(见表 9-3～表 9-9)

表 9-3　　硬质合金及高速钢车刀粗车外圆及端面的进给量　　单位:mm/r

加工材料	刀杆尺寸 $B\times H$ (mm×mm)	工件直径	硬质合金车刀					高速钢车刀		
			背吃刀量 a_P(mm)							
			≤3	>3～5	>5～8	>8～12	>12	≤3	>3～5	>5～8
碳素结构钢和合金结构钢	16×25	20	0.3～0.4	—	—	—	—	0.3～0.4	—	—
		40	0.4～0.5	0.3～0.4	—	—	—	0.4～0.6	—	—
		60	0.5～0.7	0.4～0.6	0.3～0.5	—	—	0.6～0.8	0.5～0.7	0.4～0.6
		100	0.6～0.9	0.5～0.7	0.5～0.6	0.4～0.5	—	0.7～1.0	0.6～0.9	0.6～0.8
		400	0.8～1.2	0.7～1.0	0.6～0.8	0.5～0.6	—	1.0～1.3	0.9～1.1	0.8～1.0
	20×23 25×25	20	0.3～0.4	—	—	—	—	0.3～0.4	—	—
		40	0.4～0.5	0.3～0.4	—	—	—	0.4～0.5	—	—
		60	0.6～0.7	0.5～0.7	0.4～0.6	—	—	0.7～0.8	0.6～0.8	—
		100	0.8～1.0	0.7～0.9	0.5～0.7	0.4～0.7	—	0.9～1.1	0.8～1.0	0.7～0.9
		600	1.2～1.4	1.0～1.2	0.8～1.0	0.6～0.9	0.4～0.6	1.2～1.4	1.1～1.4	1.0～1.2
	25×40	60	0.6～0.9	0.5～0.8	0.4～0.7	—	—	—	—	—
		100	0.8～1.2	0.7～1.1	0.6～0.9	0.5～0.8	—	—	—	—
		1000	1.2～1.5	1.1～1.5	0.9～1.2	0.8～1.0	0.7～0.8	—	—	—
	30×45 40×60	500	1.1～1.4	1.1～1.4	1.0～1.2	0.8～1.2	0.7～1.1	—	—	—
		2500	1.3～2.0	1.3～1.8	1.2～1.6	1.1～1.5	1.0～1.5	—	—	—
铸铁及铜合金	16×25	40	0.4～0.5	—	—	—	—	—	—	—
		60	0.6～0.8	0.5～0.8	0.4～0.6	—	—	—	—	—
		100	0.8～1.2	0.7～1.0	0.6～0.8	0.5～0.7	—	—	—	—
		400	1.0～1.4	1.0～1.2	0.8～1.0	0.6～0.8	—	—	—	—
	20×30 25×25	40	0.4～0.5	—	—	—	—	—	—	—
		60	0.6～0.9	0.5～0.8	0.4～0.7	—	—	—	—	—
		100	0.9～1.3	0.8～1.2	0.7～1.0	0.5～0.8	—	—	—	—
		600	1.2～1.8	1.2～1.6	1.0～1.3	0.9～1.1	0.7～0.9	—	—	—

续表

	25×40	60	0.6～0.8	0.5～1.8	0.4～0.7	—	—	—	—	—
		100	1.0～1.4	0.9～1.2	0.8～1.0	0.6～0.9	—	—	—	—
		1000	1.5～2.0	1.2～1.8	1.0～1.4	1.0～1.2	0.8～1.0	—	—	—
	30×45	500	1.4～1.8	1.2～1.6	1.0～1.4	1.0～1.3	0.9～1.2	—	—	—
	40×60	2500	1.6～2.4	1.6～2.0	1.4～1.8	1.3～1.7	1.2～1.7	—	—	—

注：1. 加工断续表面及有冲击时，进给量要乘 0.75～0.85 的系数。

2. 加工耐热钢及其合金时，进给量不大于 1.0mm/r。

3. 加工淬硬钢时，进给量要乘系数 0.8(材料硬度为 44～56HRC)或 0.5(材料硬度为 57～62HRC)。

表 9-4　切断和切槽的切削用量(切刀宽度为 3～15mm)

硬质合金车刀						高速钢车刀					
YT15		YG6		YG8		W18Cr4V		W18Cr4V		W18Cr4V	
碳素结构钢、铬钢、镍铬钢(σ_b=637MPa)		灰铸铁(190HBW)		可锻铸铁(150HBW)		碳素结构钢、铬钢、镍铬钢(σ_b=637MPa)		灰铸铁(190HBW)		可锻铸铁(150HBW)	
f (mm/r)	v_c (m/s)	f (mm/r)	v_c (m/s)	f (mm/r)	v_c (m/s)	f (mm/r)	v_c (m/s)	f (mm/r)	v_c (m/s)	f (mm/r)	v_c (m/s)
0.06	2.65	0.11	1.22	0.11	1.53	0.06	0.81	0.11	0.39	0.11	0.68
0.08	2.11	0.14	1.11	0.14	1.39	0.08	0.67	0.14	0.36	0.14	0.60
0.10	1.76	0.16	1.05	0.16	1.32	0.10	0.57	0.16	0.34	0.16	0.56
0.12	1.52	0.20	0.96	0.20	1.21	0.12	0.51	0.20	0.31	0.20	0.55
0.15	1.27	0.24	0.89	0.24	1.12	0.15	0.44	0.24	0.29	0.24	0.46
0.18	1.10	0.28	0.84	0.28	1.05	0.18	0.39	0.28	0.27	0.28	0.43
0.20	1.01	0.30	0.81	0.30	1.02	0.20	0.36	0.30	0.26	0.30	0.41
0.23	0.90	0.32	0.79	0.32	0.99	0.23	0.33	0.32	0.26	0.32	0.40
0.26	0.82	0.35	0.77	0.35	0.97	0.26	0.31	0.35	0.25	0.35	0.38
0.30	0.73	0.40	0.73	0.40	0.92	0.30	0.28	0.40	0.23	0.40	0.36
0.32	0.69	0.45	0.69	0.45	0.87	0.32	0.27	0.45	0.22	0.45	0.34
0.36	0.63	0.50	0.66	0.50	0.83	0.36	0.25	0.50	0.21	0.50	0.32
0.40	0.58	0.55	0.64	0.55	0.80	0.40	0.23	0.55	0.21	0.55	0.30

切槽时，最终直径(d)与初始直径(D)的比值不同要乘以相应的修正系数：d/D=0.5～0.7，修正系数为 0.96；d/D=0.8～0.95，修正系数为 0.84

表 9-5　硬质合金及高速钢车刀半精车、精车外圆及端面进给量　　单位:mm/r

表面粗糙度 Ra (μm)	加工材料	副偏角 κ'_r(°)	切削速度 v_c (m/s)	刀尖半径 r_e(mm) 0.5	1.0	2.0
12.5	钢和铸铁	5	不限	—	1.0～1.1	1.3～1.5
		10		—	0.8～0.9	1.0～1.1
		15		—	0.7～0.8	0.9～1.0
6.3	钢和铸铁	5	不限	—	0.55～0.7	0.7～0.88
		10～15		—	0.45～0.8	0.6～0.70
3.2	钢	5	<0.833	0.20～0.30	0.25～0.35	0.30～0.46
			0.833～1.666	0.28～0.35	0.35～0.40	0.40～0.55
			>1.666	0.35～0.40	0.40～0.50	0.50～0.60
		10～15	<0.833	0.18～0.25	0.25～0.30	0.30～0.40
			0.833～1.666	0.25～0.30	0.30～0.35	0.35～0.50
			>1.666	0.30～0.35	0.35～0.40	0.50～0.55
	铸铁	5	不限	—	0.30～0.50	0.45～0.65
		10～15		—	0.25～0.40	0.40～0.60
1.6	钢	≥5	0.500～0.833	—	0.11～0.15	0.14～0.22
			0.833～1.333	—	0.14～0.20	0.17～0.25
			1.333～1.666	—	0.14～0.25	0.23～0.35
			1.666～2.166	—	0.20～0.30	0.25～0.39
			>2.166	—	0.25～0.30	0.35～0.39
	铸铁		不限	—	0.15～0.25	0.20～0.35
0.8	钢	≥5	1.666～1.833	—	0.12～0.15	0.14～0.17
			1.833～2.166	—	0.13～0.18	0.17～0.23
			>2.166	—	0.17～0.20	0.21～0.27

以上数据是被加工材料强度 σ_b 为 686～882MPa 时的进给量值,对不同强度材料加工时,进给量要考虑相应的修正系数

材料强度 σ_b(MPa)	<122	122～686	686～882	882～1078
修正系数	0.7	0.75	1.0	1.25

注:半精镗、精镗内孔进给量可参考车外圆数据,并选取较小值。

表 9-6　**外圆切削速度**　单位：m/s

车外圆一般状态下的切削速度

工件材料	热处理状态	硬度(HBW)	硬质合金刀具 a_P=0.3～2mm f=0.03～0.3mm/r	硬质合金刀具 a_P=2～6mm f=0.3～0.6mm/r	硬质合金刀具 a_P=6～10mm f=0.6～1mm/r	高速钢刀具
低碳钢、易切钢	热扎、轧	143～207	2.33～3.0	1.667～2.0	1.167～1.5	0.417～0.75
中碳钢	热扎	179～255	2.170～2.667	1.500～1.830	1.000～1.333	0.333～0.500
	调质	200～250	1.667～2.170	1.167～1.500	0.833～1.167	0.250～0.417
	淬火	347～547	1.000～1.333	0.667～1.000	—	—
合金结构钢	热扎	212～369	1.667～2.170	1.167～1.500	0.833～1.167	0.333～0.500
	调质	200～293	1.333～1.830	0.833～1.167	0.667～1.000	0.167～0.333
工具钢	退火	—	1.500～2.000	1.000～1.333	0.833～1.167	0.333～0.500
不锈钢	—	—	1.167～1.333	1.000～1.167	0.833～1.000	0.250～0.417
灰铸铁	—	<190	1.500～2.000	1.000～1.333	0.833～1.167	0.333～0.500
		190～225	1.333～1.830	0.833～1.167	0.667～1.000	0.250～0.417
高锰钢[w(Mn)=13%]	—	—	—	0.167～0.333	—	—
铜及铜合金	—	—	3.33～4.167	2.000～3.000	1.500～2.000	0.833～1.167
铝及铝合金	—	—	5.00～10.00	3.330～6.670	2.500～2.000	1.667～4.167
铸铝合金[w(Si)=7%～13%]	—	—	1.667～6.000	1.333～2.500	1.000～1.670	0.667～1.333

高速钢车刀车削碳钢(σ_b=650MPa)的切削速度和主切削力

背吃刀量 a_P(mm)	v(m/min) F_z(N)	进给量 f(mm/r) 0.15	0.20	0.30	0.40	0.50	0.70	1.0	1.5	2.0
1.0	v/F_z	72/422	66/530	54/716	45/883	39/1050	31/1355	—	—	—
1.5	v/F_z	66/638	59/785	49/980	40/1335	35/1580	28/2030	—	—	—
2.0	v/F_z	—	55/1060	46/1430	38/1775	33/2100	26/2710	—	—	—
3.0	v/F_z	—	50/1580	41/2150	34/2670	29/3140	24/4050	19/5300	—	—
4.0	v/F_z	—	—	38/2865	32/3550	27/4190	22/5415	17/7065	13/9575	—
6.0	v/F_z	—	—	35/4305	29/5335	25/6300	20/8110	16/10590	12/14340	10/17850
8.0	v/F_z	—	—	—	27/7110	23/8340	19/10740	15/14030	11/19130	9/23740
10	v/F_z	—	—	—	25/8880	22/10500	17/13440	14/17660	11/23940	9/29820
15	v/F_z	—	—	—	—	20/15700	16/20210	13/26490	10/35900	8/44630

YT15 车刀车削结构碳钢、铬钢、镍铬钢(σ_b=650MPa)的切削速度和主切削力

背吃刀量 a_P(mm)	v(m/min) F_z(N)	进给量 f(mm/r) 0.15	0.20	0.30	0.40	0.50	0.70	1.0	1.5	2.0
1.0	v/F_z	190/284	178/353	162/500	146/627	137/745	121/981	—	—	—
1.5	v/F_z	176/441	166/549	153/755	138/941	128/1118	113/1510	—	—	—
2.0	v/F_z	—	160/735	147/1010	132/1245	122/1520	109/1990	—	—	—
3.0	v/F_z	—	150/1100	138/1530	125/1910	116/2295	103/3010	88/4020	—	—

续表

4.0	v/F_z	—	—	132/2060	119/2590	110/3080	99/4060	85/5365	70/7555	—
6.0	v/F_z	—	—	124/3080	112/3895	104/4650	92/6120	80/8190	66/11475	63/14125
8.0	v/F_z	—	—	—	107/5250	100/6250	89/8190	76/10890	63/15300	56/19420
10	v/F_z	—	—	—	102/6570	96/7850	86/10300	73/13730	61/19230	54/24430
15	v/F_z	—	—	—	—	—	80/15500	68/20800	57/28940	50/36790

YG8 车刀车削 1Cr18Ni9Ti(141HBS)的切削速度和主切削力

背吃刀量	v(m/min)	进给量 f(mm/r)								
a_P(mm)	F_z(N)	0.10	0.15	0.20	0.30	0.40	0.50	0.70	1.0	—
1.0	v/F_z	167/353	140/480	122/598	102/814	89/1000	81/1185	—	—	—
1.5	v/F_z	156/539	130/725	114/902	95/1215	84/1510	75/1785	—	—	—
2.0	v/F_z	—	121/961	106/1195	89/1620	78/2010	70/2385	60/3060	—	—
3.0	v/F_z	—	112/1450	98/1795	82/2430	72/3020	65/3570	56/4600	48/6000	—
4.0	v/F_z	—		92/2395	77/3235	67/4020	61/4765	52/6130	45/8005	—
6.0	v/F_z	—	—	—	71/4865	62/6040	56/7240	49/9200	41/12005	—
8.0	v/F_z	—	—	—	67/6475	59/8045	53/9575	45/12260	39/16010	—
10	v/F_z	—	—	—	64/8190	56/10055	51/11920	43/15300	37/20010	—

YG8 车刀车削可锻铸铁(150HBS)的切削速度和主切削力

背吃刀量	v(m/min)	进给量 f(mm/r)								
a_P(mm)	F_z(N)	0.15	0.20	0.30	0.40	0.50	0.70	1.0	1.5	2.0
1.0	v/F_z	132/191	125/237	115/321	108/397	—	—	—	—	—
1.5	v/F_z	122/284	115/355	106/480	100/598	—	—	—	—	—
2.0	v/F_z	—	—	—	84/794	76/941	65/1195	—	—	—
3.0	v/F_z	—	—	—	79/1195	72/1420	61/1805	53/2385	—	—
4.0	v/F_z	—	—	—	75/1590	68/1890	59/2395	50/3175	42/4315	—
6.0	v/F_z	—	—	—	72/2395	64/2845	56/3610	47/4765	40/6475	35/8005
8.0	v/F_z	—	—	—	68/3190	61/3785	53/4795	45/6550	37/8630	33/10830
10	v/F_z	—	—	—	66/3980	59/4730	51/5995	44/7945	36/10890	32/13340
15	v/F_z	—	—	—	—	56/7110	48/9025	41/11920	34/16185	30/20010

YG6 车刀车削灰铸铁(190HBS)的切削速度和主切削力

背吃刀量	v(m/min)	进给量 f(mm/r)								
a_P(mm)	F_z(N)	0.15	0.20	0.30	0.40	0.50	0.70	1.0	1.5	2.0
1.0	v/F_z	123/215	116/274	107/372	100/451	92/529	80/696	—	—	—
1.5	v/F_z	115/323	108/412	100/559	94/676	87/794	75/1040	—	—	—
2.0	v/F_z	—	105/549	95/745	90/902	82/1070	72/1400	—	—	—
3.0	v/F_z	—	94/824	87/1120	82/1350	78/1610	68/2080	592705	—	—
4.0	v/F_z	—	—	86/1490	81/1805	74/2140	66/2795	57/3610	48/4905	—
6.0	v/F_z	—	—	81/2235	77/2705	70/3215	62/4160	53/5415	45/7357	41/9120

续表

8.0	v/F_z	—	—	—	73/3610	67/4275	59/5550	51/7220	43/9810	41/9121
10	v/F_z	—	—	—	71/4510	65/5355	57/6925	49/9025	42/12210	41/9122
15	v/F_z	—	—	—		61/8045	53/10400	46/13540	40/1834	35/22855

高速钢车刀车削灰铸铁(19OHBS)的切削速度 v(m/min)

背吃刀量	进给量 f(mm/r)											
a_P(mm)	0.10	0.15	0.20	0.25	0.30	0.40	0.50	0.60	0.70	1.0	1.4	2.0
1.0	32	29	26	24	23	—	—	—	—	—	—	—
1.5	31	27	25	23	22	20	—	—	—	—	—	—
2.0	—	26	23	23	21	19	18	17	—	—	—	—
3.0	—	—	22	21	20	19	17	16	15	13	—	—
4.0	—	—	—	21	20	18	16	16	14	12	11	—
6.0	—	—	—	—	19	17	16	14	14	12	10	9
8.0	—	—	—	—	—	16	15	14	13	11	10	9
12	—	—	—	—	—	—	14	13	12	10	9	8

高速钢车刀车削可锻铸铁(150HBS)的切削速度 v(m/min)

背吃刀量	进给量 f(mm/r)											
a_p(mm)	0.10	0.15	0.20	0.25	0.30	0.40	0.50	0.60	0.70	1.0	1.4	2.0
1.0	75	67	63	60	54	—	—	—	—	—	—	—
1.5	69	62	58	55	51	43	—	—	—	—	—	—
2.0	—	59	55	52	47	41	36	34	—	—	—	—
3.0	—	—	51	47	44	38	34	31	29	24	—	—
4.0	—	—	—	45	42	36	32	29	27	23	20	—
6.0	—	—	—	—	38	33	29	27	25	21	18	15
8.0	—	—	—	—	—	31	28	25	23	20	17	14

注:1.切削钢及铸铁时刀具的使用寿命为60～90min。

2.车孔要比车外圆的速度低10%～20%。

3.使用条件改变时要考虑修正系数的因素,请参考其他相关资料。

表 9-7　　高速切削细长轴的切削用量

加工方法	长径比<222∶1			长径比>222∶1		
	背吃刀量 a_P(mm)	进给量 f(mm/r)	转速 n(r/s)	背吃刀量 a_P(mm)	进给量 f(mm/r)	转速 n(r/s)
粗车	3.5	0.45～0.50	6.67～10	2.5	0.35～0.45	6.67～10
半精车	2.5	0.35～0.45	10～20	1.5	0.20～0.30	10～20
精车	0.5～1.0	0.20～0.30	20	0.25～0.75	0.15～0.25	20

表 9-8 成型车削的进给量 单位:mm/r

刀具宽度(mm)		8	10	15	20	30	40	≥50
加工直径	20	0.03～0.08	0.03～0.070	0.020～0.055	—	—	—	—
	25	0.04～0.09	0.04～0.085	0.035～0.075	0.03～0.06	—	—	—
	≥ 40	0.04～0.09	0.04～0.085	0.040～0.080	0.040～0.080	0.035～0.07	0.03～0.06	0.025～0.055

表 9-9 硬质合金车刀精车薄壁工件的切削用量

工件材料	刀片材料	切削速度 v(m/min)	进给量 f(mm/r)	背吃刀量 a_P(mm)
45、Q235A	K 类 YT15	100～130	0.08～0.16	0.05～0.5
铝合金	P 类 YG6X	400～470	0.02～0.03	0.05～0.1

三、钻、扩、锪、铰、镗削加工切削用量的选择(见表 9-10～表 9-17)

表 9-10 高速钢钻头钻孔的进给量 单位:mm/r

钻头直径 d_0 (mm)	钢 σ_b(MPa)			铸铁、铜、铝合金硬度(HBS)	
	<800	800～1000	>1000	≤200	>200
≤2	0.05～0.06	0.04～0.05	0.03～0.04	0.09～0.11	0.05～0.07
>2～4	0.08～0.10	0.06～0.08	0.04～0.06	0.18～0.22	0.11～0.13
>4～6	0.14～0.16	0.10～0.12	0.08～0.10	0.27～0.33	0.18～0.22
>6～8	0.18～0.22	0.13～0.15	0.11～0.13	0.36～0.44	0.22～0.26
>8～10	0.22～0.28	0.17～0.21	0.13～0.17	0.47～0.57	0.28～0.34
>10～13	0.25～0.31	0.19～0.23	0.15～0.19	0.52～0.64	0.31～0.39
>13～16	0.31～0.37	0.22～0.28	0.18～0.22	0.61～0.75	0.37～0.45
>16～20	0.35～0.43	0.26 ～0.32	0.21～0.25	0.70～0.86	0.43～0.53
>20～25	0.39～0.47	0.29～0.35	0.23～0.29	0.78～0.96	0.47～0.57
>25～30	0.45～0.55	0.32～0.40	0.27～0.33	0.90～1.10	0.54～0.66
>30～60	0.60～0.70	0.40～0.50	0.30～0.40	1.00～1.20	0.70～0.80

注:1. 表中数据为在大刚性零件上钻孔,精度在 IT12～IT13 以下,钻后还用钻头、扩孔钻或镗刀加工。

2. 在中等刚性零件上钻孔时,乘系数 0.75,在低刚性零件、斜面上钻孔,以及钻孔后用丝锥攻螺纹孔时,乘系数 0.50。长径比为 3～5 时乘系数 0.9,长径比为 5～7 时乘系数 0.8,长径比为 7～10 时乘系数 0.75。

表 9-11　　**YG8 钻头钻灰铸铁的进给量**　　单位：mm/r

钻头直径 d_0(mm)	≤200HBW		>200HBW		钻头直径 d_0(mm)	≤200HBW		>200HBW	
	Ⅰ	Ⅱ	Ⅰ	Ⅱ		Ⅰ	Ⅱ	Ⅰ	Ⅱ
≤8	0.22～0.28	0.18～0.22	0.18～0.22	0.18～0.22	>20～14	0.45～0.55	0.33～0.38	0.38～0.43	0.27～0.32
>8～12	0.20～0.36	0.22～0.28	0.25～0.30	0.25～0.30	>24～26	0.50～0.60	0.37～0.41	0.40～0.46	0.32～0.38
>12～16	0.25～0.40	0.25～0.30	0.28～0.34	0.28～0.34	>26～30	0.55～0.65	0.40～0.50	0.45～0.50	0.36～0.44
>16～20	0.40～0.48	0.27～0.33	0.32～0.38	0.32～0.38	—	—	—	—	—

注：1. Ⅰ类进给量为在大刚性零件上钻孔，精度在 IT12～IT13 以下，钻后还用钻头、锪钻或镗刀加工。Ⅱ类进给量为在中等刚性零件上钻孔后，用铰刀加工的精确孔，以及钻孔后用丝锥攻螺纹孔。

2. 修正系数见表 9-10 注。

表 9-12　　**高速钢钻头钻孔的切削速度**　　单位：m/s

加工材料	硬度(HBW)	切削速度 v_c	加工材料	硬度(HBW)	切削速度 v_c
低碳钢	100～125	0.45	铸钢	低碳	0.40
	125～175	0.40		中碳	0.30～0.40
	175～225	0.35		高碳	0.25
中、高碳钢	125～175	0.37	球墨铸铁	140～190	0.50
	175～225	0.33		190～225	0.35
	225～275	0.25		225～260	0.28
	275～325	0.20		260～300	0.20
合金钢	175～225	0.30	可锻铸铁	110～160	0.70
	225～275	0.25		160～200	0.42
	275～325	0.20		200～240	0.33
	325～375	0.17		240～250	0.20
灰铸铁	100～140	0.55	高速钢	200～250	0.22
	140～190	0.45	铝合金、铝镁合金	—	1.25～1.50
	190～220	0.35			
	220～260	0.25	铜合金	—	0.33～0.80
	260～320	0.15			

表 9-13　　**高速钢及硬质合金扩孔钻头扩孔的切削用量**

扩孔钻直径 d_0(mm)	加工不同材料时的进给量 f(mm/r)			扩孔钻直径 d_0(mm)	加工不同材料时的进给量 f(mm/r)		
	钢及铸钢	铸铁、铜合金及铝合金			钢及铸钢	铸铁、铜合金及铝合金	
		≤200HBW	>200HBW			≤200HBW	>200HBW
≤15	0.5～0.6	0.7～0.9	0.5～0.6	>25～30	0.8～1.0	1.1～1.3	0.8～0.9
>15～20	0.6～0.7	0.9～1.1	0.6～0.7	>30～35	0.9～1.1	1.2～1.5	0.9～1.0
>20～25	0.7～0.9	1.0～1.2	0.7～0.8	—	—	—	—

加工方法	背吃刀量 a_p(mm)	进给量 f(mm/r)	切削速度 v_c(m/s)
扩钻	$(0.15～0.25)D$	$(1.2～1.8)f_{钻}$	$(1/2～1/3)v_{钻}$
扩孔	$0.05D$	$(2.2～2.4)f_{钻}$	$(1/2～1/3)v_{钻}$

注：用麻花钻扩孔叫扩钻，用扩孔钻扩孔叫扩孔。D 为加工孔直径，$f_{钻}$ 为钻孔进给量，$v_{钻}$ 为钻孔切削速度。

表 9-14 高速钢及硬质合金机铰刀铰孔的进给量 单位:mm/r

铰刀直径 d_0(mm)	高速钢铰刀				硬质合金铰刀			
	钢		铸铁		钢		铸铁	
	σ_b≤900MPa	σ_b>900MPa	硬度≤170HBW,铜、铝合金	硬度>170HBW	未淬硬钢	淬硬钢	硬度≤170HBW	硬度>170HBW
≤5	0.20～0.50	0.15～0.35	0.60～1.20	0.40～0.80	—	—	—	—
>5～10	0.04～0.09	0.35～0.70	1.00～2.00	0.65～1.30	0.35～0.50	0.25～0.35	0.0～1.4	0.7～1.1
>10～20	0.65～1.40	0.55～1.20	1.50～3.00	1.00～2.00	0.40～0.60	0.30～0.40	1.0～1.5	0.8～1.2
>20～30	0.80～1.80	0.65～1.50	2.00～4.00	1.30～2.60	0.50～0.70	0.35～0.45	1.2～1.8	0.9～1.4
>30～40	0.95～2.10	0.80～1.80	2.50～5.00	1.60～3.20	0.60～0.80	0.40～0.50	1.3～2.0	1.0～1.5
>40～60	1.30～2.80	1.00～2.30	3.20～6.40	2.10～4.20	0.70～0.90	—	1.6～2.4	1.25～1.8
>60～80	1.50～3.20	1.20～2.60	3.75～7.50	2.60～5.00	0.90～1.20	—	2.0～3.0	1.5～2.2

注:1. 加工不通孔时进给量取 0.2～0.5mm/r。

2. 最大进给量用于粗铰孔;中等进给量用于粗铰或精镗后精铰 H7 级精度的孔,对硬质合金铰刀,用于精铰 IT8～IT9 级精度的孔;最小进给量用于抛光或珩磨之前的精铰孔,用一把铰刀铰 IT8～IT9 级精度的孔,对硬质合金铰刀,用于精铰 IT7 级精度的孔。

表 9-15 卧式镗床的镗削用量

加工方法	刀具材料	刀具类型	铸铁		钢(包括铸钢)		铜、铝及其合金		a_p(mm) 直径上
			v_c(m/s)	f(mm/r)	v_c(m/s)	f(mm/r)	v_c(m/s)	f(mm/r)	
粗镗	高速钢	刀头	0.30～0.6	0.3～1.0	0.3～0.66	0.3～1.0	1.6～2.5	0.4～1.5	5～8
		镗刀块	0.42～0.6	0.3～0.8	—	—	2.0～2.5	0.4～1.5	
	硬质合金	刀头	0.66～1.32	0.3～1.0	0.66～1.0	0.3～1.0	3.3～4.2	0.4～1.5	
		镗刀块	0.60～1.00	0.3～0.8	—	—	3.3～4.2	0.4～1.0	
半精镗	高速钢	刀头	0.42～0.66	0.2～0.8	0.5～0.8	0.2～0.8	2.5～3.3	0.2～1.0	1.5～3
		镗刀块	0.50～0.66	0.2～0.6	—	—	2.5～3.3	0.2～1.0	
		粗镗刀	0.25～0.42	2.0～5.0	0.16～0.3	0.5～3.0	0.5～0.8	2.0～5.0	0.3～0.8
	硬质合金	刀头	1.00～1.60	0.2～0.8	1.32～2	0.2～0.8	4.2～5.0	0.2～0.8	1.5～3
		镗刀块	0.80～1.32	0.2～0.6	—	—	4.2～5.0	0.2～0.6	
		粗镗刀	0.50～0.80	2.0～5.0	—	—	1.32～2.0	3.0～5.0	0.3～0.8
精镗	高速钢	刀头	0.25～0.50	0.15～0.5	0.3～0.66	0.1～0.6	2.5～3.3	0.2～1.0	0.6～1.2
		镗刀块	0.13～0.25	1.0～4.0	0.1～0.2	1.0～4.0	0.3～0.5	—	
		精铰刀	0.16～0.30	2.0～6.6	0.16～0.3	0.5～3.0	0.5～0.8	2.0～5.0	0.1～0.4
	硬质合金	刀头	0.80～1.32	0.15～0.5	1.00～1.6	0.15～0.5	3.3～4.2	0.15～0.5	0.6～1.2
		镗刀块	0.30～0.66	1.0～4.0	0.13～0.3	1.0～4.0	1.5～0.8	1.0～4.0	
		精铰刀	0.50～0.80	2.5～5.0	—	—	0.8～1.6	2.0～5.0	0.1～0.4

注:1. 镗杆悬伸时,v_c 取小值,以镗套支撑时,v_c 取中间值。

2. 加工孔径较大时,a_p 取大值,孔径小且加工精度要求高时,a_p 取小值。

表 9-16　　**高速钢锪钻锪端面的切削用量**

被加工材料	进给量 f(mm/r)						切削速度 v_c(m/min)	
	被加工端面直径(mm)						加切削液	不加切削液
	15	20	30	40	50	60		
钢 $\sigma_b \leqslant 0.588$GPa，铜及黄铜	0.08～0.12	0.08～0.05	0.10～0.15	0.12～0.20	0.12～0.20	0.15～0.25	10～18	—
钢 $\sigma_b > 0.588$GPa	0.05～0.08	0.05～0.10	0.06～0.10	0.08～0.12	0.08～0.15	0.10～0.18	7～12	—
铝合金	0.10～0.15	0.10～0.15	0.12～0.20	0.15～0.25	0.15～0.25	0.20～0.30	40～60	—
铸铁、青铜	0.10～0.15	0.10～0.15	0.12～0.20	0.15～0.25	0.15～0.25	0.20～0.30	—	12～25

注：刀具材料为 9CrSi 钢时，切削速度要乘 0.6～0.7 的系数；用碳素工具钢刀具加工时，切削速度要乘 0.5 的系数。

表 9-17　　**精密镗削用量**

被加工材料	刀具材料	v_c(m/s)	f(mm/r)	a_P(mm)	表面粗糙度 Ra(μm)
HT100		1.33～2.66/2.66～3.33		0.1～0.3/0.06～0.3	3.2～6.3/3.2
HT150，HT200		1.66～2.66/5～5.83	0.04～0.08/0.04～0.06		3.2/1.6
HT200，HT250	YG3X/立方氮化硼	2～2.66/8.33～9.16			1.6～3.2/1.6
KTH300-06，KTH380-08		1.33～2.33/5～5.83	0.03～0.06/0.03～0.06		3.2～6.3/3.2
KTZ450-05，KTZ600-03		2～2.66/8.33～9.16		0.1～0.3/0.1～0.3	3.2/1.6～3.2
高强度铸铁		2～2.66/8.33～9.16			1.6～3.2/1.6
优质碳素结构钢		1.66～3/9.16～10	0.04～0.08/0.04～0.06		1.6～3.2/0.8
合金结构钢		2～3/7.5～8.33			0.8～1.6/0.8
不锈钢、耐热合金	YT30/立方氮化硼	1.33～2/3.33～3.66	0.02～0.04/0.02～0.04	0.1～0.2/0.1～0.2	0.8～1.6/0.8
铸钢		1.66～2.66/3.33～3.83	0.02～0.06/0.02～0.06	0.1～0.3/0.1～0.3	1.6～3.2/1.0
调质结构钢 26～30HRC		2～3/5.83～3.83	0.04～0.06/0.04～0.06		0.8～3.2/1.0
淬火结构钢 40～45HRC		1.16～2.5/5～5.83	0.02～0.04/0.02～0.04	0.1～0.2/0.1～0.2	1.6/0.8～1.6

四、铣削加工切削用量的选择(见表 9-18～表 9-24)

表 9-18　高速钢(W18Cr4V)套式面铣刀粗铣平面的切削用量

粗铣平面的进给量

机床功率(kW)	工艺系统的刚度	整体粗齿及镶刀铣刀，每齿进给量 f_z(mm/齿)	
		碳钢、合金钢、耐热钢	铸铁、铜合金
＞10	上等/中等/下等	0.2～0.3/0.15～0.25/0.1～0.15	0.4～0.6/0.3～0.5/0.2～0.3
＞5～10	上等/中等/下等	0.12～0.2/0.08～0.15/0.06～0.1	0.3～0.5/0.2～0.4/0.15～0.25
≤5	中等/下等	0.04～0.06/0.04～0.06	0.15～0.3/0.1～0.2

精铣平面的进给量

表面粗糙度 Ra(μm)	铣刀每转进给量 f_r(mm/r)			
	45(轧制)、40Cr(轧制、正火)	35	45(调质)	10、20、20Cr
10	1.20～2.7	1.4～3.1	2.6～5.6	1.8～3.9
5	0.50～1.2	0.5～1.4	1.0～2.6	0.7～1.8
2.5	0.24～0.5	0.3～0.5	0.4～1.0	0.3～1.7

铣削速度(m/min)

结构碳钢 σ_b＝0.735GPa(加切削液)							灰铸铁(195HBW)			
T(min)	d/z	切削宽度(mm)	f_z(mm/齿)	背吃刀量(mm) 3	5	8	f_z(mm/齿)	背吃刀量(mm) 3	5	8
镶齿铣刀										
180	80/10	48	0.03	54.6	51.9	49.3	0.05	70.2	66.6	—
			0.05	48.4	45.8	44.0	0.08	57.6	54.9	—
			0.08	44.9	42.7	40.5	0.12	49.0	46.8	—
			0.12	40.5	38.3	36.5	0.20	40.0	38.3	—
180	125/14	75	0.03	55.4	52.8	51.0	0.05	71.1	67.5	64.8
			0.05	50.0	47.5	45.3	0.08	58.5	55.8	54.0
			0.08	46.6	44.0	42.0	0.12	50.4	47.4	45.9
			0.12	40.5	38.7	37.0	0.20	41.0	38.7	36.9
			0.20	33.4	31.2	30.4	0.30	34.6	32.9	—
180	160/16	96	0.05	49.0	46.6	44.9	0.05	72.0	68.4	65.3
			0.08	45.8	43.1	41.8	0.08	59.4	56.3	53.6
			0.12	40.9	39.6	37.4	0.12	50.4	48.2	45.9
			0.20	33.4	31.7	30.4	0.20	41.4	39.2	37.4
			0.30	28.6	26.8	—	0.30	35.1	33.3	31.5

续表

240	200/20	120	0.05 0.08 0.12 0.20 0.30	47.5 44.0 39.2 32.1 27.5	45.8 42.2 37.6 30.4 26.0	43.6 40.0 36.0 29.0 —	0.08 0.12 0.20 0.30 0.40	56.7 48.6 39.6 33.8 29.7	54.0 45.9 37.4 32.0 28.4	51.8 44.1 35.6 30.6 27.0
整体铣刀										
120	40/12	24	0.03 0.05 0.08	54.6 49.0 44.9	51.9 46.6 42.7	— — —	0.03 0.05 0.08	83.7 68.4 56.7	80.0 65.3 53.6	— — —
180	68/10	38	0.03 0.05 0.08 0.12	52.8 47.4 44.0 38.7	50.2 44.9 41.8 37.0	48.4 44.0 40.0 35.6	0.05 0.08 0.12 0.20	68.4 56.7 48.6 39.2	65.3 54.0 45.9 37.3	62.1 51.3 43.7 35.6
180	80/18	48	0.03 0.05 0.08 0.12	51.5 46.2 42.7 36.0	48.8 44.4 40.5 34.0	— — — —	0.05 0.08 0.10 0.15	65.7 54.9 50.4 42.8	63.0 52.2 47.7 40.5	— — — —

注：1. 背吃刀量小、加工宽度小时，用大进给量，反之用小进给量。

2. d 为铣刀直径，z 为铣刀齿数，T 为刀具寿命，f_z 为每齿进给量。

表 9-19　　硬质合金圆柱铣刀粗铣削进给用量

工艺系统的刚度	每齿进给量 f_z(mm/齿)	
	钢	铸铁
上等	0.2～0.3	0.2～0.35
中等	0.15	0.08～0.12

表 9-20　　高速钢立铣刀铣平面的切削用量

铣平面的每齿进给量 f_z(mm/齿)												
铣刀直径(mm)	16		20		25		32		40		50	
铣刀齿数	3	5	3	5	3	5	4	6	4	6	4	6

续表

背吃刀量(mm)	钢	≤3	0.05～0.07	0.03～0.06	0.06～0.09	0.04～0.08	0.08～0.12	0.05～0.1	0.1～0.14	0.06～0.12	0.12～0.16	0.08～0.15	0.15～0.2	0.12～0.18
		≤5	—	—	0.05～0.08	0.03～0.06	0.07～0.1	0.04～0.08	0.08～0.12	0.05～0.1	0.1～0.14	0.07～0.12	0.12～0.16	0.08～0.12
		≤8	—	—	—	—	—	—	—	—	0.08～0.12	0.05～0.08	0.1～0.16	0.06～0.1
	铸铁	≤3	0.1～0.14	0.07～0.12	0.12～0.2	0.08～0.15	0.12～0.2	0.1～0.16	0.2～0.3	0.12～0.22	0.24～0.3	0.16～0.25	0.24～0.4	0.16～0.3
		≤5	—	—	0.1～0.13	0.06～0.1	0.1～0.15	0.08～0.12	0.14～0.2	0.1～0.15	0.16～0.24	0.12～0.18	0.18～0.3	0.12～0.2
		≤8	—	—	—	—	—	—	—	—	0.1～0.15	0.08～0.12	0.12～0.2	0.08～0.15

铣平面的铣削速度(m/min)

结构碳钢 σ_b=0.735GPa(加切削液)							灰铸铁(195HBW)			
T(min)	d/z	切削宽度(mm)	f_z(mm/齿)	背吃刀量(mm)			f_z(mm/齿)	背吃刀量(mm)		
				3	5	8		3	5	8
60	20/5	40	0.03	91	71	—	0.05	42	33	—
			0.04	79	61	—	0.08	39	30	—
			0.06	65	50	—	0.12	35	27	—
			0.08	56	—	—	0.18	33	—	—
90	32/6	40	0.06	68	53	—	0.08	46	35	—
			0.08	59	46	—	0.12	42	33	—
			0.10	53	41	—	0.18	39	30	—
			0.12	48	—	—	0.25	36	—	—
120	50/6	40	0.06	—	59	46	0.08	—	45	35
			0.08	66	51	40	0.12	54	42	33
			0.10	59	46	36	0.18	49	38	30
			0.12	53	41	31	0.25	47	36	—
			0.15	48	—	—	0.40	42	—	—
			0.20	42	—	—	—	—	—	—

注：表内切削用量能得到表面粗糙度 Ra 为 5μm。

表 9-21 **高速钢立铣刀铣槽的切削用量**

铣槽的每齿进给量 f_z(mm/齿)

铣刀直径(mm)			8	10	16		20	
铣刀齿数			5	5	3	5	3	5
槽深(mm)	钢	5	0.010～0.020	0.015～0.025	0.035～0.05	0.024～0.400	—	—
		10	0.008～0.015	0.012～0.020	0.030～0.04	0.015～0.025	0.050～0.08	0.040～0.06
		15	—	0.010～0.015	0.020～0.03	0.012～0.020	0.040～0.06	0.030～0.05
		20	—	—	—	—	0.025～0.05	0.020～0.04
	铸铁	5	0.015～0.025	0.03～0.050	0.070～0.10	0.050～0.080	0.080～0.12	0.060～0.12
		10	0.012～0.020	0.015～0.03	0.050～0.08	0.040～0.070	0.070～0.12	0.060～0.10
		15	—	0.012～0.02	0.040～0.07	0.025～0.050	0.060～0.10	0.050～0.08
		20	—	—	—	—	0.040～0.07	0.035～0.05

铣槽的铣削速度(m/min)

结构碳钢 σ_b=0.735GPa(加切削液)								灰铸铁(195HBW)				
T(min)	d/z	槽宽(mm)	f_z(mm/齿)	槽深(mm) 5	10	15	20	f_z(mm/齿)	槽深(mm) 5	10	15	20
45	8/5	8	0.006	—	111	—	—	0.01	38	30	—	
			0.008	97	90	—	—	0.02	33	26	—	—
			0.010	87	81	—	—	0.03	30	25		
			0.020	61	57	—	—					
	10/5	10	0.008	—	90	85	—	0.01	—	32	28	
			0.010	86	80	76	—	0.02	35	28	25	—
			0.020	61	56	54	—	0.03	31	26	—	
			0.030	49	—	—	—	0.05	29	—		
60	16/5	16	0.01	76	71	68	—	0.02	—	28	25	—
			0.02	53	50	48	—	0.03	32	26	23	—
			0.03	44	41	—	—	0.05	29	23	21	—
			0.04	38	—	—	—	0.08	26	21	19	—
	20/5	20	0.02	—	—	47	46	0.03	33	27	24	22
			0.03	—	40	39	38	0.05	30	25	21	20
			0.04	—	35	34	32	0.08	27	22	20	—
			0.06	—	28	27	—	0.12	25	21	18	—

注:表内切削用量能得到表面粗糙度 Ra 为 5μm。

表 9-22　　高速钢切断铣刀切断加工的切削用量

铣断加工的每齿进给量 f_z(mm/齿)

工件材料		钢					铸铁、铜合金				
铣刀直径(mm)		60		75			60		75		
切削宽度(mm)		1	2	1	2	3	1	2	1	2	3
背吃刀量(mm)	≤6	0.015～0.02	0.015～0.025	0.015～0.02	0.015～0.025	0.02～0.03	0.02～0.03	0.02～0.03	0.02～0.03	0.02～0.03	0.03～0.04
	6～10	0.01～0.02	0.01～0.02	0.01～0.02	0.01～0.02	0.015～0.025	0.01～0.02	0.015～0.025	0.01～0.02	0.015～0.025	0.015～0.03
	10～15	—	—	—	0.01～0.02	0.01～0.02	—	—	—	0.015～0.025	0.015～0.025

铣断加工的切断速度(m/min)

结构碳钢 σ_b=0.735GPa(加切削液)								灰铸铁(195HBW)				
T(min)	d/z	切削宽度(mm)	f_z(mm/齿)	背吃刀量(mm) 6	10	15	20	f_z(mm/齿)	背吃刀量(mm) 6	10	15	20
90	60/36	1	0.010 0.015 0.020	60 57 53	52 48 46	— — —	— — —	0.010 0.015 0.020	— — —	— — —	58 50 44	46 39 35
120	110/50	2	0.015 0.020 0.030	40 39 35	35 33 31	31 29 27	28 27 25	0.015 0.020 0.030 0.040	44 40 34 30	34 31 26 23	29 25 22 19	24 22 18 17
	110/40	3	0.015 0.020 0.030	49 47 43	43 41 37	38 36 33	35 33 30	0.020 0.030 0.040	37 32 29	29 24 22	23 20 18	20 18 16
180	150/54	4	0.015 0.020 0.030	— — —	— — —	34 33 30	31 30 27	0.015 0.020 0.030 0.040	— — — —	— — — —	25 22 19 17	21 19 16 14

表 9-23　**高速钢键槽铣刀铣槽的切削用量**

铣刀直径(mm)	在摆动进给的键槽铣床上铣削						一次行程铣键槽	
	每一行程的背吃刀量(mm)						每分钟进给量 f_m(mm/min)	
	0.1		0.2		0.3			
	v(m/min)	f_m(mm/min)	v(m/min)	f_m(mm/min)	v(m/min)	f_m(mm/min)	垂直切入	纵向切入
6	28	580	22	475	20	410	14	47
8	30	510	24	420	21	370	11	40
12	31	490	25	395	22	350	10	31
16	33	450	26	360	23	315	9	26
20	34	420	27	340	24	300	8	24
24	35	380	28	305	25	270	7	21

注：本表适用于加工 σ_b=0.735GPa 的结构碳钢。

表 9-24　**硬质合金三面刃圆盘铣刀的切削用量**

每齿进给量 f_z(mm/齿)

钢 σ_b(GPa)	背吃刀量(mm)	机床动力(铣头)(kW)			
		5～10		>10	
		工艺系统刚度			
		上等	中等	上等	中等
≤0.882	≤30	0.10～0.12	0.08～0.10	0.12～0.15	0.10～0.12
	>30	0.08～0.10	0.06～0.08	0.10～0.12	0.08～0.10
>0.882	≤30	0.06～0.08	0.05～0.06	0.08～0.10	0.06～0.08
	>30	0.05～0.06	0.04～0.05	0.06～0.08	0.05～0.06

(YT15 刀具)切削速度(m/min)

T(min)	d/z	槽宽(mm)	f_z(mm/齿)	背吃刀量/槽深(mm)			
				12	20	30	50
240	200/12	20	0.03	382	327	291	250
			0.06	318	273	241	204
			0.09	268	232	204	175
			0.12	241	200	182	156
			0.15	223	191	170	145

五、磨削加工切削用量的选择(见表 9-25～表 9-28)

表 9-25　　纵向进给外圆磨的切削用量

工件回转的圆周速度 v_w(m/min)

磨削工件直径(mm)	20	30	50	80	120	200	300
粗磨	10～20	11～12	12～24	12～26	14～28	15～30	17～34
精磨非淬火钢及铸铁	15～30	18～35	20～40	25～50	30～60	35～70	40～80
精磨淬火钢及耐热钢	20～30	22～35	25～40	30～50	35～60	40～70	50～80

纵向进给量 f_a(mm)

粗磨	精磨	
(0.5～0.8)b_s(b_s 为砂轮宽度)	(0.2～0.4)b_s,Ra0.4～0.2μm	(0.4～0.6)b_s,Ra0.8μm

横向进给量

	磨削直径 d_w(mm)	工件圆周速度 v_w(m/min)	工件每转的纵向进给量 f_{ar}(以砂轮宽度计)(mm/r)			
			0.5	0.6	0.7	0.8
			工作台单行程的横向进给量 f_t(μm/单行程)			
粗磨	20	10	21.6	18	15.4	13.6
		15	14.4	12	10.3	9.0
		20	10.8	9	7.7	6.8
	30	11	22.2	18.5	15.8	13.9
		16	15.2	12.7	10.9	9.6
		22	11.1	9.2	7.9	7.0
	50	12	23.7	19.7	16.9	14.8
		18	15.7	13.2	11.3	9.9
		24	11.8	9.8	8.4	7.4
	80	13	24.2	20.1	17.2	15.1
		19	16.5	13.8	11.8	10.3
		26	12.6	10.1	8.6	7.6
	120	14	26.4	22.0	18.9	6.5
		21	17.6	14.7	12.6	11.0
		28	13.2	11.0	9.5	8.3
	200	15	28.7	23.9	20.5	18.0
		22	19.6	16.4	14.0	12.2
		30	14.4	12.0	10.3	9.0

续表

粗磨	300	17	28.7	23.9	20.5	17.9
		25	19.5	16.2	13.9	12.1
		37	14.3	11.9	10.2	8.9

	粗磨横向进给量的修正系数						
	与砂轮耐用度有关的修正系数 K_1					与工件材料有关的修正系数 K_2	
	T(min)	砂轮直径 d_s				工件材料	系数
		400	500	600	750		
粗磨	6	1	0.8	0.62	0.5	耐热钢	0.68
	9					淬火钢	0.95
	16					非淬火钢	1.00
	24					铸铁	1.05

	磨削直径 d_ω(mm)	工件圆周速度 v_ω (m/min)	工件每转的纵向进给量 f_{ar}(mm/r)								
			10	12.5	16	20	25	32	40	50	63
			工作台单行程的横向进给量 f_t(μm/单行程)								
精磨	20	16	11.3	9.0	7.0	5.6	4.5	3.5	2.8	2.2	1.8
		20	9.0	7.2	5.6	4.5	3.6	2.8	2.2	1.8	1.4
		25	7.2	5.8	4.5	3.6	2.9	2.2	1.8	1.4	1.1
		32	5.6	4.5	3.5	2.8	2.3	1.8	1.4	1.1	0.9
	30	20	10.9	8.8	6.9	5.5	4.4	3.4	2.7	2.2	1.7
		25	8.7	7.0	5.5	5.4	3.5	2.7	2.2	1.8	1.4
		32	6.8	5.4	4.3	3.4	2.7	2.1	1.7	1.4	1.1
		40	6.4	4.3	4.3	2.7	2.2	1.7	1.4	1.1	0.9
	50	23	12.3	9.9	7.7	6.2	4.9	3.9	3.1	2.5	2.0
		29	9.8	7.9	6.1	4.9	3.9	3.1	2.5	2.0	1.6
		36	7.9	6.4	4.9	4.0	3.2	2.5	2.0	1.6	1.3
		45	6.3	5.1	3.9	3.2	2.5	2.0	1.6	1.3	1.0
	80	25	14.3	11.5	9.0	7.2	5.8	4.5	3.6	2.9	2.3
		32	11.2	9.0	7.1	5.6	4.5	3.5	2.8	2.3	1.8
		40	9.0	7.2	5.7	4.5	3.6	2.8	2.2	1.8	1.4
		50	7.2	5.8	4.6	3.6	2.9	2.2	1.8	1.4	1.1

续表

精磨	120	30	14.6	11.7	9.2	7.4	5.9	4.6	3.7	2.9	2.3
		38	11.5	9.3	7.3	5.8	4.6	3.6	2.9	2.3	1.8
		48	9.1	7.3	5.8	4.6	3.7	2.9	2.3	1.9	1.5
		60	7.3	5.9	4.7	3.7	3.0	2.3	1.8	1.5	1.2
	200	35	16.2	12.0	10.1	8.1	6.5	5.1	4.1	3.2	2.6
		44	12.9	10.2	8.0	6.5	5.2	4.0	3.2	2.6	2.1
		65	10.3	8.1	6.4	5.2	4.2	3.2	2.6	2.1	1.7
		70	8.0	6.4	5.0	4.1	3.3	2.5	2.0	1.6	1.3
	300	45	17.4	13.9	10.9	8.7	7.0	5.4	4.4	3.5	2.8
		50	13.9	11.1	8.7	7.0	5.6	4.3	3.5	2.8	2.2
		63	11.0	8.8	6.9	5.6	4.4	3.4	2.8	2.2	1.8
		70	9.9	7.9	6.2	5.0	3.9	3.1	2.5	2.0	1.6

精磨横向进给量的修正系数

与加工精度和余量有关的修正系数 K_1							与加工材料和砂轮直径有关的修正系数 K_2					
精度等级	直径余量(mm)						工件材料	砂轮直径 d_s(mm)				
	0.11～0.15	0.2	0.3	0.5	0.7	1.0		400	500	600	750	900
IT5	0.4	0.5	0.63	0.9	1.0	1.12	耐热钢	0.55	0.60	0.71	0.80	0.85
IT6	0.5	0.63	0.8	1.0	1.2	1.40	淬火钢	0.80	0.90	1.00	1.10	1.20
IT7	0.63	0.8	1.0	1.25	1.5	1.75	非淬火钢	0.95	1.10	1.20	1.30	1.45
IT8	0.8	1.0	1.25	1.6	1.9	2.25	铸铁	1.30	1.45	1.60	1.75	1.90

注：1. 磨铸铁时，工件回转的圆周速度在建议的范围内取上限。

2. 选择 9 级加工精度的切削用量时，应按粗磨用量校核，如按精磨选择的用量比粗磨用量高，则按粗磨用量选用。

表 9-26　　内圆磨的切削用量

工件回转的圆周速度(m/min)										
磨削工件直径(mm)	10	15	20	30	50	80	120	200	300	400
粗磨	10～20	10～20	10～20	12～24	15～30	18～36	20～40	23～46	28～56	35～70
精磨非淬火钢及铸铁	10～18	12～20	16～32	20～40	25～50	30～60	35～70	40～80	45～90	55～110
精磨淬火钢及耐热钢	10～16	12～20	30～32	25～40	30～50	40～60	45～70	50～80	55～90	60～110

砂轮速度的选择 v_c(m/s)										
砂轮直径(mm)	＜8	9～12	13～18	19～22	23～25	26～30	31～33	34～41	42～49	＞50
磨钢、铸铁时	10	14	18	20	21	23	24	26	27	30

续表

纵向进给量 f_a(mm)						
粗磨			精磨			
$(0.5\sim0.8)b_s$(b_s 为砂轮宽度)			$(0.5\sim0.9)b_s$, $Ra0.8\sim1.6\mu m$		$(0.25\sim0.5)b_s$, $Ra0.4\mu m$	
横向进给量						
	磨削直径 d_ω(mm)	工件圆周速度 v_ω(m/min)	工件每转的纵向进给量 f_{ar}(mm/r)			
			0.5	0.6	0.7	0.8
			工作台一次往复行程的横向进给量 f_{ts}(μm/往复行程)			
粗磨	20	10	8.0	6.7	5.7	5.0
		15	5.3	4.4	3.8	3.3
		20	4.0	3.3	2.9	2.6
	25	10	10.0	8.3	7.2	6.3
		15	6.6	5.5	4.7	4.1
		20	5.0	4.2	3.6	3.1
	30	11	10.9	9.1	7.8	6.8
		16	7.5	6.25	5.35	4.7
		20	6.0	5	4.3	3.8
	35	12	11.6	9.7	8.3	7.2
		18	7.8	6.5	5.6	4.9
		24	5.9	4.9	4.2	3.7
	40	13	12.3	10.3	8.8	7.7
		20	8.0	6.7	5.7	5.0
		26	6.2	5.1	4.4	3.8
	50	14	14.3	11.9	10.2	8.9
		21	9.6	7.95	6.8	6.0
		29	6.9	5.75	4.9	4.3
	80	17	18.8	15.7	13.4	11.7
		25	12.8	10.7	9.2	8.0
		33	9.7	8.1	6.9	6.1
	120	20	24.0	20.0	17.2	15.0
		30	16.0	13.3	11.4	10.0
		40	12.0	10.0	8.5	7.5
	150	22	27.3	22.7	19.5	17.0
		33	18.2	15.2	13.0	11.0
		44	13.8	11.3	9.8	8.5

续表

粗磨	180	25	28.8	24.0	20.6	17.9
		37	19.4	16.2	13.9	12.1
		49	14.7	12.3	10.5	9.2
	200	26	30.8	25.7	22.0	19.2
		38	21.1	17.5	15.1	13.2
		52	15	12.8	11.0	9.6
	250	27	37.0	30.8	26.4	23.1
		40	25.0	20.8	17.8	15.6
		54	18.5	15.4	13.2	11.5
	300	30	40.0	33.3	28.6	25.0
		42	28.6	23.8	20.4	17.8
		55	21.8	18.2	15.6	13.6
	400	33	48.5	40.4	34.5	30.2
		44	36.4	30.3	26.0	22.7
		56	28.6	23.8	20.4	17.9

粗磨横向进给量的修正系数（粗磨）

与砂轮耐用度有关的修正系数 K_1

T(min)	≤1.6	2.5	4	6	10
K_1	1.25	1	0.8	0.62	0.5

与砂轮直径和工作直径有关的修正系数 K_2

d_s/d_w	<0.4	0.4～0.7	>0.7
K_2	0.63	0.8	1

与工件材料和砂轮速度有关的修正系数 K_3

圆周速度(m/s)		18～22.5	22.5～28	28～35
耐热钢	K_3	0.68	0.76	0.85
淬火钢		0.76	0.85	0.95
非淬火钢		0.80	0.90	1.00
铸铁		0.83	0.94	1.05

	磨削直径 d_w(mm)	工件圆周速度 v_w(m/min)	工件每转的纵向进给量 f_{ar}(mm/r)							
			10	12.5	16	20	25	32	40	50
			工作台单行程的横向进给量 f_t(μm/单行程)							
精磨	10	10	3.86	3.08	2.41	1.93	1.54	1.21	0.965	0.775
		13	2.96	2.38	1.86	1.48	1.19	0.93	0.745	0.595
		16	2.41	1.96	1.50	1.21	0.965	0.755	0.605	0.482
	12	10	4.65	3.73	2.92	2.33	1.86	1.46	1.16	0.935
		11	3.6	2.94	2.29	1.83	1.47	1.14	0.915	0.735
		14	2.86	2.29	1.79	1.43	1.14	0.895	0.715	0.572
	16	13	6.22	4.97	3.89	3.11	2.49	2.04	1.55	1.24
		19	4.25	3.40	2.65	2.12	1.70	1.33	1.06	0.85
		26	3.10	2.48	1.95	1.55	1.24	0.97	0.775	0.62

续表

精磨	20	16	6.2	4.9	3.8	3.10	2.50	1.93	1.54	1.23
		24	4.1	3.3	2.6	2.05	1.65	1.29	1.02	0.83
		32	3.1	2.5	1.93	1.55	1.23	0.97	0.77	0.62
	25	18	6.7	5.4	4.2	3.4	2.7	2.1	1.68	1.35
		27	4.5	3.6	2.8	2.2	1.79	1.4	1.13	0.90
		36	3.4	2.7	2.1	1.68	1.34	1.05	0.84	0.67
	30	20	7.1	5.7	4.4	3.5	2.8	2.2	1.78	1.42
		30	4.7	3.8	3.0	2.4	1.9	1.48	1.18	0.95
		40	3.6	2.8	2.02	1.78	1.42	1.11	0.89	0.71
	35	22	7.5	6.0	4.7	3.7	3.0	2.30	1.86	1.49
		33	5.0	4.0	3.1	2.5	2.0	1.55	1.24	1.00
		45	3.7	2.9	2.3	1.82	1.46	1.14	0.91	0.73
	40	23	6.1	5.5	5.1	4.1	3.2	2.50	2.00	1.62
		35	5.3	4.2	3.3	2.7	2.1	1.95	1.32	1.06
		47	3.9	3.2	2.5	1.96	1.58	1.23	0.99	0.79
	50	25	9.0	7.2	5.7	4.5	3.6	2.8	2.30	1.81
		37	6.1	4.9	3.8	3.0	2.4	1.9	1.53	1.22
		60	4.5	3.6	2.8	2.3	1.81	1.41	1.13	0.91
	60	27	9.0	7.9	6.2	4.9	3.9	3.1	2.5	1.96
		41	6.5	5.2	4.1	3.2	2.6	2.0	1.83	1.30
		65	4.8	3.9	3.0	2.4	1.93	1.52	1.21	0.97
	80	30	11.2	8.9	7.0	5.6	4.5	3.5	2.8	2.20
		45	7.7	6.1	4.8	3.8	3.0	2.4	1.9	1.53
		60	5.8	4.6	3.5	2.9	2.3	1.8	1.43	1.15
	120	35	14.1	11.3	8.8	7.1	5.7	4.4	3.5	2.8
		52	9.5	7.6	5.9	4.8	3.8	3.0	2.4	1.9
		70	7.1	5.7	4.4	3.5	2.8	2.2	1.76	1.41
	150	37	16.4	13.1	10.2	8.2	6.5	5.1	4.1	3.3
		56	10.8	8.7	6.8	5.4	4.3	3.4	2.7	2.2
		75	8.1	6.4	5.1	4.1	3.2	2.5	2.0	1.61
	180	38	18.9	15.1	11.8	9.4	7.6	5.9	4.7	3.9
		58	12.4	9.9	7.8	6.2	5.0	3.9	3.1	2.5
		78	9.2	7.4	5.7	4.6	3.7	2.9	2.3	1.84
	200	40	19.7	15.8	12.3	9.9	7.9	6.2	4.9	3.9
		60	13.1	10.5	8.2	6.6	5.2	4.1	3.3	2.6
		80	9.9	7.9	6.2	4.9	4.0	3.1	2.5	2.0

续表

精磨	250	42	23.0	18.4	14.4	11.5	9.2	7.2	5.7	4.6
		63	15.3	12.2	9.6	7.7	6.1	4.8	3.8	3.1
		85	11.3	9.1	7.1	5.7	4.5	3.6	2.8	2.3
	300	45	25.3	20.2	15.8	12.6	10.1	7.9	6.3	5.1
		67	16.9	13.5	10.6	8.5	6.8	5.3	4.2	3.4
		90	12.6	10.1	7.9	6.3	5.1	3.9	3.2	2.5
	400	55	26.6	21.3	16.6	13.3	10.7	8.3	6.7	5.3
		82	17.9	14.3	11.2	9.0	7.2	5.6	4.5	3.6
		110	13.3	10.6	8.3	6.7	5.3	4.2	3.3	2.7

<table>
<tr><th colspan="14">精磨横向进给量的修正系数</th></tr>
<tr><td colspan="6">与加工精度和余量有关的 K_1</td><td colspan="3">与工件材料和表面形状有关的 K_2</td><td colspan="5" rowspan="3">与磨削长度和直径比有关的 K_3</td></tr>
<tr><td rowspan="2">精度等级</td><td colspan="5">直径余量(mm)</td><td rowspan="2">工件材料</td><td colspan="2">表面</td></tr>
<tr><td>0.2</td><td>0.3</td><td>0.4</td><td>0.50</td><td>0.8</td><td>无圆角</td><td>有圆角</td></tr>
<tr><td>IT5</td><td>0.50</td><td>0.69</td><td>0.80</td><td>1.00</td><td>1.25</td><td>耐热钢</td><td>0.7</td><td>0.56</td><td rowspan="2">L_ω/d_ω</td><td rowspan="2">≤1.24</td><td rowspan="2">≤1.6</td><td rowspan="2">≤2.5</td><td rowspan="2">≤4</td></tr>
<tr><td>IT6</td><td>0.63</td><td>0.80</td><td>1.00</td><td>1.25</td><td>1.60</td><td>淬火钢</td><td>1.0</td><td>0.75</td></tr>
<tr><td>IT7</td><td>0.80</td><td>1.00</td><td>1.25</td><td>1.60</td><td>2.00</td><td>非淬火钢</td><td>1.2</td><td>0.90</td><td rowspan="2">K_3</td><td rowspan="2">1.0</td><td rowspan="2">0.87</td><td rowspan="2">0.76</td><td rowspan="2">0.67</td></tr>
<tr><td>IT8</td><td>1.00</td><td>1.26</td><td>1.60</td><td>2.00</td><td>2.50</td><td>铸铁</td><td>1.6</td><td>1.20</td></tr>
</table>

注:1. 精磨的横向进给量不应大于粗磨的横向进给量。

2. 工作台单行程的横向进给量为 f_{ts}除以 2。

表 9-27　　平面磨削砂轮速度的选择

磨削形式	工件材料	粗磨	精磨	磨削形式	工件材料	粗磨	精磨
圆周磨削	灰铸铁	20～22	22～25	端面磨削	灰铸铁	15～18	18～20
	钢	22～25	25～30		钢	18～20	20～25

表 9-28　　用砂轮端面磨平面的切削用量

在圆台平面磨床上,工作台的磨削深度进给量 f(mm/r)													
折合的磨削宽度(mm)	工件的运动速度 v(m/min)												
	粗磨平面							精磨平面					
	10	12	15	20	25	30	40	10	15	20	25	30	40
20	0.065	0.054	0.044	0.033	0.026	0.022	0.016	0.024	0.016	0.012	0.0097	0.0081	0.0061
30	0.048	0.040	0.032	0.024	0.019	0.016	0.012	0.020	0.013	0.010	0.0078	0.0065	0.0049

续表

50	0.033	0.027	0.022	0.016	0.013	0.011	0.0083	0.015	0.010	0.0076	0.0061	0.0051	0.0038
80	0.023	0.019	0.015	0.012	0.0093	0.0078	0.0058	0.012	0.0081	0.0061	0.0048	0.0040	0.0030
120	0.017	0.014	0.011	0.0086	0.0068	0.0057	0.0043	0.010	0.0065	0.0049	0.0039	0.0032	0.0024
200	0.012	0.0097	0.0077	0.0046	0.0046	0.0039	0.0029	0.0077	0.0052	0.0039	0.0030	0.0025	0.0019
300	0.0086	0.0071	0.0057	0.0034	0.0034	0.0028	0.0021	0.0062	0.0042	0.0030	0.0024	0.0020	0.0015

注：1. 粗磨非淬火钢及铸铁时，v 取 10～20m/min；粗磨淬火钢及铸铁时，v 取 25～40m/min。

2. 精磨非淬火钢及铸铁时，v 取 10～25m/min；精磨淬火钢及铸铁时，v 取 15～40m/min。

3. 精磨进给量不应超过粗磨进给量。

六、拉削及螺纹加工切削用量的选择（见表 9-29、表 9-30）

表 9-29　　攻螺纹的切削用量

螺纹直径（mm）	螺距（mm）	丝锥类型及材料				
		高速钢螺母丝锥 W18Cr4V		高速钢机动丝锥 W18Cr4V		
		碳钢（σ_b=0.49～0.784GPa）	碳钢、镍铬钢（σ_b=0.735GPa）	碳钢（σ_b=0.49～0.784GPa）	碳钢、镍铬钢（σ_b=0.735GPa）	灰铸铁（190HBW）
		切削速度 v(m/min)				
5	0.5	12.5	11.3	9.4	8.5	10.2
	0.8			6.3	5.7	6.8
6	0.75	15.0	13.5	8.3	7.5	8.9
	1.00			6.4	3.8	6.9
8	1.00	20.0	18.0	9.0	8.2	9.8
	1.25			7.4	6.7	8.0
10	1.0	25.0	22.5	11.8	10.7	8.0
	1.5			8.2	7.4	12.9
12	1.25	26.6	24.0	8.9	8.0	9.6
	1.75	23.4	21.1	12.6	11.3	12.5
14	1.5	27.4	24.7	12.6	11.3	12.5
	2.0	23.7	21.4	9.7	8.7	10.2
16	1.5	29.4	26.4	15.1	13.6	15.5
	2.0	25.4	22.9	11.7	10.5	12.0

续表

20	1.5	33.2	29.4	19.3	17.3	20.3
	2.0	28.4	25.5	14.9	13.4	15.7
	2.5	25.8	22.6	12.1	10.9	12.8
24	1.5	35.8	32.1	25.0	21.6	25.2
	2.0	31.1	27.9	18.6	16.7	19.3
	2.5	27.8	24.8	15.1	13.6	15.9

表 9-30　　拉削的切削用量

拉削进给量(单面齿升量)(mm/齿)

拉刀形式	钢 σ_b(GPa)			铸铁 σ_b(GPa)	
	≤0.49	0.49～0.735	>0.735	灰铸铁	可锻灰铸铁
圆柱拉刀	0.01～0.02	0.015～0.08	0.01～0.025	0.03～0.08	0.05～0.10
三角形及渐开线花键拉刀	0.03～0.05	0.04～0.06	0.03～0.05	0.04～0.08	0.05～0.08
键槽拉刀	0.05～0.15	0.05～0.20	0.05～0.12	0.06～0.20	0.06～0.20
直角及平面拉刀	0.03～0.12	0.05～0.15	0.03～0.12	0.06～0.20	0.05～0.15
型面拉刀	0.02～0.05	0.03～0.06	0.02～0.05	0.03～0.08	0.05～0.10
正方形及六角形拉刀	0.015～0.08	0.02～0.150	0.015～0.12	0.03～0.14	0.05～0.15

拉削速度(m/min)

速度组	圆柱拉刀		花键拉刀		外表面及键槽拉刀		各种类型拉刀
	*Ra*2.5μm 或 7 级公差	*Ra*5～10μm 或 9 级公差	*Ra*2.5μm 或 7 级公差	*Ra*5～10μm 或 9 级公差	*Ra*2.5μm 或公差值 0.03～0.05mm	*Ra*5～10μm 或公差值 >0.05mm	*Ra*1.25μm *Ra*0.63μm
Ⅰ	6～4	8～5	5～4	8～5	7～4	10～5	4～2.5
Ⅱ	5～3.5	7～5	4.5～3.5	7～5	6～4	8～6	3～2
Ⅲ	4～3	6～4	3.5～3	6～4	5～3.5	7～5	2.5～2
Ⅳ	3～2.5	4～3	2.5～2	4	3.5～3	4	2

第二节 时间定额的估算

一、时间定额的组成及工时计算(见表 9-31)

机械加工的时间定额是指在一定条件下,规定生产一件产品或完成一道工序所需要的时间。时间定额的制定要科学合理,应考虑能最有效地利用生产工具,并参照操作者的实践经验。

表 9-31 时间定额的组成及工时计算(JB/Z 338.6-88)

<table>
<tr><th colspan="2">项目</th><th colspan="2">内容</th></tr>
<tr><td rowspan="2">作业时间 T_B</td><td>基本时间 T_b</td><td colspan="2">直接用于改变生产对象的尺寸、形状、相对位置、表面状态或材料性质等工艺过程所消耗的时间,如机器制造业中的铸、锻、焊、金属切削加工、装配等作业时间</td></tr>
<tr><td>辅助时间 T_a</td><td colspan="2">为保证基本工艺过程的实现,必须进行的各种辅助性操作所消耗的时间,如机械加工工序中装卸工件、进退刀、测量、自检、转换刀架、开停车等操作</td></tr>
<tr><td colspan="2">布置工作地时间 T_s</td><td colspan="2">操作者用于照管工作地,使之保持正常的工作状态和良好的工作环境所消耗的时间,一般按工作时间的2%~7%计算。例如上班领取工具、接受任务、试车、加油、设备的清洗保洁,下班填写生产记录,交接班,在加工过程中,调整刀具、清洗切屑等</td></tr>
<tr><td colspan="2">休息及生理需要时间 T_r</td><td colspan="2">操作者为恢复体力和满足生理上的需要所消耗的时间,一般按作业时间的2%~7%计算。如正常休息、喝水、入厕等</td></tr>
<tr><td colspan="2">准备与结束时间 T_e</td><td colspan="2">操作者为生产一批产品或零件进行准备和结束工作所需要的时间,如每批工件的数量为 n,平均到每个工件的准备和结束时间为 $T_{e/n}$,当 n 足够大时,可忽略不计</td></tr>
<tr><td colspan="2" rowspan="2">工时计算</td><td>工时类别</td><td>计算公式</td></tr>
<tr><td>单件工时 T_p
成批生产单件工时 T_c
大量生产单件工时 T_c</td><td>单件:$T_p=T_B+T_s+T_r=T_a+T_b+T_s+T_r$
成批:$T_c=T_p+T_{e/n}=T_a+T_b+T_s+T_r+T_{e/n}$
大量:$T_c=T_p=T_a+T_b+T_s+T_r$</td></tr>
</table>

二、基本时间的计算(见表 9-32)

表 9-32　　常见加工方法基本时间的计算

加工示意图	计算公式	说明
车外圆和镗孔基本时间的计算		
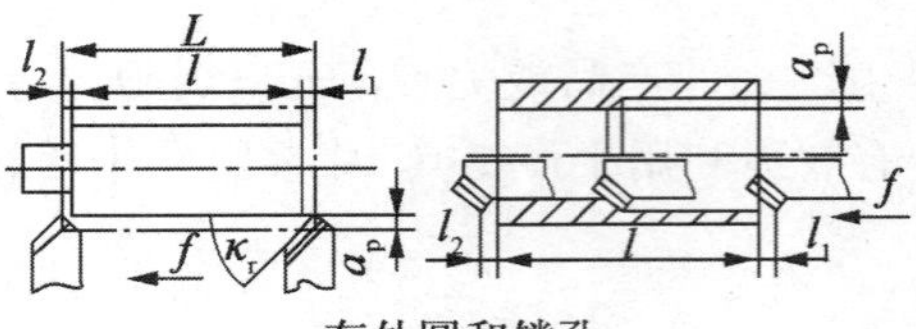 车外圆和镗孔	$t_j=\frac{L}{fn}i=\frac{l+l_1+l_2}{fn}i$ $l_1=a_P/\tan\kappa_r+(2\sim3)(mm)$ $l_2=3\sim5mm$	①当加工到台阶时，$l_2=0$ ②$\kappa_r=90°$时 $l_2=2\sim3mm$ ③i 为进给次数
钻削基本时间的计算		
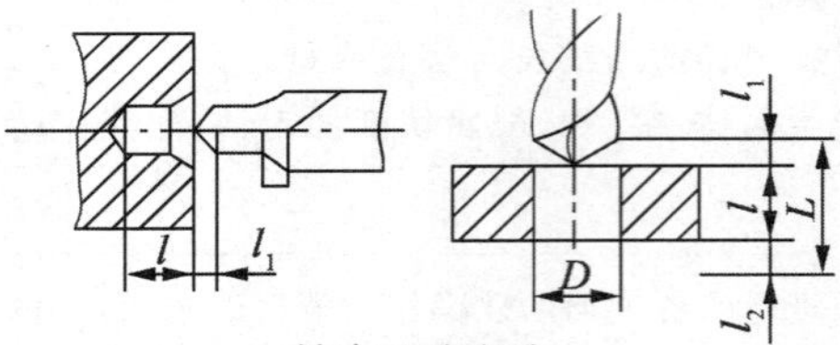 钻中心孔和孔	$t_j=\frac{L}{fn}i=\frac{l+l_1+l_2}{fn}$ 式中：$l_1=(D/2)\cot\kappa_r+(1\sim2)(mm)$ $l_2=1\sim4mm$	①钻中心孔和不通孔时，$l_2=0$ ②D 为孔径(mm)
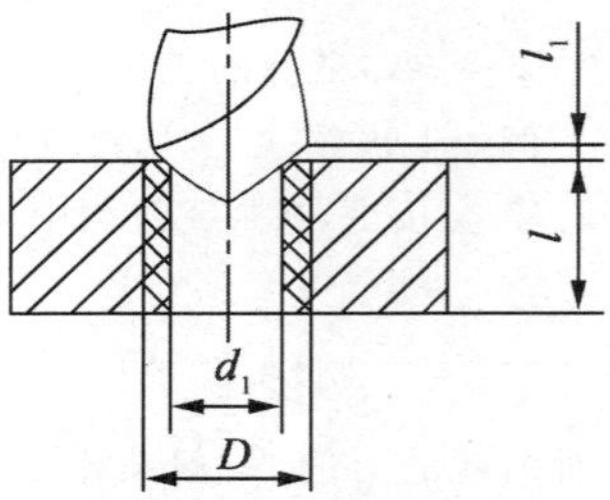 钻孔、扩孔和铰圆柱孔	$t_j=\frac{L}{fn}i=\frac{l+l_1+l_2}{fn}$ 式中：$l_1=\frac{D-d_1}{2}\cot\kappa_r+(1\sim2)(mm)$	①钻、扩和铰不通孔时，$l_2=0$ ②扩钻、扩孔时，$l_2=2\sim4mm$；铰圆柱孔时，l_1、l_2 见表 9-33 ③d_1 为扩、铰前的孔径，D 为扩、铰后的孔径，单位：mm
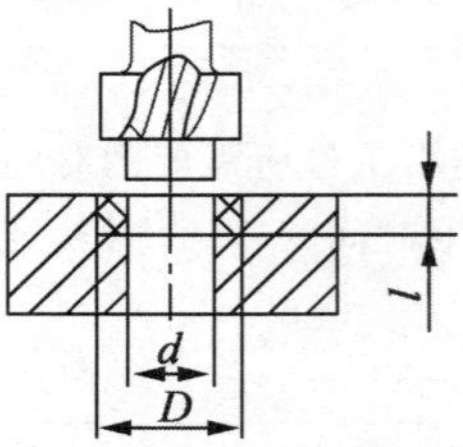	$t_j=\frac{L}{fn}=\frac{l+l_1}{fn}$ 式中：$l_1=1\sim2mm$	锪倒角、锪沉头孔、锪凸台
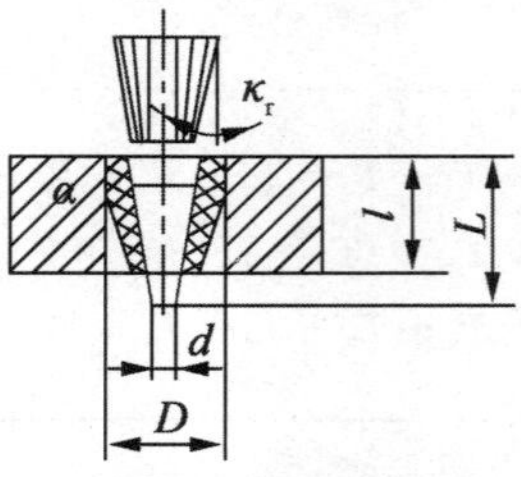 扩孔和铰圆锥孔	$t_j=\frac{L}{fn}i=\frac{l+l_1+l_2}{fn}$ $L_p=\frac{D-d_2}{2\tan\kappa_r}$	①L_p 为行程计算长度(mm) ②κ_r 为主偏角，α 为圆锥角，$\kappa_r=\frac{\alpha}{2}$

续表

丝锥攻螺纹基本时间的计算		
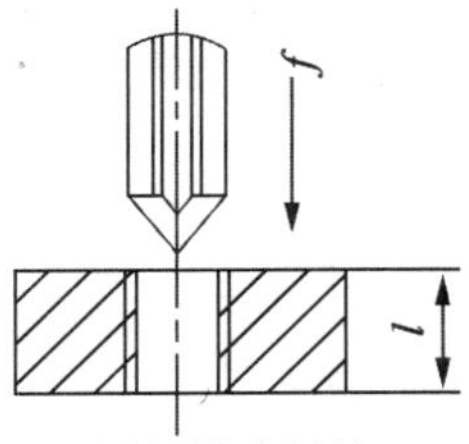 用丝锥攻螺纹	$t_j=\left(\frac{l+l_1+l_2}{fn}+\frac{l+l_1+l_2}{fn_0}\right)i$ 式中：$l_1=(1\sim3)P$ $l_2=(2\sim3)P$ 攻盲孔时，$l_2=0$	n_0 为丝锥或工件回程的转速，单位：r(min)。i 为使用丝锥的数量。n 为丝锥或工件的转速，单位：r(min)。P 为加工螺纹的螺距
铣削基本时间的计算		
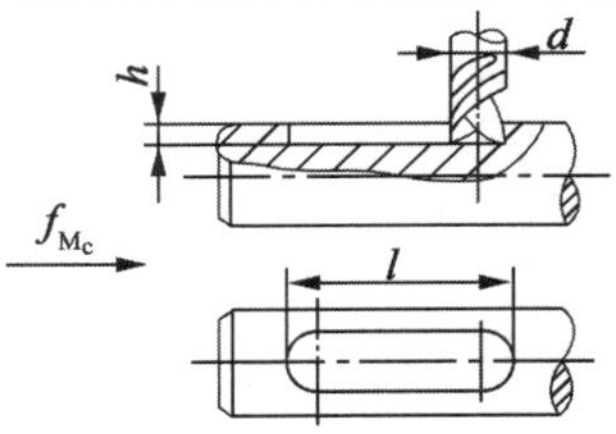 铣键槽(两端封口)	$t_j=\frac{l-d}{f_{M_c}}+\frac{h+l_1}{f_{M_c}}$ $l_1=1\sim2$mm	f_{M_c} 为工作台的垂直进给量(mm/min)
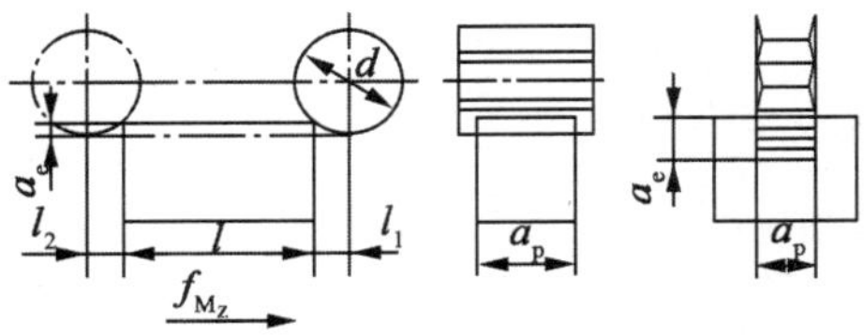 圆柱铣刀铣平面、三面刃铣刀铣槽	$t_j=\frac{l+l_1+l_2}{f_{M_z}}$ 式中：$l_1=\sqrt{a_e(d-a_e)}+(1\sim3)$(mm) $l_2=2\sim5$mm	式中：f_{M_z} 为工作台的水平进给量(mm/min)
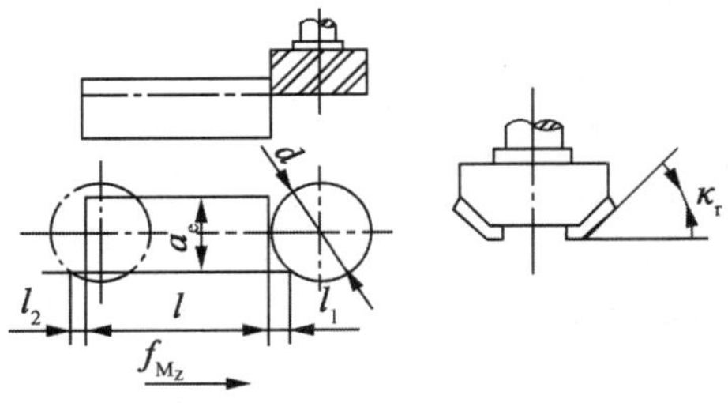 面铣刀铣平面(对称铣削)	$t_j=\frac{l+l_1+l_2}{f_{M_z}}$ 式中：f_{M_z} 为工作台的水平进给量(mm/min)	当主偏角为 90°时 $l_1=0.5(d-\sqrt{d^2-a_e^2})+(1\sim3)$(mm) 当主偏角小于 90°时 $l_1=0.5(d-\sqrt{d^2-a_e^2})+\frac{a_P}{\tan\kappa_r}+(1\sim2)(mm)$ $l_2=3\sim5$mm
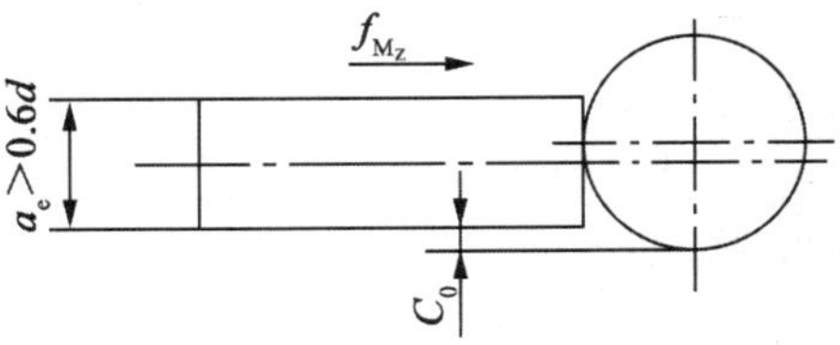 面铣刀铣平面(非对称铣削)	$t_j=\frac{l+l_1+l_2}{f_{M_z}}$ 式中： $l_1=0.5d-\sqrt{C_0(d-C_0)}+(1\sim3)$(mm) $C_0=(0.03\sim0.05)d$ $l_2=3\sim5$mm	f_{M_z} 为工作台的水平进给量(mm/min)

续表

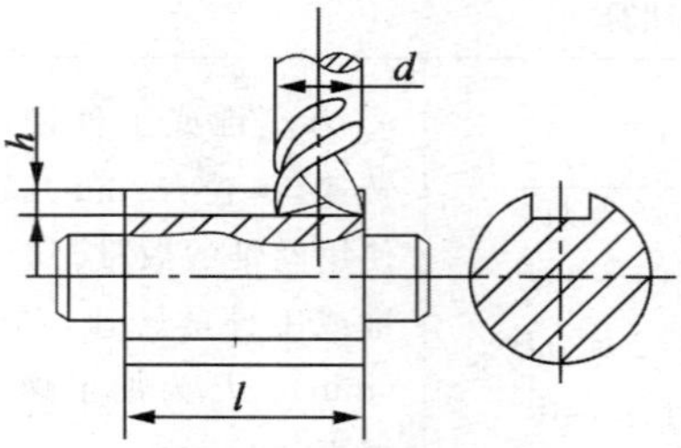 铣键槽(两端开口)	$t_j=\dfrac{l+l_1+l_2}{f_{M_z}}$ 式中：$l_1=0.5d+(1\sim2)$(mm) $l_2=1\sim3$mm $i=h/a_P$	①h 为键槽深度(mm) ②l 为铣削轮廓的实际长度(mm) ③通常 $i=1$，即一次铣削到深度
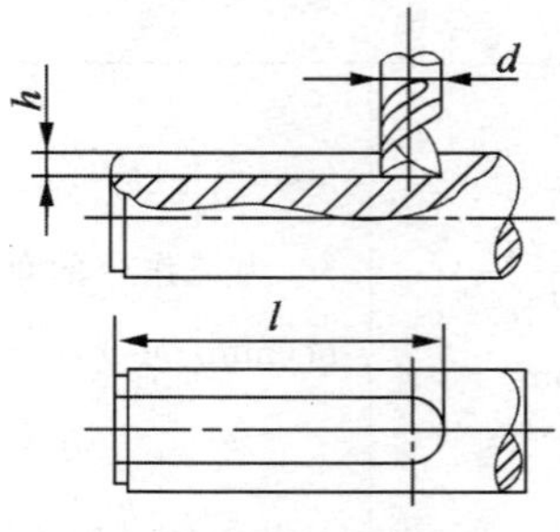 铣键槽(一端开口)	$l_2=0$，其余计算同上	

三、常见加工方法的切入及切出行程(见表 9-33)

表 9-33　　**常见加工方法的切入及切出行程**

铰孔切入及切出行程(mm)

背吃刀量 a_P(mm)	与主偏角 κ_r 有关的切入长度 l_1					切出长度 l_2
	3°	5°	12°	15°	45°	
0.05	0.95	0.57	0.24	0.19	0.05	13
0.10	1.90	1.10	0.47	0.37	0.10	15
0.125	2.40	1.40	0.59	0.48	0.125	18
0.15	2.90	1.70	0.71	0.56	0.15	22
0.20	3.80	2.40	0.95	0.75	0.23	28
0.25	4.80	2.90	1.20	0.92	0.25	39
0.30	5.70	3.40	1.40	1.10	0.30	45

背吃刀量 $a_P=(D-d)/2$。对于 $D\leqslant18$mm 的铰刀，l_1 要增加 0.5mm；对于 $D=17\sim35$mm 的铰刀，l_1 要增加 1mm；对于 $D=36\sim80$mm 的铰刀，l_1 要增加 2mm。加工直孔时，$l_2=0$

圆柱铣刀铣平面的切入及切出行程(mm)

铣削宽度 a_c	与铣刀直径 d 有关的切入及切出行程长度						
	50	63	80	100	125	160	200

1.0	9	10	11	13	14	16	16
2.0	12	13	15	17	19	21	22
3.0	14	16	17	20	22	25	26
4.0	16	17	20	23	25	28	29
5.0	17	19	21	25	27	30	32
6.0	18	21	23	27	29	33	36
8.0	21	23	26	30	33	37	41
10.0	22	25	28	33	36	41	46
15.0	—	—	33	39	43	49	54
20.0	—	—	—	43	48	55	62
25.0	—	—	—	—	52	60	68
30.0	—	—	—	—	—	65	73

面铣刀铣平面时的切入及切出行程(mm)

铣削宽度 a_c	与铣刀直径 d 有关的切入及切出行程长度 l_1+l_2							铣削宽度 a_c	与铣刀直径 d 有关的切入及切出行程长度 l_1+l_2						
	80	100	125	160	200	250	315		80	100	125	160	200	250	315
10	4	—	—	—	—	—	—	140	—	—	—	50	33	26	22
20	5	—	—	—	—	—	—	160	—	—	—	—	44	33	27
30	8	—	—	—	—	—	—	180	—	—	—	—	60	42	33
40	12	7	7	7	6	—	—	200	—	—	—	—	—	54	40
50	18	9	9	9	9	8	—	220	—	—	—	—	—	71	47
60	—	12	11	11	9	8	—	240	—	—	—	—	—	94	59
80	—	20	17	15	13	11	10	260	—	—	—	—	—	—	72
100	—	—	27	23	18	15	13	280	—	—	—	—	—	—	88
120	—	—	44	34	24	20	16	300	—	—	—	—	—	—	110

四、典型动作辅助时间定额参考值(见表 9-34)

表 9-34　典型动作辅助时间定额参考值　单位:min

动作	时间	动作	时间
拿取工件并放在夹具上	0.5～1.0	用划线针找正并锁紧工件	0.2～0.3
拿取扳手、启动和调节切削液	0.05～0.10	取下顶尖或转换钻头	0.2
手动夹紧工件	0.5～1.0	打开或关上回转压板或钻模板	0.5
气(液)动夹紧工件,工件快速趋近刀具	0.02～0.05	调整尾座偏心或刀架角度,以便车锥度	0.5
启动机床、变速或变换进给量、放下清扫工具	0.02	拿镗杆将其穿过工件和镗模并连接在主轴上	1
接通或断开自动进给、放下量具或拿清扫工具	0.03	在钻头、铰刀、丝锥上刷油	0.1
工件或刀具退离并复位	0.04～0.05	根据手柄刻度调整进给量,用压缩空气吹净夹具	0.05
变换刀架或转换方位	0.95	移动摇臂和钻头对准钻套	0.05～0.08
放松—移动—锁紧尾座	0.4～0.5	更换普通钻套,用内径千分尺测量一个孔径	0.3
更换夹具导套、测量一个尺寸(用极限量规)	0.10	用斜楔从主轴中打出锥柄钻头	0.5
更换快换刀具(钻头、铰刀)	0.1～0.2	回转钻模转换方位	0.3～0.5
取量具	0.04	在工作台上用手翻转钻模,用深度尺测量孔深	0.2
清扫工件或清扫夹具定位基面	0.1～0.2	更换单铣刀	8
手动放松夹紧	0.5～0.8	更换组合铣刀	15
气(液)动放松夹紧	0.02～0.4	摇动分度头分度	0.15
操作伸缩式定位件或调整一个辅助支承	0.02～0.05	调整牛头刀架以便刨斜面	0.4
关闭或移开磨床防护罩	0.02	穿系或解开起吊绳索	0.5～1.0
清理磁性工作台以便安装工件	0.5	取下工件	0.2～0.8
将拉刀穿过工件并固定在夹头上	0.1		

注:1. 以上数据是使用通用设备,加工中小零件得到的。

2. 表中未给出的动作,可参考表中类似的动作确定其辅助时间,如“停止机床”时间可参考“启动机床”的时间。

第十章　工艺文件的组成

第一节　工艺文件

在完成了一个零件的机械加工工艺路线的拟订后，就要确定各个工序的具体内容，例如确定工序尺寸及公差、工序余量，选择工艺装备、切削用量、时间定额等。在此基础上，工艺人员要将所设计选择的内容以图表、卡片和文字资料等工艺文件的形式表现出来。工艺文件的形式较多，各工厂也有自己的习惯格式，归纳起来最常用的有三种。我们这里推荐使用原机械工业部在1998年颁布的标准格式。

(1)机械加工工艺过程卡片(简称过程卡)以工序为基本单元，简要说明被加工工件的加工工艺路线，完成各工序所在的车间和工段，主要用来表示工件的加工流向，为安排生产、组织生产提供依据，一般用在单件小批生产中，见表10-1。

(2)机械加工工序卡片(简称工序卡)是在过程卡片的基础上，分别为每一道机械加工工序设计的工艺文件，其内容比较详细，用来具体指导操作者进行生产，主要用在大批量生产中，在成批生产中比较重要的工序有时也需要填写工序卡，见表10-2。

(3)检验卡片是质量检验人员使用的工艺文件，它表明该工序所需要检验的表面和应该达到的技术要求，见表10-3。

表 10-1 机械加工工艺过程卡片

单位名称	机械加工工艺过程卡片	产品型号		零件图号			
		产品名称		零件名称		共　页	第　页

材料牌号		毛坯种类		毛坯外形尺寸	毛坯可制件数		每台件数		备注	

工序号	工序名称	工序内容	车间	工段	设备	工艺装备	工时	
							准终	单件

										设计（日期）	审核（日期）	标准化（日期）	会签（日期）
标记	处数	更改文件号	签字	日期	标记	处数	更改文件号	签字	日期				

表 10-2 **机械加工工序卡片**

单位名称	机械加工工序卡片	产品型号		零件图号			
		产品名称		零件名称		共 页	第 页

（工序简图）

车间	工序号	工序名称	材料牌号
毛坯种类	毛坯外形尺寸	每毛坯可制件数	每台件数
设备名称	设备型号	设备编号	同时加工件数

夹具编号	夹具名称	切削液	
工位器具编号	工位器具名称	工序工时	
		准终	单件

工步号	工步内容	工艺装备	主轴转速（r/min）	切削速度（mm/min）	进给量（mm/r）	背吃刀量（mm）	进给次数	工步工时	
								机动	辅助

										设计（日期）	审核（日期）	标准化（日期）	会签（日期）
标记	处数	更改文件号	签字	日期	标记	处数	更改文件号	签字	日期				

表 10-3 检验卡片

单位名称			检验卡片	产品型号		零件图号			
				产品名称		零件名称		共　页	第　页
工序号	工序名称	车间	检验项目	技术要求	检验手段	检验方案	检验操作要求		

										设计（日期）	审核（日期）	标准化（日期）	会签（日期）
标记	处数	更改文件号	签字	日期	标记	处数	更改文件号	签字	日期				

注:这三个表格是根据 JB/T 9165.2-1998 进行绘制的,给出了各种卡片所包含的项目。因篇幅所限,具体每个项目在表格的比例没有按标准格式绘制,需要使用标准格式的卡片,请参考具体标准绘制。

第二节　工序卡片的填写

在上节三个常用的工艺文件中，有许多内容是相似甚至相同的，例如卡片头部分中的生产单位、产品名称、零件名称、零件图号、材料、工序名称、工序号、车间、工段等，没有什么特殊的专业技术难度。工艺过程卡片的重点在工艺过程的编排上；而工序卡片的重点在工序内容的具体表示上，有一定的专业技术难度。

一、工序卡片的主要内容

作为每道工序的指导性文件，工序卡片需要填写的内容如下：

1. 卡片头

工步内容栏以上的表格部分，主要表明零件的非工艺性信息。对于教学单位等，学生在填写时可以有选择性地填写。

2. 工序简图

工序简图为工序卡片的核心部分之一，要认真绘制、填写，表 10-4 列出了在工序简图中需要重点表示的内容和表示方法。

表 10-4　　工序简图及其表示的内容和表示方法

工序简图示例	说明
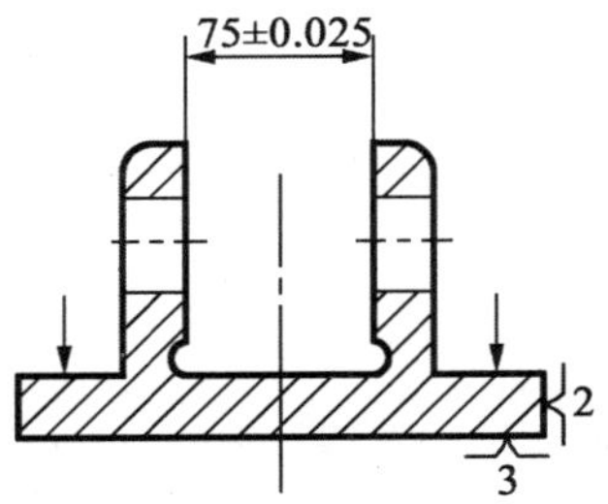 铣加工两侧面	用适当的比例，按本工序的加工位置绘制工序简图。所谓的加工位置就是指在正常的加工情况下，从操作者的角度，水平审视被加工工件的位置作为工序简图的主视图，并根据需要可适当绘制其他视图
	用粗实线表示被加工表面的位置、形状和大小；用细实线表示零件的内外轮廓和剖切表面
	以专用的定位符号表示本工序的定位形式和限制工件自由度数量
	用规定的夹紧力符号表示夹紧力的方向、作用点和夹紧力的来源
	标注工序尺寸、加工表面粗糙度要求，如果有形位公差要求也要标注

3. 工步号及其内容

工序卡片的内容以工步为基本单元，要求比较详细地填写出每一个工步的顺序号、名称、工步内容以及每一个工步的切削用量、使用的工艺装备和工时定额。对于教学单位使用时，工时定额只填写基本时间。

4. 其他内容

其他内容主要包括本工序所选用的机床及其型号、刀具及其牌号、夹具的种类和选用的量具、检具的名称及其精度等级等。

二、检验卡片

检验卡片重点表现哪些加工精度和技术要求需要检验，以及检验的方法和标准。

三、零件的常见测量方法和量具

表 10-5 列出了零件的常见测量方法和量具。

表 10-6 列出了表面粗糙度的测量方法、特点及应用。

表 10-5　　零件的常见测量方法和量具

方法	图示	量具及测量方法说明
直线度误差的常用测量方法		
间隙法	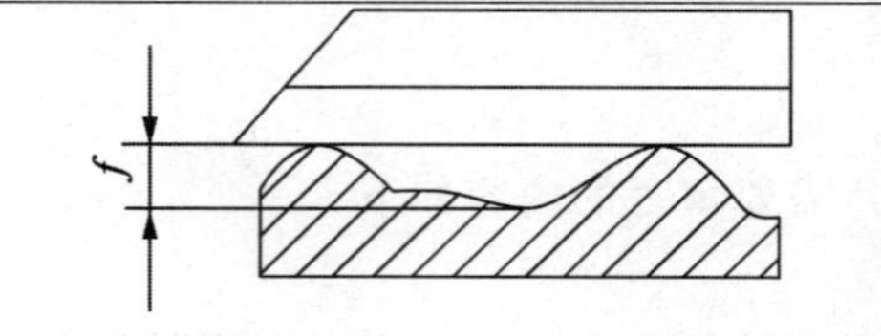	量具：刀口尺、样板平尺 测量方法：以量具作为理想要素，与被测量要素贴合，观测光隙的大小直接测量出直线度误差。适用于测量长度小于 300mm 的零件
平板测微仪法	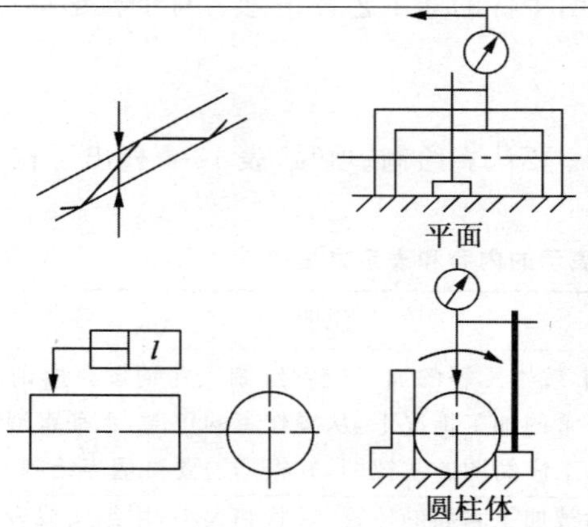	量具：测微仪 测量方法：以测量平板或平尺为理想要素，用测微仪测量被测线上各点相对测量平板的变动量。适用于中小型零件
分段测量法	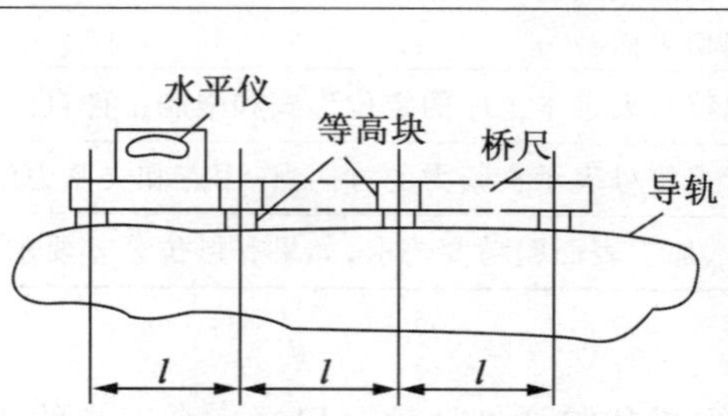	量具：水平仪或直准仪 测量方法：按节距沿被测量要素移动分段测量，由各段的测量中值求出全长的直线度误差。适用于中长导轨水平方向的直线度测量
平面度误差的常用测量方法		
平板测微仪法	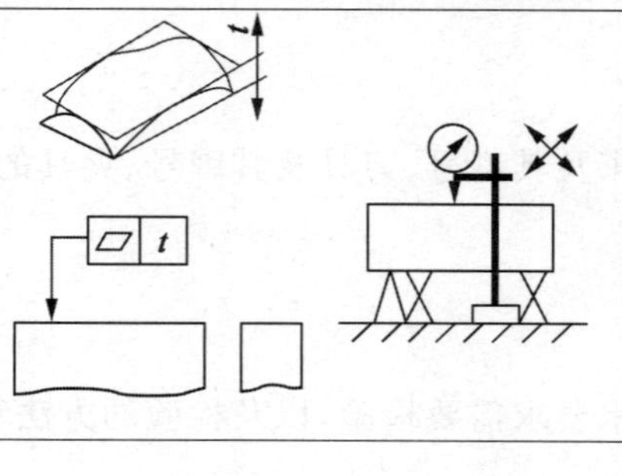	量具：测微仪 测量方法：以测量平板工作表面为理想要素，用带架的测微仪测出各点对测量基面的偏离量。适用于中小型平面

续表

<table>
<tr><td>平晶干涉法</td><td>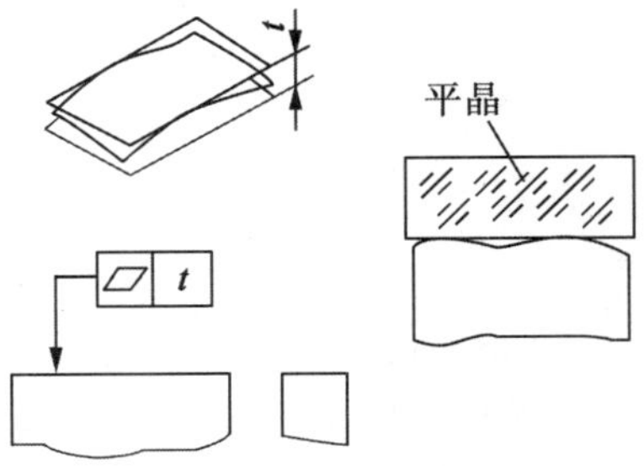
</td><td>量具:光学平晶
测量方法:以光学平晶的工作面为测量基面,用光波干涉原理测得平面度误差。适用于精研小平面</td></tr>
<tr><td>水平仪测量法</td><td>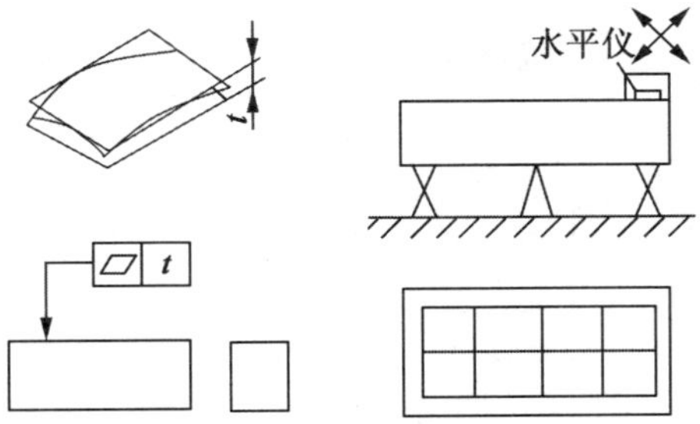
</td><td>量具:水平仪
测量方法:以水平面作为测量基准,按一定布线测得相邻点高度差,再换算出各点对同一水平面的高度差值</td></tr>
<tr><td colspan="3">圆度误差的常用测量方法</td></tr>
<tr><td>投影比较法</td><td>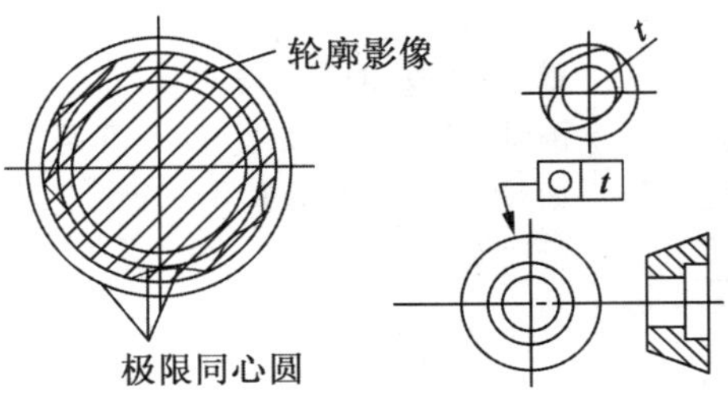
</td><td>量具:极限同心圆
测量方法:将被测量要素的投影与极限同心圆比较。适用于薄型或刃口形边缘圆度测量的小型零件</td></tr>
<tr><td>圆度仪测量法</td><td>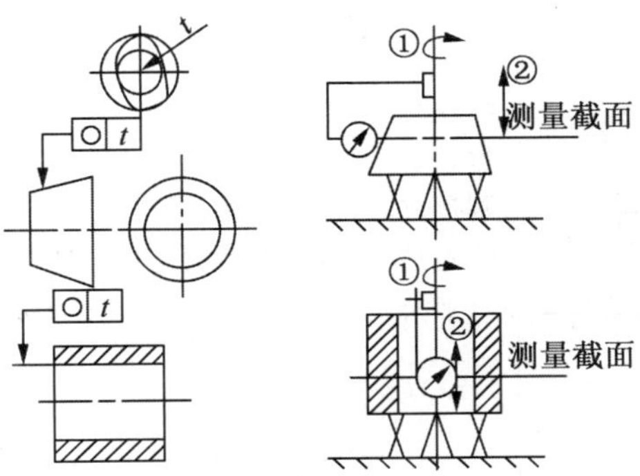
</td><td>量具:圆度仪或光学分度头、分度台
测量方法:用精密回转轴上的一个动点(测头)所产生的理想圆与被测实际轮廓比较,测得半径变动量。适用于测量精度要求较高的零件</td></tr>
</table>

续表

多点测量法	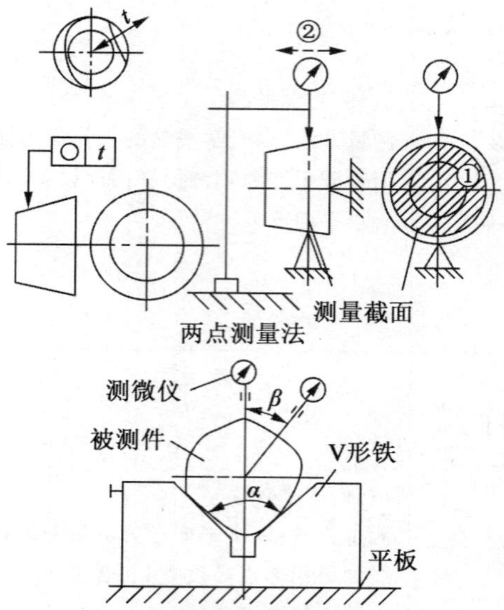 两点测量法 顶点式三点测量法	①两点法：按测量特征参数的原则，在被测圆周上通过对径上两点或两固定支承和一测头共 3 点进行测量，确定圆度误差，此法用来测量被测量轮廓为偶数棱的圆度误差 ②三点测量法：用来测量奇数棱的圆度误差，或者组合用来测量不知道具体棱数的轮廓
平行度误差的常用测量方法		
在平板上测量	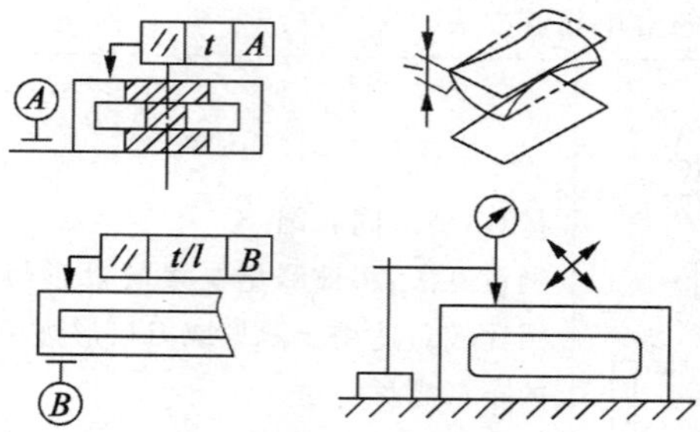 面对面的平行度测量	量具：平板、测微仪等 测量方法：在平板上，以一个面为测量基准面，用测量仪器测量另一个相对基准面的平行度误差
在平板上测量	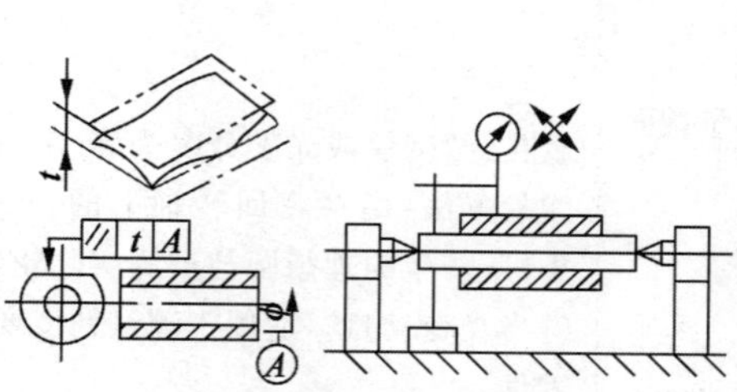 面对线的平行度测量	量具：平板、测微仪等 测量方法：在平板上，用一个支承保证心轴轴线与平板平行，作为测量基准，用测量仪器测量平面相对基准面的平行度误差

续表

在平板上测量	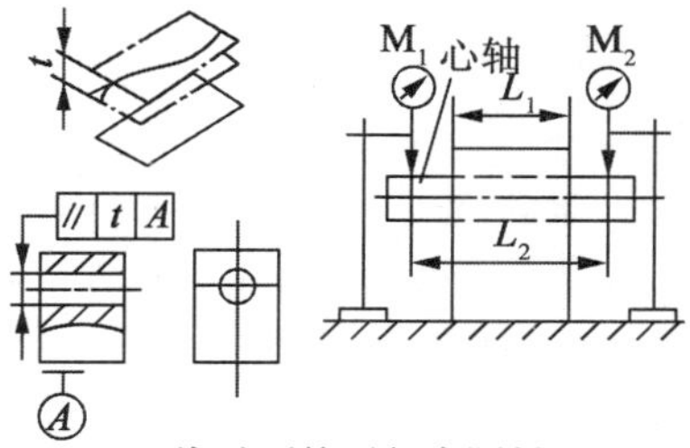 线对面的平行度测量	量具：平板、心轴、测微仪等 测量方法：以面为测量基准，放置在平板上，用测量仪器测量心轴的侧母线，测量平面与轴线的平行度误差
在平板上测量	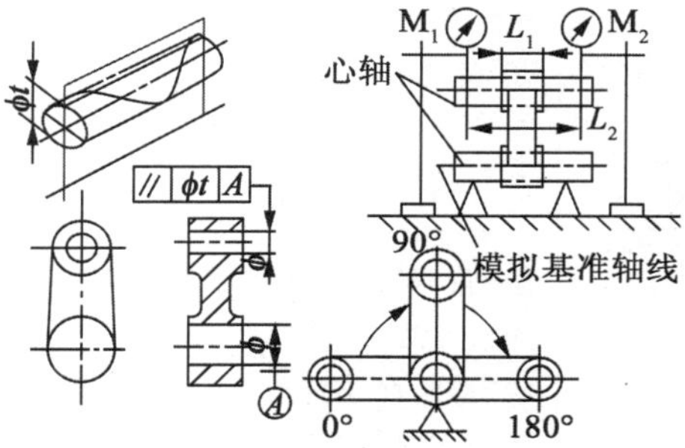 线对线的平行度测量	量具：平板、心轴（多个）、测微仪等 测量方法：以一个心轴轴线为模拟基准，保持与平板平行，用测量仪器分别在 0°、90°、180° 三个位置测量另一个心轴的侧母线，测量轴与轴线的平行度误差
垂直度误差的常用测量方法		
在平板上测量	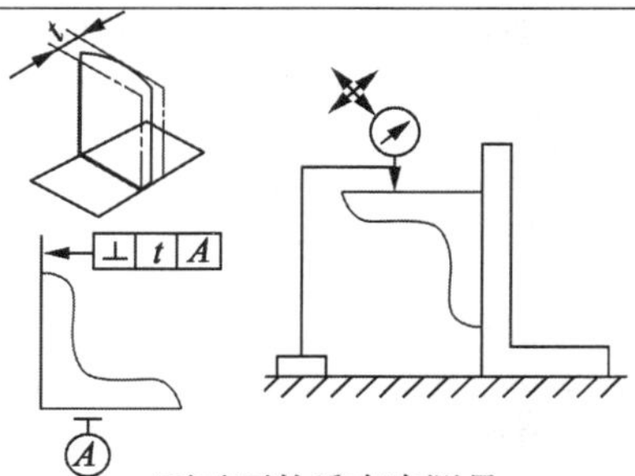 面对面的垂直度测量	量具：平板、方箱或直角板、测微仪等 测量方法：以一个平面为基准，放置在方箱或直角板立面上，以平板为测量基准，用测量仪器测量另一个平面，测出两平面的垂直度误差
在平板上测量	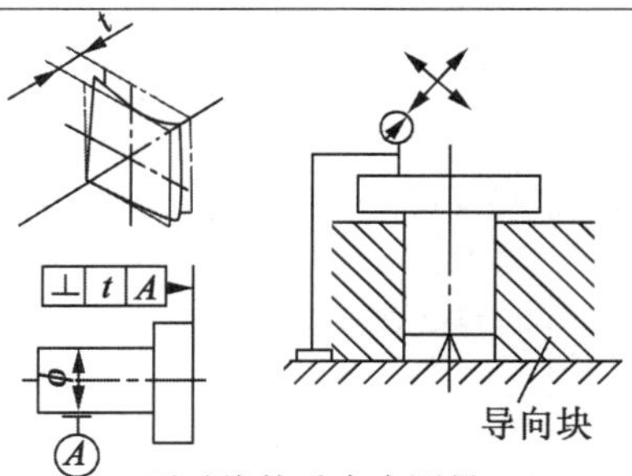 面对线的垂直度测量	量具：平板、标准导向块、测微仪等 测量方法：以准导向块与轴线的外圆或内孔的配合为基准，保证其与平板垂直，用测量仪测量平面，测出平面与轴线的垂直度误差

续表

在平板上测量	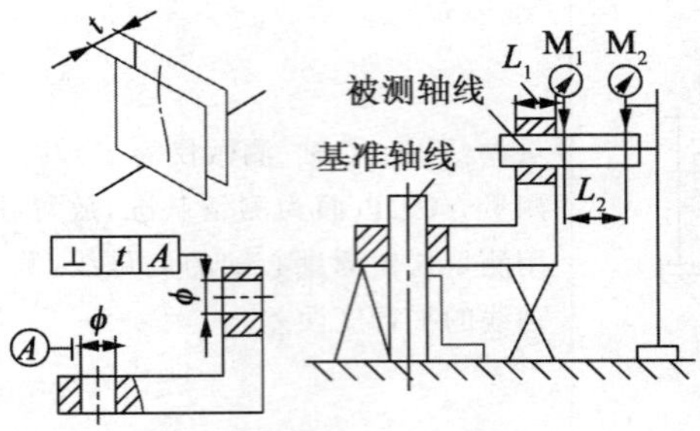 线对线的垂直度测量	量具：平板、心轴（多个）、测微仪等 测量方法：以一个心轴轴线为基线轴线，保持与平板垂直，用测量仪器测量另一个心轴的侧母线，测量轴与轴线的垂直度误差
在平板上测量	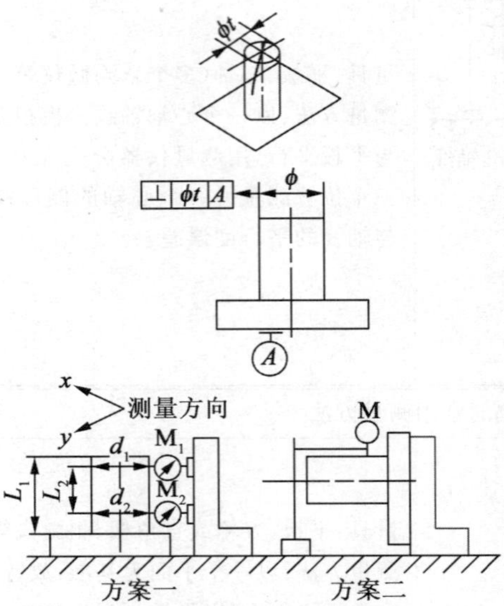 线对面的垂直度测量	量具：平板、直角板、测量仪等 测量方法一：被测量的轴线与基准面呈垂直状态，两百分表在直角板上，通过测量 x 和 y 两个方向侧母线的数值，测量其轴线与基准的垂直度误差。 测量方法二：基准面在直角板上，被测量的轴线与平板呈平行状态，百分表在支架上，通过测量 x 和 y 两个方向侧母线的数值，测量其轴线与基准的垂直度误差
同轴度误差的常用测量方法		
在平板上测量	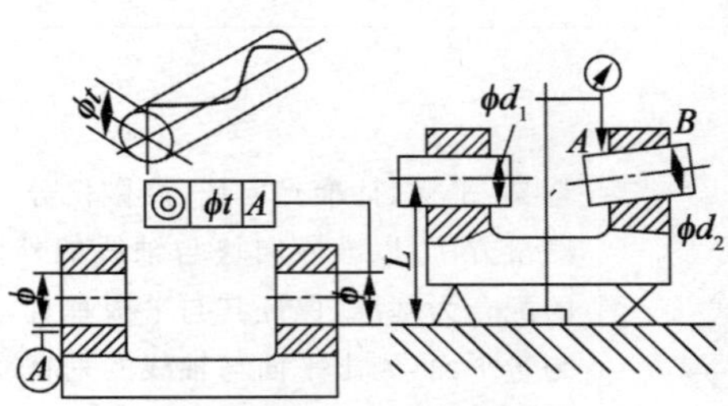 两段轴线的同轴度测量	量具：平板、心轴（多个）、测微仪等 测量方法：以一个心轴轴线为基线基准，保持与平板平行，用测量仪器测量另一个心轴的侧母线，测量轴与轴线的同轴度误差

续表

<table>
<tr><td>在平板上测量</td><td>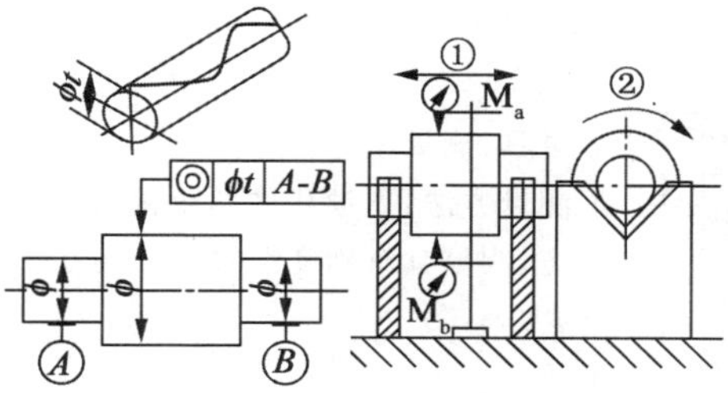

对公共基准轴线的同轴度测量</td><td>量具:平板、标准支承块、测微仪等
测量方法:以公共轴线为模拟基准,保持与平板平行,用测量仪器测量另一轴的侧母线,测量轴线与公共轴线的同轴度误差</td></tr>
<tr><td>用同轴度量规测量</td><td>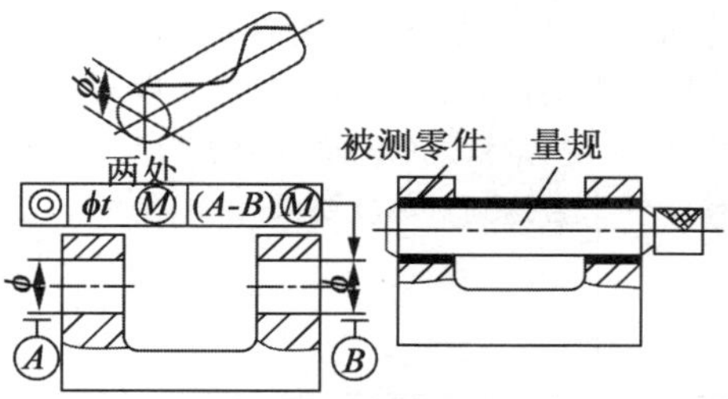

两段轴线的同轴度测量</td><td>量具:专用同轴度量规
测量方法:用一个专用的同轴度量规,对同轴线的两段轴孔进行检测,当量规能顺利通过则满足同轴度要求
重点是选择或设计专用的同轴度量规</td></tr>
<tr><td colspan="3">对称度的测量方法</td></tr>
<tr><td>在平板上打表测量</td><td>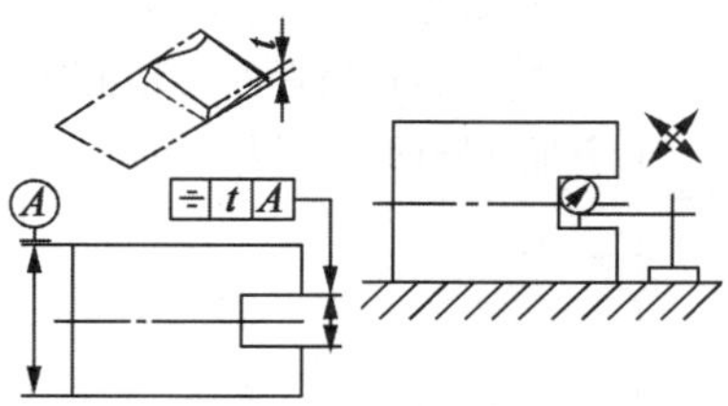

面对面的对称度测量</td><td>量具:平板、测微仪等
测量方法:以两面的对称中心线为基准,保持与平板平行,用测量仪器测量两个面的对称度误差</td></tr>
<tr><td>在平板上打表测量</td><td>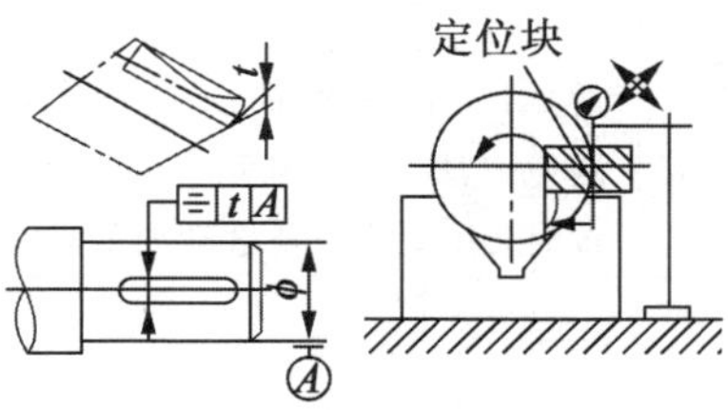

面对线的对称度测量</td><td>量具:平板、标准V形块、测微仪等
测量方法:以公共轴线为基准,保持与平板平行,用测量仪器测量两个面的对称度误差</td></tr>
</table>

续表

用测量壁厚的方法	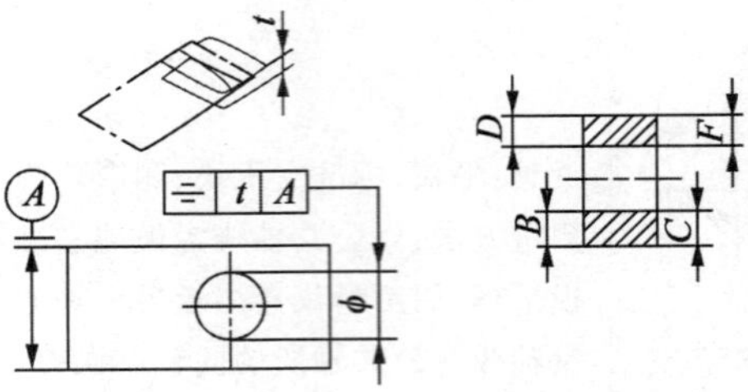	量具:测量用卡尺等 测量方法:测量孔的两个侧母线到边缘的距离,测量其对称度误差
用位置量规测量	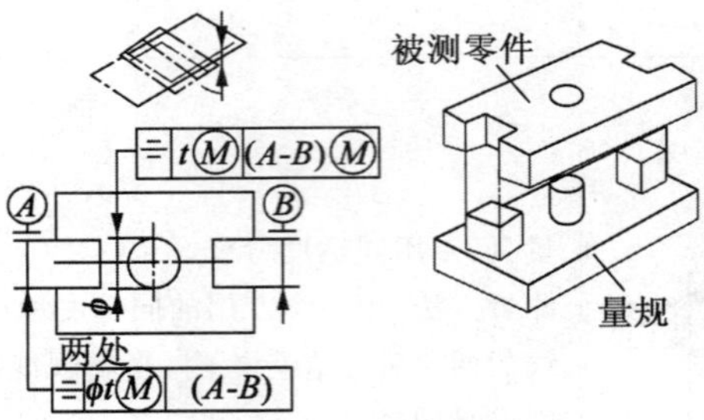	量具:专用位置度测量量规 测量方法:当被测量件能顺利与专用位置度测量量规的对应部分进行配合时可以判断是否达到对称度要求
跳动量的常用测量方法		
用双顶尖方法	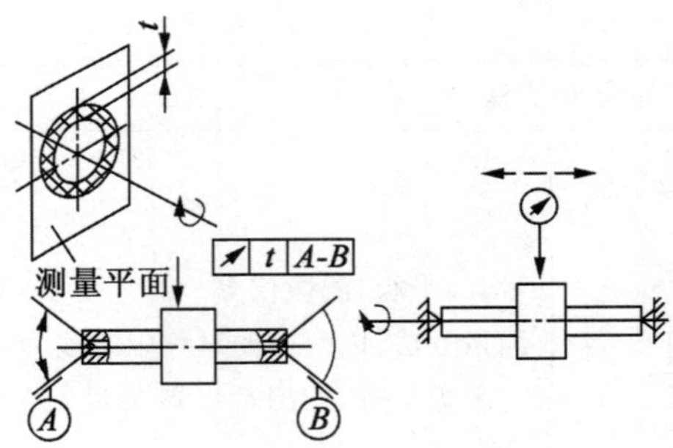	量具:双顶尖、测微仪等 测量方法:被测量件安装在双顶尖上,旋转轴测量外圆的跳动误差
用V形块方法	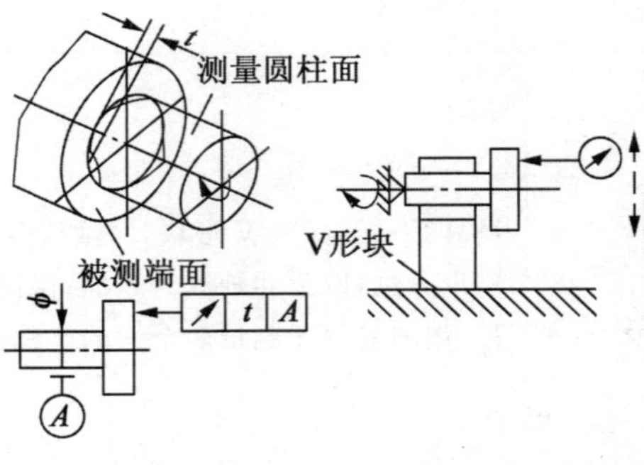	量具:V形块、端面顶尖、测微仪等 测量方法:当被测量件在V形块上绕轴线旋转时,用百分表测量端面的跳动误差

续表

用单套筒方法	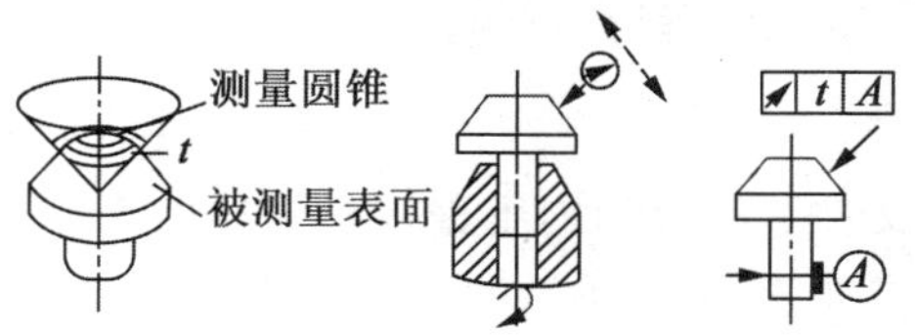	量具：标准圆套筒、测微仪等 测量方法：当被测量件在标准圆套筒内绕轴线旋转时，用百分表测量斜表面的跳动误差

表 10-6　　表面粗糙度的测量方法、特点及应用

测量方法	特点及应用	测量范围 $Ra(\mu m)$
目测法	用标准样块与被测表面进行比较。在加工现场用于外表面的检测	3.2～50
触觉法	用手指抚摸被测表面与标准样块进行比较。在加工现场用于内外表面的检测	0.8～6.3
电容法	电容极板(与被测量面形状相同)靠三个支承点与被测表面接触，按电容量大小评定。适用于外表面检测，用于大批量 100%检验表面粗糙度的场合	0.2～6.3
光切法	用光切原理测量表面粗糙度，常用量仪为光切显微镜。适用于平面、外圆表面检测，在车间、实验室均可使用	0.4～25
干涉法	用光波干涉原理对被测表面的微观不平度和光波波长进行比较，检测表面粗糙度，常用量仪为干涉显微镜。适用于实验室对平面、外圆表面的检测	0.008～0.2
针描法	直接在被检测表面轻轻划过，由指示表读出 Ra 值，方法简单。常用量仪为电感轮廓仪、压电轮廓仪。适用于内外表面的检测，但不能用于柔软和易划伤表面的检测。电感轮廓仪用于实验室；压电轮廓仪在车间、实验室均可使用	电感轮廓仪： 0.008～6.2 压电轮廓仪： 0.05～25
印模法	用塑性材料黏合在被测量表面上，复制成印模，然后测量印模。适用于对深孔、盲孔、凹槽、内螺纹、大工件及其难测量部位的检测	0.1～100

第三节　机械加工工艺流程图的构成及基本内容

为了尽可能在有限的时间内，对工艺文件所涉及的内容进行有效的训练和学习，可以将过程卡片和工序卡片综合整理后，编制成如表10-7所示的机械加工工艺流程图。它表示了被加工零件的工艺过程、加工顺序，也将每个加工工序的内容用工序简图的形式表示出来。其内容包括三大部分，即基本信息、加工工序、工艺参数和工艺装备的选择。

表 10-7　　机械加工工艺流程图

<table>
<tr><td colspan="10">×××零件机械加工工艺流程图</td></tr>
<tr><td colspan="2" rowspan="3">（设计单位）</td><td>学生姓名</td><td></td><td>班级</td><td></td><td>学号</td><td></td><td>日期</td><td></td></tr>
<tr><td>产品名称</td><td></td><td>零件名称</td><td></td><td>零件图号</td><td></td><td>指导老师</td><td></td></tr>
<tr><td>生产类型</td><td></td><td>工件材料</td><td></td><td>毛坯种类</td><td></td><td>日期</td><td></td></tr>
<tr><td>工序号</td><td>工步号</td><td>工序说明</td><td colspan="3">工序简图</td><td>机床</td><td>夹具</td><td>刀具</td><td>量具、检具</td></tr>
<tr><td>工序顺序号</td><td>工步顺序号</td><td>按工序中工序的顺序，用文字说明加工具体要求</td><td colspan="3">用工序简图表明本工序的定位、夹紧、加工表面、加工要求（尺寸精度、表面粗糙度等）</td><td>机床种类和型号</td><td>夹具的种类</td><td>刀具的种类、型号、材料、主要的几何角度等</td><td>选择的量具、检具和测量精度等</td></tr>
<tr><td></td><td></td><td></td><td colspan="3"></td><td></td><td></td><td></td><td></td></tr>
<tr><td></td><td></td><td></td><td colspan="3"></td><td></td><td></td><td></td><td></td></tr>
<tr><td></td><td></td><td></td><td colspan="3"></td><td></td><td></td><td></td><td></td></tr>
</table>

注：表格中各项内容所占总表格的比例，可根据选用图纸的大小自行分配，建议使用1号图纸竖排的篇幅绘制该流程图。

第十一章　机械加工设备的选择

根据我国的《金属切削机床型号编制方法》(GB/T 15375-1994)，机械加工设备按加工方法、所用刀具和用途，可分为车床、铣床、钻床、磨床、镗床、齿轮加工机床、螺纹加工机床、拉床、锯床及其他机床等 11 类，除此之外，机械加工设备也可按加工精度、万能性、自动化程度、质量和尺寸等进行分类。机械加工设备的种类较多，在选用机床机械加工设备时主要遵循以下原则：

(1)机械加工设备的生产效率与生产纲领相适应，比如单件小批生产选择通用设备，大批大量选择专用设备。

(2)机械加工设备的精度与工序精度相适应，工件精度高时采用高精度的加工设备。

(3)机械加工设备规格尺寸与零件规格尺寸相适应，大尺寸零件采用大的设备，小尺寸零件采用小的设备。

(4)机械加工设备类型与工序原则相适应，即工序集中选择高效多刀、多轴机床，加工中心等，工序分散选择通用机床。

(5)机械加工设备的选择应与生产厂家的实际情况相适应

常见通用机床的主要技术参数和特点见表 11-1～表 11-17。

(1)常见车床的型号及主要技术参数(见表 11-1、表 11-2)

表 11-1　　常见几种卧式车床的型号及主要技术参数

<table>
<tr><th rowspan="3">产品名称</th><th rowspan="3">型号</th><th rowspan="3">最大加工尺寸(直径×长度)(mm)</th><th colspan="5">技术参数</th><th colspan="4">工作精度(mm)</th><th rowspan="3">主电动机功率(kW)</th></tr>
<tr><th colspan="3">加工螺纹</th><th colspan="2">主轴转速</th><th rowspan="2">圆度</th><th rowspan="2">圆柱度</th><th rowspan="2">平面度</th><th rowspan="2">粗糙度 $Ra(\mu m)$</th></tr>
<tr><th>米制(mm)</th><th>英制(in)</th><th>模数(mm)</th><th>级数</th><th>范围(r/min)</th></tr>
<tr><td>轻型卧式车床</td><td>CL6134A</td><td>340×1000</td><td>0.25～9</td><td>72～$4\frac{3}{4}$</td><td>0.25～3.5</td><td>9</td><td>60～2000</td><td>0.015</td><td>0.03/150</td><td>0.02/ϕ150</td><td>3.2</td><td>1.1</td></tr>
<tr><td rowspan="2">卧式车床</td><td rowspan="2">C6132
C6136</td><td>340×650
360×900</td><td>0.45～10</td><td>80～$2\frac{3}{8}$</td><td>0.45～10</td><td>14</td><td>22～2000</td><td>0.008</td><td>0.014/180</td><td>0.009/ϕ180</td><td>1.6</td><td>3/4</td></tr>
<tr><td>主轴转速(r/min)</td><td colspan="10">22,31,45,65,90,125,180,250,350,500,700,1000,2000</td></tr>
</table>

续表

<table>
<tr><td rowspan="2">卧式车床</td><td rowspan="2">CA6140
CA6150</td><td>400×650
500×650</td><td>1～192</td><td>24～2</td><td>0.25～48</td><td>24</td><td>10～1400</td><td>0.009</td><td>0.027/φ300</td><td>0.019/300</td><td>1.6</td><td>7.5</td></tr>
<tr><td>主轴转速(r/min)</td><td colspan="10">正转：10,12,16,20,25,32,40,50,63,80,100,125,160,200,250,320,400,450,500,560,710,900,1120,1400
反转：14,22,36,56,90,141,226,565,633,1018,1580</td></tr>
<tr><td rowspan="3">马鞍车床</td><td>CA6240</td><td>400×750</td><td rowspan="3">1～192</td><td rowspan="3">24～2</td><td rowspan="3">0.25～48</td><td rowspan="3">24</td><td>10～1400</td><td rowspan="3">0.009</td><td rowspan="3">0.027/300</td><td rowspan="3">0.019/φ300</td><td rowspan="3">1.6</td><td rowspan="3">7.5</td></tr>
<tr><td>CA6250</td><td>500×750</td><td>10～1400</td></tr>
<tr><td>CA6261</td><td>610×650</td><td>8～1120</td></tr>
</table>

表 11-2　常见立式车床的型号及主要技术参数

<table>
<tr><th rowspan="3">产品名称</th><th rowspan="3">型号</th><th colspan="7">技术参数</th><th colspan="3">工作精度(mm)</th><th rowspan="3">主电机功率(kW)</th></tr>
<tr><th colspan="2">最大加工尺寸(mm)</th><th rowspan="2">进给范围(mm/min)</th><th rowspan="2">工件最大质量(t)</th><th rowspan="2">工作台直径(mm)</th><th colspan="2">工作台转速</th><th rowspan="2">圆度</th><th rowspan="2">圆柱度</th><th rowspan="2">平面度</th></tr>
<tr><th>直径</th><th>高度</th><th>级数</th><th>范围(r/min)</th></tr>
<tr><td rowspan="4">单柱立式车床</td><td>C518</td><td>800</td><td>630</td><td>0.09～4</td><td>1.2</td><td>720</td><td>16</td><td>10～315</td><td>0.02</td><td>0.01</td><td>0.03</td><td>22</td></tr>
<tr><td>C518E×8/2</td><td>800</td><td>800</td><td>0.8～86</td><td>2</td><td>720</td><td>16</td><td>10～315</td><td>—</td><td>—</td><td>—</td><td>22</td></tr>
<tr><td>C5110</td><td>1000</td><td>800</td><td>0.09～4</td><td>2</td><td>720</td><td>16</td><td>8～250</td><td>0.02</td><td>0.01</td><td>0.03</td><td>22</td></tr>
<tr><td>C5112A</td><td>1250</td><td>1000</td><td>0.8～86</td><td>3</td><td>1000</td><td>16</td><td>6.3～200</td><td>0.01</td><td>0.01</td><td>0.02</td><td>22</td></tr>
<tr><td rowspan="6">双柱立式车床</td><td>CX51220</td><td>2000</td><td>1550</td><td>0.2～145</td><td>12</td><td>1900</td><td>无</td><td>1.6～160</td><td>0.02</td><td>0.01</td><td>0.03</td><td>55</td></tr>
<tr><td>C5225</td><td>2500</td><td>1600</td><td>0.25～145</td><td>10</td><td>2250</td><td>16</td><td>1.6～160</td><td>0.02</td><td>0.01</td><td>0.03</td><td>50</td></tr>
<tr><td rowspan="2">C5240E×25/40</td><td rowspan="2">4000</td><td rowspan="2">2500</td><td>0.1～2000</td><td>40</td><td>3150</td><td>AC16</td><td>12.5～36</td><td rowspan="2">—</td><td rowspan="2">—</td><td rowspan="2">—</td><td rowspan="2">—</td></tr>
<tr><td>0.05～200</td><td>50</td><td>3600</td><td>DC无</td><td>0.45～42</td></tr>
<tr><td rowspan="2">C5250E×29/50</td><td rowspan="2">5000</td><td rowspan="2">2900</td><td rowspan="2">0.05～200</td><td>50</td><td>4000</td><td rowspan="2">无</td><td rowspan="2">0.42～42</td><td rowspan="2">—</td><td rowspan="2">—</td><td rowspan="2">—</td><td rowspan="2">75</td></tr>
<tr><td>63</td><td>4500</td></tr>
</table>

(2)常见钻床的型号及主要技术参数(见表 11-3～表 11-6)

(3)常见铣床的型号及主要技术参数(见表 11-7～表 11-10)

(4)常见铣镗床的型号及主要技术参数(见表 11-11～表 11-14)

(5)常见磨床的型号及主要技术参数(见表 11-15～表 11-17)

表 11-3　　常见深孔钻床的型号及主要技术参数

产品名称	型号	技术参数：最大钻孔（直径×深度）(mm)	钻孔直径范围(mm)	中心高(mm)	夹持工件直径(mm)：卡盘	夹持工件直径(mm)：中心架	主轴转速：级数	主轴转速：范围(r/min)	级数	范围(r/min)	表面粗糙度 Ra (μm)	电动机功率(kW)
枪钻	ZP2102	20×250 20×500 20×750 20×1000	3～20	180	5～50	5～50	4	350～1000	12	600～8000	≤0.04	1.5
程控深孔钻	ZXK213	30×1500 30×750	8～30	200	100	100	12	200～250	—	—	3.2	7.5

表 11-4　　常见台式钻床的型号及主要技术参数

产品名称	型号	技术参数：最大钻孔直径(mm)	主轴端至底座面距离(mm)	主轴轴线至立柱表面距离(mm)	主轴转速：级数	主轴转速：范围(r/min)	主轴行程(mm)	电动机功率(kW)
台式钻床	Z402	2	120～135	80	3	3000～8700	20	0.09
	Z403	3	100	100	4	1140～2240	40	0.18
	Z406	6	125～225	140	4	1380～8300	65	0.37
	Z512	12	130～430	190	8	460～4250	100	0.55
	Z4012	13	455	200	4	800～4000	100	0.18
	Z515	15	130～430	190	8	320～2900	100	0.55
		主轴转速(r/min)：320，430，600，835，1100，1540，2150，2900						
	Z516	16	182～550	193	5	480～4100	100	0.55
	Z4018	18	200～400	240	5	335～3150	125	0.75
	Z4019	19	230～435	185	8	240～3800	110	0.55
	Z4020	20	400	240	5	335～3150	125	1.1
	Z4023	23	230～435	185	8	240～3800	110	0.75

表 11-5　　常见立式钻床的型号及主要技术参数

<table>
<tr><th rowspan="3">产品名称</th><th rowspan="3">型号</th><th colspan="5">技术参数</th><th rowspan="3">主轴行程(mm)</th><th rowspan="3">电动机功率(kW)</th></tr>
<tr><th rowspan="2">最大钻孔直径(mm)</th><th rowspan="2">主轴端至底座面距离(mm)</th><th rowspan="2">主轴轴线至立柱表面距离(mm)</th><th colspan="2">主轴转速</th></tr>
<tr><th>级数</th><th>范围(r/min)</th></tr>
<tr><td rowspan="3">圆柱立式钻床</td><td>ZJ5025</td><td>25</td><td>830</td><td>240</td><td>12</td><td>130～2880</td><td>110</td><td>0.85</td></tr>
<tr><td>Z5025</td><td>25</td><td>1200</td><td>315</td><td>8</td><td>100～2900</td><td>145</td><td>0.55/0.75</td></tr>
<tr><td>Z5040</td><td>40</td><td>1000</td><td>350</td><td>9</td><td>54 ～800</td><td>240</td><td>3</td></tr>
<tr><td>数显坐标立式钻床</td><td>ZX5432</td><td>32</td><td>630</td><td>315</td><td>9</td><td>45～1800</td><td>220</td><td>2.2</td></tr>
<tr><td rowspan="3">立式排钻床</td><td>Z5625-2A</td><td rowspan="3">25</td><td rowspan="3">—</td><td rowspan="3">280</td><td rowspan="3">9</td><td rowspan="3">500～2000</td><td rowspan="3">200</td><td rowspan="3">2.2</td></tr>
<tr><td>Z5625-3A</td></tr>
<tr><td>Z5625-4A</td></tr>
</table>

表 11-6　　常见摇臂钻床的型号及主要技术参数

<table>
<tr><th rowspan="3">产品名称</th><th rowspan="3">型号</th><th colspan="5">技术参数</th><th rowspan="3">主轴行程(mm)</th><th rowspan="3">电动机功率(kW)</th></tr>
<tr><th rowspan="2">最大钻孔直径(mm)</th><th rowspan="2">主轴端至底座面距离(mm)</th><th rowspan="2">主轴轴线至立柱表面距离(mm)</th><th colspan="2">主轴转速</th></tr>
<tr><th>级数</th><th>范围(r/min)</th></tr>
<tr><td rowspan="13">摇臂钻床</td><td rowspan="2">Z3025×10/1</td><td>25</td><td>25～1020</td><td>300～1000</td><td>16</td><td>32～2500</td><td>280</td><td>1.5</td></tr>
<tr><td colspan="7">主轴转速(r/min):50,80,125,200,315,400,500,630,1000,1600,2500</td></tr>
<tr><td>Z3032×10</td><td>32</td><td>230～980</td><td>300～100</td><td>12</td><td>45～2050</td><td>250</td><td>2.2</td></tr>
<tr><td>Z3035B×13</td><td>35</td><td>350～1250</td><td>350～1300</td><td>12</td><td>50～2240</td><td>300</td><td>2.4/4</td></tr>
<tr><td rowspan="2">Z3040×10/2</td><td>40</td><td>450～1250</td><td>200～1000</td><td>16</td><td>32～2500</td><td>280</td><td>3</td></tr>
<tr><td colspan="7">主轴转速(r/min):25,40,63,80,100,125,160,200,250,320,400,500,630,800,1250,2000</td></tr>
<tr><td>Z3050×16/2</td><td>50</td><td>350～1250</td><td>350～1600</td><td>16</td><td>25～2000</td><td>315</td><td>4</td></tr>
<tr><td>Z3060×20/1</td><td>63</td><td>400～1600</td><td>450～2000</td><td>16</td><td>20～1600</td><td>400</td><td>5.5</td></tr>
<tr><td>Z3080×25</td><td>80</td><td>550～2000</td><td>500～2500</td><td>16</td><td>16～1250</td><td>450</td><td>7.5</td></tr>
<tr><td>Z30100×31</td><td>100</td><td>750～2500</td><td>570～3150</td><td>22</td><td>8～1000</td><td>500</td><td>15</td></tr>
<tr><td>Z30125×40</td><td>125</td><td>750～2500</td><td>600～4000</td><td>22</td><td>6.3～800</td><td>500</td><td>18.5</td></tr>
<tr><td rowspan="2">万向摇臂钻床</td><td>Z3125A</td><td>25</td><td>20～680</td><td>700～730</td><td>8</td><td>24～2400</td><td>160</td><td>1.1/1.5</td></tr>
<tr><td>Z3140A</td><td>40</td><td>25～1250</td><td>850～1600</td><td>16</td><td>16～1250</td><td>315</td><td>3</td></tr>
<tr><td>滑座摇臂钻床</td><td>Z3340</td><td>40</td><td>700～1600</td><td>350～1600</td><td>16</td><td>25～2000</td><td>315</td><td>3</td></tr>
</table>

表 11-7　　常见立式升降台铣床的的型号和技术参数

产品名称	型号	技术参数										工作精度		电动机功率(kW)
		工作台面尺寸(宽×长)(mm)	立铣头最大回转角度(°)	主轴端面至工作台台面距离(mm)	主轴轴线至垂直导轨面距离(mm)	工作台最大行程(mm)			主轴转速		平面度(mm/mm²)	表面粗糙度 Ra(μm)	
						纵向 机/手	横向 机/手	垂向 机/手	级数	范围(r/min)			
立式升降台铣床	X5012	125×500	±45	0～250	150	255	100	250	9	130～2720	0.02/150	2.5	1.5
		主轴转速(r/min):130,188,263,355,510,575,855,1180,1580,2720											
	X5020B	200×900	45	10	265	500	190	360	8	60～1650	0.02/300	2.5	3
	X5030A	300×1150	±45	40～410	175～410	680	235	400	12	35～1600	0.02	2.5	4
	X5032	320×1320	45	60～410	350	680/700	240/255	330/350	18	30～1500	0.02/100	1.6	7.5
		主轴转速(r/min):30,37,47,60,75,95,118,150,190,235,300,375,475,500,600,750,950,1180,1500											
		手动进给量(mm/min)	纵向：23,30,37,47,60,75,95,118,150,190,235,300,375,475,600,750,950,1180 横向：15,20,25,31,40,50,63,78,100,126,156,200,250,316,400,500,634,786 升降：8,10,12,15,20,25,31,39,50,63,78,100,125,158,200,250,317,394										
	X5042A	425×2000	—	0～490	—	1180/1200	400/410	450/460	20	18～1400	0.02/150	1.6	—
立式铣床	X715	500×2000	—	80～680	550	1400	500	600	18	25～1250	0.03/500	1.6	11

表 11-8 常见卧式升降台铣床的型号和技术参数

产品名称	型号	工作台面尺寸（宽×长）(mm)	技术参数							工作精度		电动机功率(kW)
			主轴轴线至工作台面距离(mm)	工作台中心线至垂直导轨面距离(mm)	工作台最大行程(mm)			主轴转速		平面度(mm/mm²)	表面粗糙度 Ra(μm)	
					纵向	横向	垂向	级数	范围(r/min)			
					机/手	机/手	机/手					
卧式升降台铣床	X6012	125×500	0～250	110～210	250	100	125	9	120～1830	0.02/150	2.5	1.5
	X6025A	250×1200	40～400	120～320	550/750	200	360	8	50～1250	0.02/300	1.6	2.2
	X6025	250×1100	10～430	145～425	680/700	260/280	400/420	18	32～1600	0.02/300	2.5	4
	X6030	300×1100	10～430	160～430	680/700	250/270	400/420	18	32～1600	0.02/300	2.5	4
	XD6032	320×1325	30～420	215～470	680/700	240/255	370/390	18	30～1500	0.02/100	2.5	7.5
	XA6040A	400×1700	30～470	255～570	900	315	125	18	30～1500	0.02/300	2.5	11

表 11-9 常见万能升降台铣床的型号和技术参数

产品名称	型号	工作台面尺寸（宽×长）(mm)	技术参数								工作精度		电动机功率(kW)
			工作台最大回转角度(°)	主轴轴线至工作台台面距离(mm)	工作台中心线至垂直导轨面距离(mm)	工作台最大行程(mm)			主轴转速		平面度(mm/mm²)	表面粗糙度 Ra(μm)	
						纵向	横向	垂向	级数	范围(r/min)			
						机/手	机/手	机/手					
立式升降台铣床	X6125	250×1100	—	10～410	145～425	780～700	260～280	390～400	18	32～1600	0.02/300	2.5	4
	X6130	300×1100	—	10～410	160～430	680～700	250～270	390～400	18	32～1600	0.02/300	2.5	4
	X6130A	300×1150	±45	20～420	175～410	680	235	400	12	35～1600	0.02	2.5	4
	XQ6132	320×1320	±45	70～480	190～490	800	300	410	9	35～750	0.02/100	2.5	4
	XD6132	320×1325	±45	30～380	215～470	680/700	240/255	330/350	18	30～1500	0.02/100	2.5	7.5
		主轴转速(r/min):30,37,47,60,75,95,118,150,190,235,300,375,475,600,750,950,1180,1500											
		机动进给(mm/min):纵、横向:23,30,37,47,60,75,95,118,150,190,235,300,375,475,600,750,950,1180											
	XA6140A	400×1700	±45	30～455	255～570	900	315	425	18	30～1500	0.02/300	2 5	11
	X6142	425×2000	—	80～450	—	1200/1210	360/370	360/370	20	18～1400	0.02/150	1.6	11

表 11-10 **常见龙门铣床的型号和技术参数**

产品名称	型号	工作台加工尺寸(长×宽×高)(mm)	技术参数								工作精度		主电动机功率(kW)
			工作台最大承载(t)	主轴箱个数	主轴箱回转角度(°)	主轴转速		工作台进给量		推荐最大刀盘直径(mm)	平面度(mm/mm^2)	表面粗糙度 Ra(μm)	
						级数	范围(r/min)	级数	范围(mm)				
龙门铣床	X2010C	300×1000×1000	8	3(4)	垂直头：±30 水平头：−15～30	12	50～630	无	10～1000 快速 4000	350	0.02/300	2.5	15
	X2012C	400×1250×1250	10	3(4)	垂直头：±30 水平头：−15～30	12	50～630	—	10～1000 快速 4000	350	0.02/300	—	15
	X2016	500×1600×1600	20	3	—	12	31.5～630	—	10～1000 快速 4000	400	0.02/300	—	22
	X2020	600×2000×2000	30	3	—	12	31.5～630	—	10～1000 快速 4000	400	0.02/300	—	22
	X2025	800×2500×2500	40	3	—	12	31.5～630	—	10～1000 快速 4000	400	0.02/300	—	22

表 11-11　常见卧式铣镗床的型号和技术参数

产品名称	型号	主轴直径（mm）	技术参数							工作精度			电动机功率(kW)
			最大镗孔直径（mm）	主轴中心线至工作台面距离（mm）	工作台承载（kg）	主轴转速		工作台行程（mm）		圆柱度（mm）	端面平面度（mm/mm^2）	表面粗糙度 Ra(μm)	
						级数	范围（r/min）	纵向	横向				
卧式铣镗床	T617A	75	150	710	1300	9	30～800	900	750	0.01/300	0.015/300	2.5	4
	TX618	200	200	0～80	2000	14	8～1000	1100	850	0.01/300	0.015/300	1.6	5.5
	T6111	110	250	0～880	2500	18	9～3800	1400	1040	0.01/300	0.015/300	1.6	7.5
	TX6113A/2	130	350	0～1400	4000	18	6.6～2880	2000	1830	0.01/300	0.015/300	1.6	11
	T68	—	240	30～800	—	—	20～1000	1140	850	—	—	—	6.5
		主轴转速（r/min）:20,25,32,40,50,64,80,100,125,160,200,250,315,400,500,630,800,1000											
	T612	—	550	0～1400	—	—	7.5～1200	1600	1400	—	—	—	10
		主轴转速（r/rnin）:正、反转:7.5,9,12,15,19,24,30,38,48,60,75,96,128,160,205,250,320,414,460,600,750,950,1200											

表 11-12　落地镗床的型号及主要技术参数

产品名称	型号	镗/铣轴直径（mm）	技术参数						工作精度		电动机功率(kW)
			主轴箱行程（mm）	立柱行程（mm）	滑枕行程（mm）	镗轴行程（mm）	主轴转速		圆度（mm）	端面平面度（mm/mm^2）	
							级数	范围（r/min）			
落地镗床	TX6216C	160	2000	4000	—	1200	无级	1.8～500	0.01	0.015	30
落地铣镗床	TA6916	160	3000	6000	800	800	无级	3.15～1000	0.0075	0.015	55

表 11-13 常见精镗床的型号及主要技术参数

产品名称	型号	最大镗孔直径(mm)	技术参数						工作精度				电动机功率(kW)
			加工直径(mm)	加工深度(mm)	工作台纵向行程(mm)	主轴转速 级数	主轴转速 范围(r/min)	每边主轴数	圆度(mm)	圆柱度(mm)	孔对底面的垂直度	表面粗糙度 Ra(μm)	
立式精镗床	T7216	165	35~165	550	700	8	70~860	4	0.008	0.02	0.02	0.8	1.25/2.4
	T7220	200	35~200	710	900	8	70~860	5	0.008	0.02	0.02	0.8	1.5/2.4
	T7228	280	35~280	750	1200	8	53~600	—	0.0045	0.02	0.02/300	1.6	2.2/3.3
	T7204	400	50~400	1250	1200	—	40~500	—	0.002	0.012	0.02/300	1.6	5.5
单面卧式精镗床	T7240	150	150	80	400	1	2500	2	0.005	0.008	—	1.25	2.2
双面卧式精镗床	T7140	150	150	80	400	1	2500	2	0.005	0.008	—	1.25	4.4
	TY7163	250	8~250	—	750	2	5000	1~4	0.004	0.006	200:0.02	1.6	3

表 11-14 常见坐标镗床的型号及主要技术参数

产品名称	型号	技术参数									机床坐标精度(mm)	工作精度		电动机功率(kW)
		最大加工尺寸(mm) 钻孔	最大加工尺寸(mm) 镗孔	主轴中心线至立柱距离(mm)	主轴端面至工作台面距离(mm)	工作台承载(kg)	主轴转速 级数	主轴转速 范围(r/min)	工作台行程(mm) 纵向	工作台行程(mm) 横向		圆度(mm)	表面粗糙度 Ra(μm)	
高精度单柱数显坐标镗床	TG4132B	15	100	330	80~500	200	无级	100~2000	400	250	0.002	0.003	1.25	1.1
	TGX4145B	20	200	470	50~630	300	无级	50~2000	600	400	0.003	0.003	1.25	2.2
单柱坐标镗床	T4145B	25	250	480	150	250	无级	40~2000	600	400	0.005	0.003	1.25	2
	T4163C	400	250	700	260~740	600	无级	55~2000	1000	600	0.006	0.006	0.8	2
双柱数显坐标镗床	TX4280	40	300	1120	870	1000	16	18~1800	1000	800	0.005	0.005	0.8	3

表 11-15　**常见万能外圆磨床的型号和技术参数**

产品名称	型号	最大磨削直径×长度(mm)	技术参数							砂轮最大外直径×厚度(mm)	工作精度			电动机功率(kW)
			最小磨削直径(mm)	磨削孔径范围(mm)	最大磨削孔深(mm)	中心高×中心距(mm)	回转角度(°)				圆度(mm)	圆柱度(mm)	表面粗糙度 Ra(μm)	
							工作台	头架	砂轮架					
万能外圆磨床	M1412	125×500	5	10~40	50	100×500	±9	+10，-90	±180	300×40	0.003	0.005	0.32	2.2
	MD1420	200×1000	8	13~80	125	125×1000	+3，-7	+90	±30	400×50	0.003	0.005	0.2	4
	MY1432	320×600	8	13~100	125	180×600	+3，-9	+90	±30	400×63	0.005	0.008	≤0.32	6.6
	ME1450	500×3000	30	25~200	320	270×3000	+3，-2	+90	±30	600×63	0.005	0.008	0.32	7.5
精密万能外圆磨床	MME1432	320×3000	8	16~125	125	180×3000	+5	+90	±30	400×50	0.003	0.006	0.32	5.5
半自动万能外圆磨床	MBA1412	125×250	5	10~40	50	100×250	±9	±45	±180	300×400	0.001	0.003	0.025	2.2
	MBA1432	320×1500	16	16~100	125	180×1500	+3，-7.5	+90	±20	500×63	0.002	0.006	0.08	7.5
高精度半自动万能外圆磨床	MGB1412	125×250	4	10~40	50	100×250	±9	±45	±180	300×400	0.0005	0.002	0.01	2.2
	MGB1420A	200×500	8	13~80	125	125×500	+9，-5	±90	+5	400×40	0.0005	0.001	0.01	3
	MGB1432E	320×1000	5	—	—	180×1080	+3，-7	+90	±3	400×50	0.0005	0.005	0.04	3.55
端面外圆磨床	MQ1650A	500×1500	25	—	—	270×1500	+6，-3	—	—	750×75	0.005	0.01	0.63	15
半自动端面外圆磨床	MB1632	320×1000	8	—	—	180×1000	—	—	—	600×75	0.003	0.015	0.063	14

表 11-16　常见无心外圆磨床的型号及主要技术参数

产品名称	型号	技术参数											加工精度			电动机功率（kW）
		磨削尺寸（mm）		砂轮尺寸（mm）		导轮尺寸（mm）		导轮回转角度（°）		砂轮转速（r/min）	导轮转速（r/min）		圆度（mm）	圆柱度（mm）	表面粗糙度 *Ra*（μm）	
		直径	长度	直径	宽度	直径	宽度	垂直	水平		工作时	修正时				
无心磨床	M1020A	0.5～20	80	300	100	200	100	-1～6	-1～3	2131	20～230	230	0.0016	0.003	0.032	4
	M1083A	10～150	250	600	200	350	200	-2～5	—	1100	7～58	280	0.002	0.003	0.32	18.5
	MT10400	50～400	200	750	500	500	500	0～5	0.3	880	5～50	300	0.003	0.005	0.04	55
高精度无心磨床	MG1020	0.5～20	80	300	100	200	100	-1～4	-1～3	1920	20～210	210	0.001	0.0012	0.125	4
	MG1050A	5～50	200	500	150	300	150	-2～7	0～3	1300	10～290	290	0.001	0.0018	0.16	11
精密无心磨床	MM1080	100	190	600	200	350	200	0～5	0～3	1010	12～90	200	0.0015	0.0025	0.2	22
高速无心磨床	MS1080	5～80	200	500	150	300	150	-2～7	0～3	1650	10～200	200	0.002	0.003	0.32	15
宽砂轮无心磨床	M11100A	10～100	300	500	400	350	400	-2～4	-2～4	1330	12～80	200	0.002	0.005	—	30

表 11-17 **常见内圆磨床的型号及技术参数**

产品名称	型号	技术参数									加工精度			电动机功率(kW)
		加工直径×深度(mm)	最大工件直径(mm)		工作台最大行程(mm)	主轴最大回转角度(°)	工件转速		砂轮转速		圆度(mm)	圆柱度(mm)	表面粗糙度 Ra(μm)	
			罩内	罩外			级数	范围(r/min)	级数	范围(r/min)				
内圆磨床	M2110C	100×150	480		550	20	—	180～500	—	3000	0.0025	0.004	0.4	2.2
	MD2110	100×150	270	480	550	15～20	3	100～300	3	7000～18000	0.003	0.005	0.8	4
	M2120A	200×200	600		550	30	—	100～500	—	600～1100	0.003	0.008	0.63	4
	M2125	250×250	400	600	600	30	6	—	—	—	0.003	0.008	0.63	8
高精度内圆磨床	MGD2110A	100×125	240	400	500	30	—	50～500	4	8000,12000 18000,24000	0.001	0.003	0.16	2.2
	MGD2120A	200×220	320	530	550	30	—	30～300	4	3300,6000 9000,12000	0.0015	0.003	0.16	5
半自动内圆磨床	MBD215A	50×80	150		350	30	4	565,790	6	14000～48000	0.003	0.003		8
	MBD2110A	100×125	320		450	30	4	225～1000	—	5000～12000	0.003	0.005	0.63	7.5
内圆端面磨床	MD2115B	150×180	(带数显)		600	15～30	—	120～600	3	7000,10000	0.003	0.005	0.32	0.75

第十二章　刀具的选择

第一节　刀具材料及其特性

一、碳素工具钢与合金工具钢的牌号及用途(见表 12-1)

表 12-1　　**常用碳素工具钢与合金工具钢的牌号及用途**

		可达到的硬度(HRC)	使用特性	主要用途
碳素工具钢	T7A	60～63	耐磨性好,可加工性好,耐热性能低,当温度高于 200℃ 时硬度大幅度降低,渗透性差,淬火容易变形。不适合制造复杂形状的刀具	用于制造木工刀具、钳工工具等
	T8A	60～63		用于制造切削软金属的刀具及木工工具、钳工工具等
	T9A	60～64		
	TI0A	60～64		用于制造丝锥、铰刀、车刀、板牙等
	T12A	60～64		用于制造丝锥、车刀、铣刀等
合金工具钢	9SiCr	62～65	合金工具钢是在碳素工具钢的基础上加入适当的合金元素。有较高的耐热性,在较高的温度下(300℃～400℃)能保持较高的强度和硬度,与碳素工具钢相比,允许更高的切削速度,淬透性较好,热处理变形小。可用于制造形状比较复杂的低速刀具	用于制造丝锥、板牙、钻头、铰刀、搓螺纹板、滚螺纹板等
	CrWMn	62～65		用于制造比较精密的刀具,如拉刀、板牙、长铰刀等
	Cr2	61～65		用于制造车刀、刨刀、插刀、铰刀等
	CrW5	64～66		用于制造铣刀、刨刀、刻刀等低速切削硬质合金的刀具
	Cr6WV	62～64		用于制造搓螺纹板、滚螺纹板等

续表

	W	62～64		用于制造麻花钻、丝锥、铰刀等
	Cr12MoV	45～63		用于制造搓螺纹板、滚螺纹板等
	CrMn	63～66		用于制造丝锥、长拉刀等
	9Mn2V	≥62		用于制造丝锥、铰刀、板牙等
	GCr6	62～65		用于制造手用丝锥、手用锯条等
	GCr9	62～65		
	GCr15	61～65		用于制造手用丝锥、手用铰刀、圆板牙、机用锯条等

二、高速工具钢的牌号及用途(见表 12-2)

高速工具钢简称高速钢，与其他两种工具钢相比，耐热性和耐磨性都有所提高，切削温度达 540℃～600℃时仍然保持其切削性能。

表 12-2　　高速工具钢的牌号及用途

类别	牌号	硬度(HRC)	特点	主要用途
通用高速钢	W18Cr4V (W18)	63～66	耐热性中等，可磨性、强度较好，淬火范围较宽，热塑性差，不宜过热	加工一般钢和铸铁，可制造各种刀具，但不适合用热成型法制造刀具
	W6Mo5Cr4V2 (M2)	63～66	强度高，热塑性好，韧性高，耐热性稍次于 W18Cr4V	加工一般钢和铸铁，可制造轧制刀具及其他要求热塑性好以及受冲击力大的刀具
	W14CrVMnXt	64～66	与 W18Cr4V 相当，但改善了热塑性	加工一般钢和铸铁，可制造各种刀具
	W9Mo3Cr4V	63～66	耐热性、热塑性、热处理性能均较好，综合性能优于 W18 和 M2	加工一般钢和铸铁，可制造各种刀具
高性能高速钢	W12Cr4V4Mo(EV4)	66～67	因含钒量高，硬度和耐磨性都高，但强度和韧性较低，耐热性比普通高速钢高，可磨性差，要用单晶刚玉砂轮磨削	用于制造对耐磨性要求高的刀具
	W6Mo5Cr4V3(M3)	65～67		
	W9Cr4V5	63～66		
	W6Mo5Cr4V2Co8 (M36)	66～68	加钴使高温硬度显著提高，但强度及冲击韧度较低，不宜受冲击，可磨性好	用于加工高温合金、钛合金、奥氏体不锈钢等难加工材料

续表

<table>
<tr><td rowspan="12">高性能高速钢</td><td>W12Cr4V5Co5(T15)</td><td>66～68</td><td rowspan="2">综合含钒钢耐磨性好和含钴钢耐热性高的优点，但可磨性差，需要用单晶刚玉砂轮磨削</td><td rowspan="2">用于加工高温合金、不锈钢等，但因难磨，不宜制造复杂结构的刀具</td></tr>
<tr><td>W9Cr4V5Co3</td><td>—</td></tr>
<tr><td>W2Mo9Cr4VCo8(M42)</td><td>67～69</td><td>综合性能好，价格高，耐热性高，强度、韧性和可磨性均较好</td><td rowspan="2">用于加工高强度钢、高温合金、钛合金等难加工材料，可制造各种刀具</td></tr>
<tr><td>W7Mo4Cr4V2Co5(M41)</td><td>67～69</td><td>可磨性次于 W2Mo9Cr4VCo8</td></tr>
<tr><td>W9Mo3Cr4V3Co10</td><td>66～69</td><td>与 W2Mo9Cr4VCo8 性能相当，但强度和韧性较低，可磨性差</td><td rowspan="2">用于加工高强度钢、高温合金、钛合金等难加工材料，可制造各种刀具</td></tr>
<tr><td>W12Cr4V3Co5Si(Co5Si)</td><td>67～69</td><td>为低钴超硬高速钢，性能与高钴高速钢相近，但可磨性差</td></tr>
<tr><td>W6Mo5Cr4V2Al(M2A,501)</td><td>67～69</td><td>性能与 W2Mo9Cr4VCo8 相当，但可磨性差，过热敏感性稍大，价格低</td><td rowspan="2">可代替高钴高速钢加工难加工材料</td></tr>
<tr><td>W6Mo5Cr4V5SiNAl(B201)</td><td>66～68</td><td>耐磨性、耐热性均高，可磨性差</td></tr>
<tr><td>W10Mo4CrV3Al(5F-6)</td><td>67～69</td><td>耐磨性、耐热性均高，可磨性稍差</td><td>可代替高钴高速钢加工难加工材料</td></tr>
<tr><td>9W18Cr4V(9W18)</td><td>66～68</td><td>性能介于通用型与超硬型高速钢之间，热处理范围宽，可磨性好，韧性低于 W18Cr4V</td><td>可加工韧性和硬度较高的材料，如不锈钢，可部分替代钴高速钢</td></tr>
</table>

三、硬质合金的牌号及用途(见表 12-3)

硬质合金由高硬度、难熔的金属碳化物加金属黏结剂经粉末冶金工艺制成。硬度比高速钢大得多，600℃时的硬度比常温下高速钢的硬度还高，800℃～1000℃时还能进行切削加工，刀具的耐用度比高速钢高几倍至几十倍，但其韧性、抗弯强度及加工工艺性比高速钢差得多，所以要避免硬质合金刀具承受冲击载荷。

表 12-3 硬质合金的牌号及用途

类别	牌号	硬度(HRC)	使用性能	主要用途
普通硬质合金	YG3	78	在YG类刀具中，耐磨性仅次于YG3X、YG6A，可进行较高速度的切削，但对冲击和振动比较敏感	适合铸铁、非铁金属及其合金、非金属材料(橡胶、纤维、塑料、板岩、玻璃、石墨电极等)连续精车及半精车
	YG3X	—	细晶粒合金，是YG类刀具中耐磨性最好的一种，但冲击韧度较差	适合铸铁、非铁金属及其合金的精车、精镗等，也适于淬硬钢及钨、钼材料的精加工
	YG6	75	耐磨性较高，但低于YG6X、YG3X及YG3	适合铸铁、非铁金属及其合金、非金属材料连续切削的粗车，间断切削时的半精车、精车，连续断面的半精铣及精铣
	YG6X	—	细晶粒合金，其耐磨性比YG6高，而使用强度接近YG6	适合冷硬铸铁、合金铸铁、耐热钢的加工，也适合普通铸铁的精加工，可用于制造仪器仪表工业用的小型刀具和小模数滚刀
	YG8	74	使用强度较高，抗冲击和抗振动性比YG6好，耐磨性和允许的切削速度较低	适合铸铁、非铁金属及其合金、非金属材料的粗加工
	YG8C	—	粗晶粒合金，使用强度较高，接近于YG11	适合制造重载切削条件下的车刀、刨刀等
	YG6A (YA6)	—	细晶粒合金，耐磨性和使用强度与YG6X相似	适合硬铸铁、灰铸铁、球墨铸铁、非铁金属及其合金、耐热钢的半精加工，也适合高锰钢、淬硬钢及合金钢的半精加工和精加工
	YT5	78	在YT类刀具中，强度最高，抗冲击性和抗振动性能最好，耐磨性较差	适合碳钢及合金钢不连续面的粗车、粗刨、半精刨、粗铣、钻孔等的加工
	YT14	77	使用强度高，抗冲击性和抗振动性能比YT5稍差，耐磨性及允许的切削速度较YT5高	适合碳钢及合金钢的粗车，间断切削时的半精车和精车、连续面的粗铣等
	YT15	75	耐磨性优于YT14，但抗冲击韧度较YT14低	适合碳钢及合金钢加工中连续切削时的粗车、半精车和精车，间断切削时的断面精车，连续面的半精铣和精铣等
	YT30	81.5	耐磨性及允许的切削速度较YT15高，但使用强度和抗冲击韧度较低，焊接及刃磨极易产生裂纹	适合碳钢及合金钢的精加工，如精车、精镗、精扩等
	YW1	80	扩展了YT类刀具的使用性能，能承受一定的冲击负荷，通用性较好	适合耐热钢、高锰钢、不锈钢等难加工材料及一般钢材、铸铁和非铁金属的精加工
	YW2	78	耐磨性稍次于YW1合金，但使用强度较高，能承受较大的冲击负荷	适合耐热钢、高锰钢、不锈钢、高级合金钢等难加工材料的半精加工和精加工，也适合一般钢材、铸铁和非铁金属的加工

续表

国产超细(亚细)颗粒硬质合金	YS2 (YG10HT)	≥91.5	耐磨性、抗冲击性、抗振动性好	适于加工钴基和镍基高温合金、钛合金、耐热不锈钢,适于低速粗车和铣削、切断、钻孔、滚齿
	YM051 (YH1)	≥92.5	耐磨性、热稳定性、韧性好,通用性强	适于铁基和铁镍基耐热合金、高强度钢,高锰钢的粗精加工和淬火钢、冷硬铸铁的半精及精加工
	YM052 (YH2)	≥92.5	耐磨性、热稳定性好	适于特种耐热不锈钢、高锰钢、冷硬铸铁的粗精加工,淬火钢、铁基耐热合金的半精及精加工以及玻璃制品的加工
	YM053 (YH3)	≥92.5	耐磨性优越,热稳定性好	适于高镍冷硬铸铁、球墨冷硬铸铁、白口铁的粗精加工及镍基碳化钨喷焊层的精加工
	YD05 (YC09)	≥93.5	硬度高,耐磨性好,抗塑性变形能力强	专用于各种镍基、钴基、铁基和含碳化钨自熔性喷涂合金材料的车、铣、刨加工
	YD10 (YG1101)	92	韧性和耐磨性好	用于钟表零件切削刀具,如小模数齿轮滚刀、铣刀、成型刀具等
	YD15 (YGRM)	≥91.5	属亚细晶粒合金,耐磨性优良,抗冲击、抗振动性好,抗黏刀能力强	适于钛合金、耐热合金的半精和精车、铣,加工各类铸铁,尤其是冷硬铸铁和高强度钢,也用于堆焊、喷焊材料的粗车和铣削
	YC35 (YT35)	≥91	—	用于各类钢材,尤其是锻铸件表皮的粗车
	YG8W (W4)	92	耐磨性和允许的切削速度较 YG8 高,抗冲击性和抗振动性好	用于粗加工和断续切削耐热合金、钛合金和耐热不锈钢材料
	669(660)	92	—	适用于石油管螺纹梳刀
	1#	≥91	细晶粒 YG 类合金,耐磨性好	适用于耐热合金,不锈钢、纯钨合金的加工,可采用大前角切削
	3#	≥90	细晶粒 YG 类合金,耐磨性优于 YG3X,是目前 YG 类合金中耐磨性最好的一种	适用于铸铁、非铁金属及其合金的精镗加工;也用于合金钢、淬火钢的精加工
	F3	92	细晶粒 YG 类合金	适用于不锈钢、淬火钢、玻璃管、合金铸铁的加工
	YG813	≥91	高温硬度高,耐磨性优良	适于镍基高温合金、钴合金、高锰钢、不锈钢以及小于 50HRC 的淬硬钢的精车及半精车加工

续表

碳（氮）钛基硬质合金	YG643 (643M)	≥93	高温硬度高，耐熔性好	适于高温合金、耐热合金及高强度钢的精加工、半精加工，也适用于冷硬铸铁、白口铸铁和非铁金属
	YG610	93	耐热性和热稳定性好	适于冷硬铸铁、合金铸铁、喷焊层及硬度在65HRC以下的淬硬钢的连续切削
	YT04	94.5	晶粒极细，硬度很高，有极高的耐磨性、高温硬度和热强度	适用于加工硅铁、钒钛铸铁、加硼铸铁、白口铸铁、镍铬冷硬铸铁以及各种淬火钢、超高强度钢、高硬度非金属材料等，特别注意不宜断续切削
	YG600	≥93.5	高温硬度、高温强度及耐热性好	适用于在较稳定的条件下加工冷硬铸铁、高合金铸铁、淬硬钢、喷焊材料及非金属工程塑料
	YN10	92	耐热性和热稳定性较高，抗冲击和抗振动性差，焊接、刃磨性能好于YT30	适于碳素钢、合金钢、不锈钢、工具钢及淬硬钢的连续面精加工，对于较长件和表面要求光洁的工件，加工效果尤佳
	YN05	93	耐磨性接近陶瓷，热稳定性极好，高温抗氧化性优良，抗冲击性和抗振动性差	适于钢、淬硬钢、合金钢、不锈钢、铸钢和合金铸铁的高速精加工，及工艺系统刚度特别好的细长件的精加工
	YN01	93	耐磨性高，抗氧化性能好，允许较高的切削速度	适于碳钢、铬、锰、硅钢等合金钢的精加工
	YN15	90.5	耐磨性好，磨削性能好，有较好的强度和韧性	适于一般钢的精加工和半精加工
	YN501	93		高速、小切削断面连续切削碳钢及合金钢，要求无振动的良好工作条件
	YN510	91～92		高速、中速，中小切削断面连续或轻微断续切削碳钢、合金钢及铸铁
	YN501N	93		高速、中小切削断面连续切削碳钢、合金钢及铸铁，要求较好的工作条件
	YN510N	91～92		中速、中小切削断面连续或轻微断续切削碳钢、合金钢及铸铁
	YN520N	91		中速、低速，中等切削断面，连续、断续切削碳钢及合金钢

四、陶瓷刀具和超硬刀具材料

陶瓷刀具材料具有如下主要优点：

(1)高硬度和高耐磨性：常温下硬度达91～95.3HRA。

(2)良好的高温性能：1200℃时仍具有切削能力。

(3)良好的化学稳定性和抗黏结能力。

(4)摩擦因数小,有以车、铣代磨的效果。

强度和韧性差、热导率低、脆性大是陶瓷刀具材料的最大缺点,抗弯强度和冲击韧度比硬质合金低,几乎不能承受冲击载荷。

陶瓷刀具按其主要的成分划分成三个系列。表 12-4 列举了部分常见陶瓷刀具的材料、牌号和用途,供读者参考选择。

表 12-4　　陶瓷刀具的牌号及用途

类别	名称	陶瓷刀具材料的特点	主要用途
氧化铝系陶瓷	纯氧化铝陶瓷	最早的一种陶瓷刀具材料,现在晶粒尺寸小于 1μm	主要用于难加工材料的加工,也逐渐用于普通铸铁和钢件的加工。可用来加工硬度为 65HRC 以上的硬刚,也可以加工某些非铁金属和非金属材料。除主要用车削加工外,还可以铣、刨、钻、镗、螺纹切削、切槽等的粗精加工。对于高硬度、高强度材料以及断续加工时主要用来半精和精加工。最适合加工要求保证精度和表面粗糙度的大型零件。因其具有高的耐热性,所以也适合高速切削加工
	氧化铝—碳化物陶瓷 氧化铝—氧化锆陶瓷	锆的加入增加了陶瓷的韧性	
氯化硅系陶瓷	氧化铝—硼化钛陶瓷	硼化钛黏结剂的作用使其具有极好的韧性和耐磨性	
	氮化硅系陶瓷	—	
复合氮化硅系陶瓷	组合氮化硅系陶瓷		
	赛阿龙(Sialon)	具有极好的耐高温性能、抗热冲击和抗机械冲击的韧性	

超硬刀具材料包括金刚石和立方氮化硼,表 12-5 列举了它们的特性和用途。

表 12-5　　超硬刀具材料的特性和用途

类别	名称	特点	主要用途
金刚石	天然单晶金刚石	高硬度和高耐磨性,刃口锋利,导热性优良,耐热性差,强度很低	主要用于非铁金属及其合金、非金属材料的精细加工
	人造聚晶金刚石	材质稳定,比天然金刚石抗弯强度和韧性有所提高,更适合做切削刀具,也适合用较高的切削用量和断续切削	
立方氮化硼	CBN	硬度稍微低于金刚石,耐磨性、热稳定性、化学稳定性好,具有良好的导热性和低摩擦因数,强度和韧性较差	最适合加工淬火钢和硬铸铁等一些难加工材料,不适合加工塑性大的材料

第二节 切刀的选择

切刀是切削加工中最常用的刀具种类，包括车刀、刨刀、插刀和镗刀等。本节主要介绍刀具基本结构的选择，刀具材料可根据第一节内容来选择。

一、车刀的种类及主要用途(见表 12-6)

车刀可在各种车床上进行车削加工，可根据被加工表面的具体形态，选择相应结构形状的车刀。

表 12-6　　车刀的种类及主要用途

分类形式		细分类	主要用途和使用事项
按用途分类	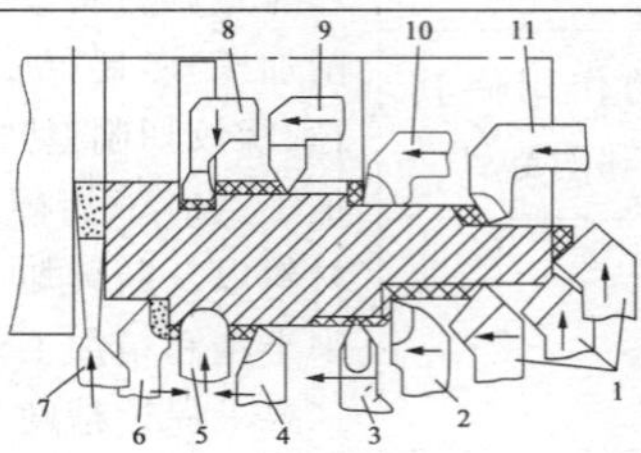 1—45°偏头车刀　2—90°外圆车刀 3—外螺纹车刀　4—75°外圆车刀 5—成型车刀　6—90°左切外圆车刀 7—切槽刀　8—内孔切槽刀 9—内螺纹车刀　10—不通孔镗刀 11—通孔镗刀	外圆车刀	加工外圆柱和外圆锥表面，也可以加工端面和倒棱，主偏角为 90°时可用于加工阶梯轴端面及刚度低的细长轴
		端面车刀	横向进给，用于车削端面和台阶面
		内孔车刀	也叫镗孔刀，可加工通孔、不通孔和内槽
		切断刀	用于切断工件。切削部分窄小，强度低，排屑不畅时极易崩刃
		切槽刀	用于切削沟槽，结构与切断刀相似，但尺寸取决于被加工要素
		螺纹车刀	可切削内外螺纹，其刃口截面形状取决于螺纹类型
按结构分类	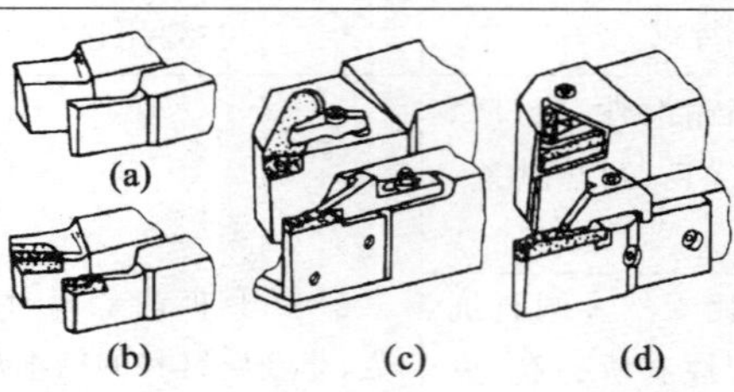 (a)整体式(b)焊接式(c)机夹式(d)可转位式	整体式车刀	刀头与刀体为同一种材料的整体，一般为高速钢材料
		焊接式车刀	将刀片(高速钢或硬质合金)焊接在刀杆(碳钢或铸铁)的刀槽上，常用于自动机上
		机械夹固车刀	免焊接使刀具的耐用度提高，刀片的夹紧机构可起断屑作用
		可转位式车刀	种类繁多，用途广泛，在各种机床上都广泛使用

二、常用刨刀和插刀的类型与用途(见表 12-7、表 12-8)

表 12-7　　常用刨刀的类型与用途

类型	插图	特点和用途	类型	插图	特点和用途
直杆刨刀	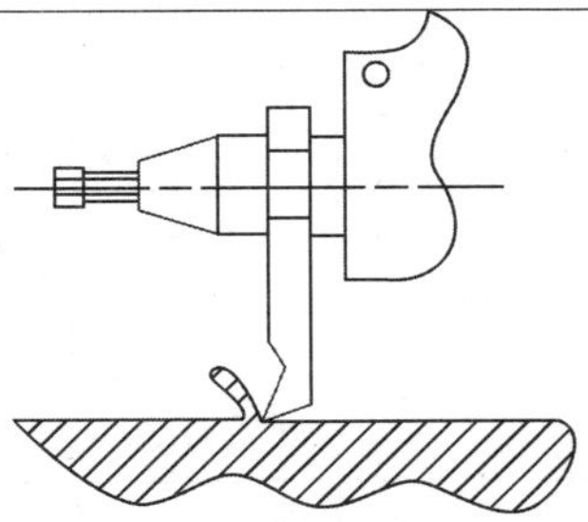	刀杆为直杆,粗加工使用	弯头刨刀	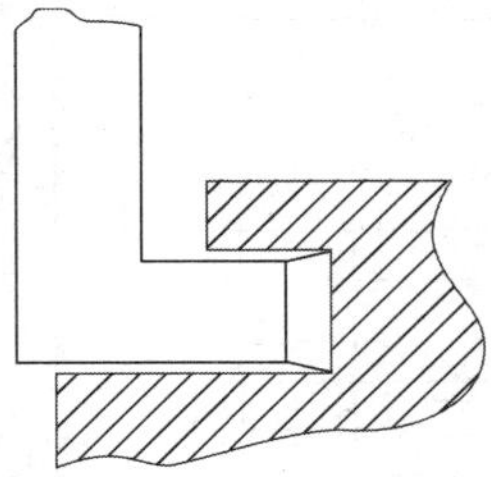	用于切槽
弯颈刨刀	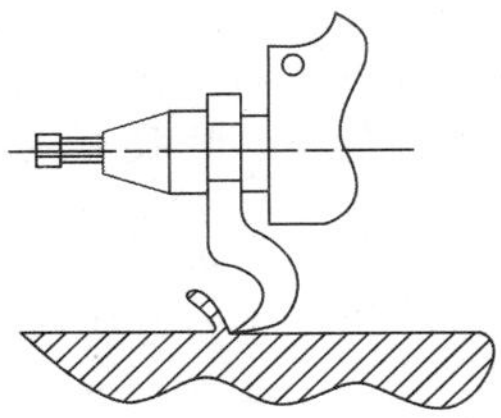	切削力使刀杆弯曲弹性变形,不扎刀。切断、切槽、精加工用	平面刨刀	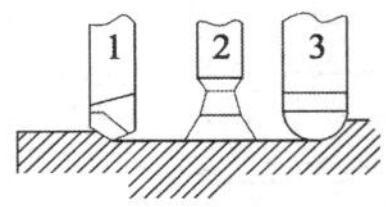 1—尖头平面刨刀 2—平头平面刨刀 3—圆头平面刨刀	粗精刨平面用
偏刀	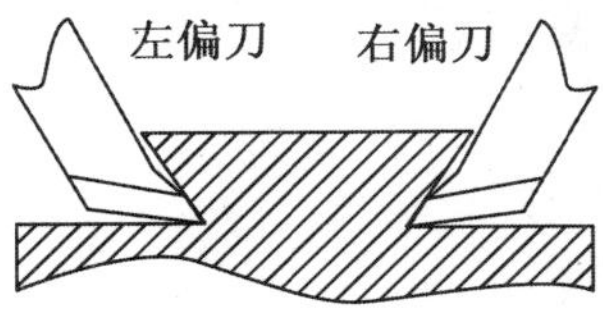	用于加工互成角度的平面、斜面、垂直面等	内孔刀	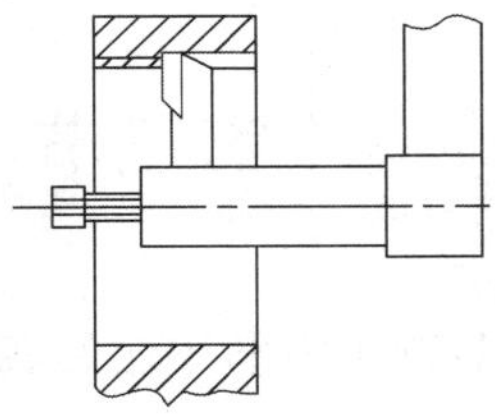	加工内孔表面与内孔槽
切刀	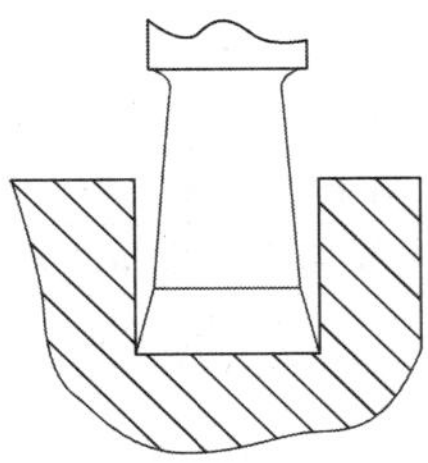	用于切槽、切断、刨台阶	弯切刀	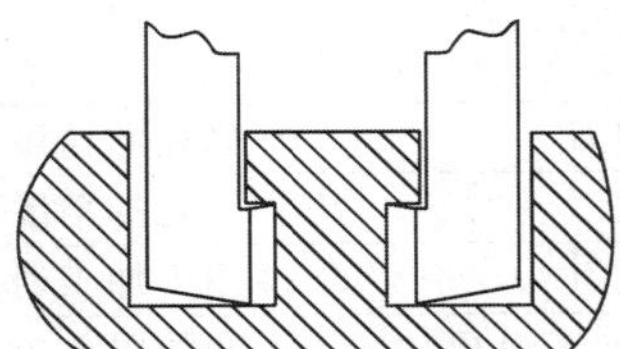	用于加工T形槽、侧面槽等
成型刀	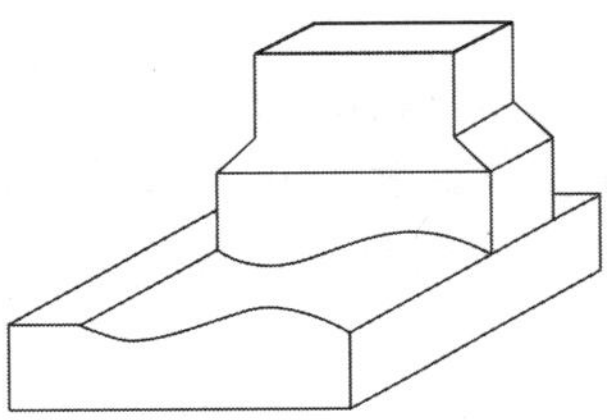	加工特殊形状的表面,刃口形状与工件表面一致,一次加工成型	粗刨刀	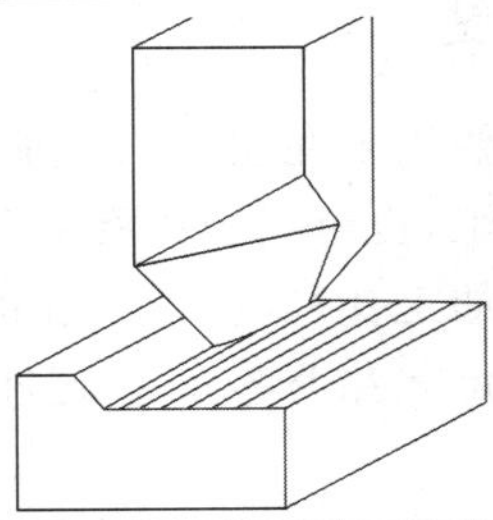	粗加工表面用刀刨,多为强力刨刀,以提高生产率

表 12-8　　常用插刀的类型和用途

类型	刀体简图	插刀加工状况简图	主要用途	主要参数的确定	
尖刀	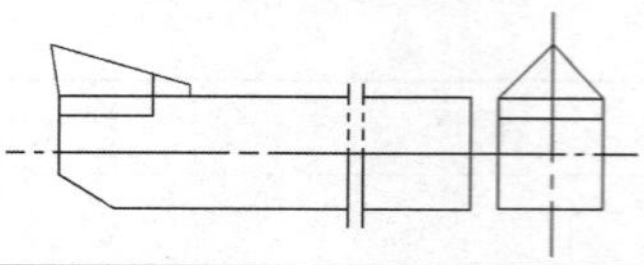	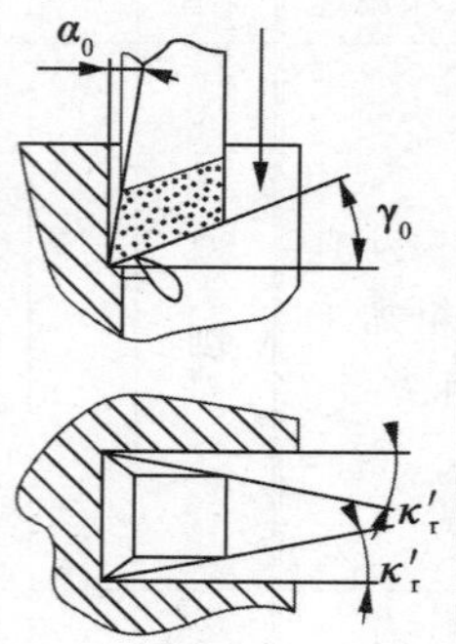	粗插或插削多边形孔	刃刀	取决于被加工要素的宽度和形状
切刀	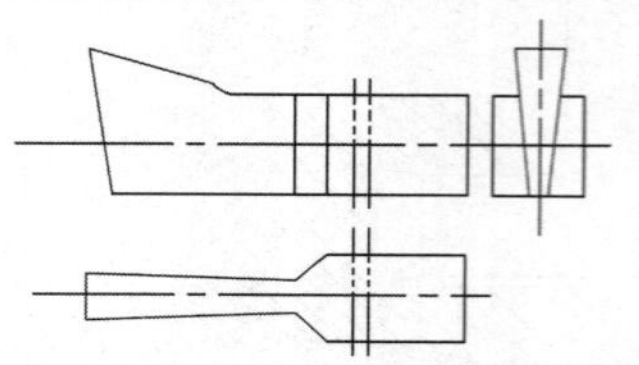		插削直角形沟槽和多边形孔	刀具的材料	加工普通碳钢和非铁金属时一般为高速钢。加工高速钢和硬度较高的材料时选择硬质合金刀具材料
圆弧刀	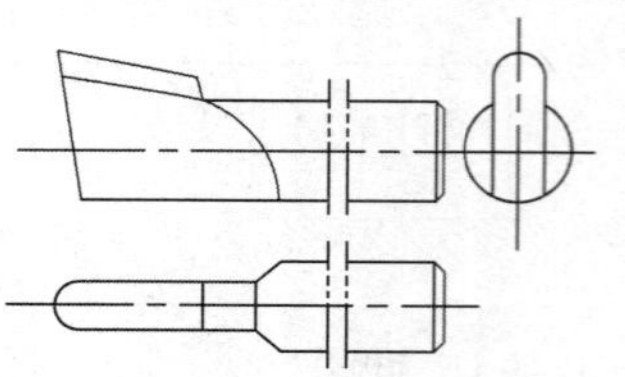		插销成型面	刀具的几何角度	前角：加工普通钢工件时取 5°～12°；加工硬度高、韧性大的材料时取 1°～3°；加工铸铁时取 0°～5° 后角：一般为 4°～8° 主偏角和副后角：一般取 1°～2°

第三节　孔加工刀具的选择

孔加工刀具的类型和用途见表 12-9。

表 12-9　　孔加工刀具的类型和用途

类型	主要用途
钻头（麻花钻）	钻孔、扩孔、锪孔、倒棱
铰刀	提高孔的精度和降低孔的表面粗糙度，一般用于加工直径较小的孔
镗刀	提高孔的精度和降低孔的表面粗糙度，一般用于加工直径较大的孔
拉刀	多用于加工通孔，通常粗精加工一起完成，主要用于大批量生产
复合孔加工刀具	由两把以上单孔加工刀具组合起来的刀具，主要用于大批量生产中

一、麻花钻

麻花钻主要用来在实体料上加工低精度和高粗糙度的孔，如铰孔等精加工前底孔和螺纹底孔的加工，也可以当扩孔钻用。图 12-1 为麻花钻的结构要素和几何参数，具体的参数要根据被加工孔径的大小、孔的深浅和被加工要素周边环境的具体情况来选择。

麻花钻的尺寸和公差见表 12-10 和表 12-11。

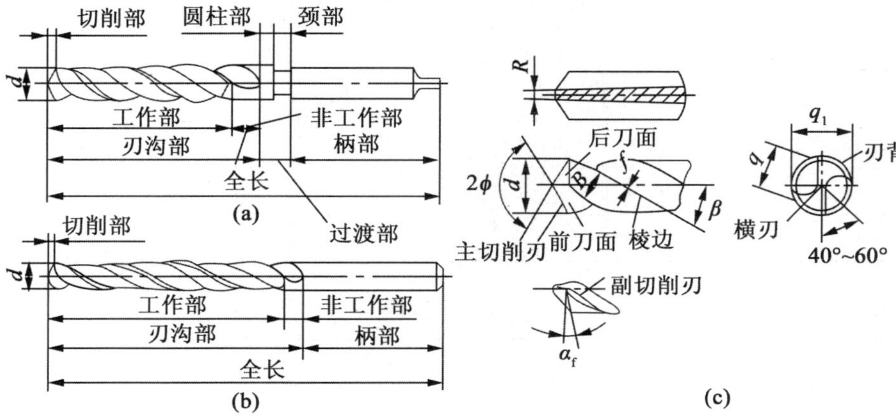

图 12-1　麻花钻的结构要素和几何参数

表 12-10　　莫氏锥柄超长麻花钻的尺寸(节选自 GB/T 1438．4-1996)　　单位:mm

<table>
<tr><th>d(h8)</th><th>l=200</th><th>l=250</th><th>l=315</th><th>l=400</th><th>l=500</th><th>l=630</th><th>锥度号</th></tr>
<tr><td>6.00、6.50
7.00、7.50
8.00、8.50
9.00、9.50</td><td>110</td><td rowspan="2">160</td><td rowspan="2">225</td><td>—</td><td rowspan="2">—</td><td rowspan="3">—</td><td rowspan="2">1</td></tr>
<tr><td>10.00、11.00
12.00、13.00
14.00</td><td rowspan="2">—</td><td>310</td></tr>
<tr><td>15.00、16.00
17.00、18.00
19.00、20.00
21.00、22.00
23.00</td><td>—</td><td>215</td><td>300</td><td>400</td><td>2</td></tr>
<tr><td>24.00、25.00
28.00、30.00</td><td rowspan="3">—</td><td rowspan="3">—</td><td rowspan="3"></td><td>275</td><td>375</td><td>500</td><td>3</td></tr>
<tr><td>32.00、35.00
38.00、40.00</td><td>250</td><td rowspan="2">350</td><td rowspan="2">480</td><td rowspan="2">4</td></tr>
<tr><td>42.00、45.00
48.00、50.00</td><td>—</td></tr>
<tr><td>直径范围</td><td>≥6.0～9.5</td><td>≥6.0～14.0</td><td>≥6.0～23.02</td><td>>9.5～40.0</td><td>>14.5～50.0</td><td>>23.02～50</td><td>—</td></tr>
</table>

二、扩孔钻和锪钻的形式和尺寸

扩孔加工用于提高钻削孔、铸造孔或冲压孔的精度。可达 H11 级以上，表面粗糙度达 $Ra3.2\mu m$ 左右。表 12-11 列出了高速钢麻花钻的直径公差，表 12-12 列出了扩孔钻的形式和尺寸。

表 12-11　　**高速钢麻花钻的直径公差**　　单位：mm

钻头直径 d	极限偏差		钻头直径 d	极限偏差		钻头直径 d	极限偏差	
	ES	EI		ES	EI		ES	EI
0.1～0.48	2	−0.01	＞6～10	0	−0.022	＞30～50	0	−0.039
0.5～3		−0.014	＞10～18		−0.027	＞50～ 80		−0.046
＞3 ～6		−0.018	＞18～30		−0.033	＞80～100		−0.054

表 12-12　　**扩孔钻的形式和尺寸**　　单位：mm

整体高速钢直柄扩孔钻的形式和尺寸（节选自 GB/T 4256-2004）

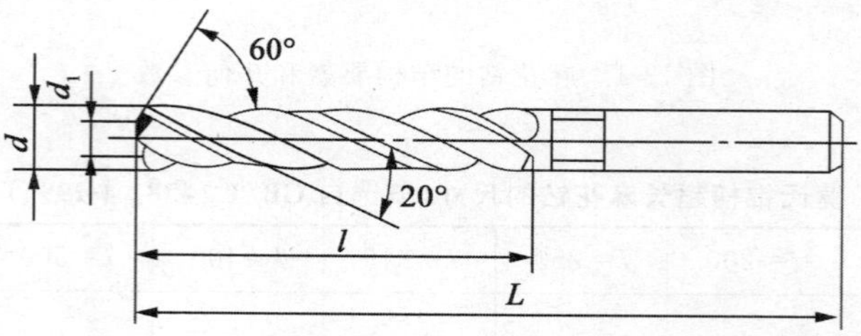

直径 d			L	l	d_1≈	直径 d			L	l	d_1≈
推荐值	取值范围	偏差				推荐值	取值范围	偏差			
3.00	～3.00	0 −0.014	61	33	1.2	10.75	＞10.60～11.8	0 −0.02	142	94	7.1
3.30	＞3.00～3.55	0 −0.018	65	36	1.5	11.00					
3.50	＞3.35～3.75		70	39		11.75					
4.0	＞3.75～4.25		75	43	2	12.75	＞11.8～13.2		151	101	8.1
4.5	＞4.25～4.75		80	47	2.6	13.75	＞13.2～14.0		160	108	9.1
5.0	＞4.75～5.30		86	52	3.2	14.75	＞14.0～15.0		169	114	9.7
6.0	＞5.30～6.00		93	57	3.5	15.75	＞15.0～16.0		178	120	10.4
6.8	＞6.00～6.70	0 −0.022	101	63	3.9	16.75	＞16.0～17.0	0 −0.03	184	125	11
7.0	＞6.70～7.50		109	69	4.5	17.75	＞17.0～18.0		191	130	11.7
8.0	＞7.50～8.50		117	75	5.2	18.70	＞18.0～19.0		198	135	12.3
9.0	＞8.50～9.50		125	81	5.8	19.70	＞19.0～20.0		205	140	13
10.0	＞9.50～10.60		133	87	6.5	—	—	—	—	—	—

续表

整体高速钢锥柄扩孔钻的形式和尺寸(节选自 GB/T 4256-2004)

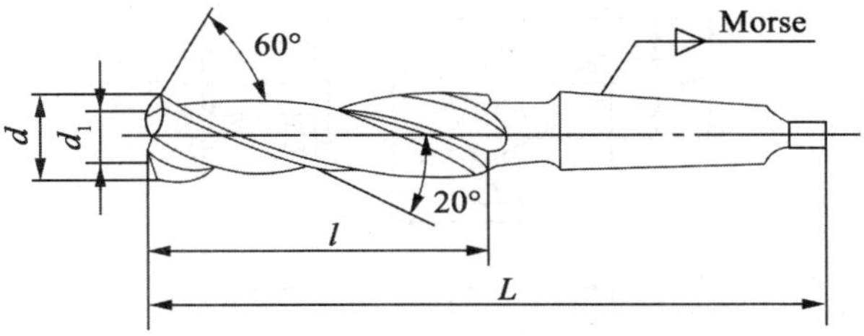

d(h8) 推荐值	d(h8) 取值范围	L	l	$d_1\approx$	莫氏锥柄号	d(h8) 推荐值	d(h8) 取值范围	L	l	$d_1\approx$	莫氏锥柄号
7.8、8	7.50～8.50	156	75	5.1	1	23.7、24	23.02～23.60	276	155	15.6	3
8.8、9	8.50～9.50	162	81	5.8		24.7、25	23.60～25.00	281	160	16.3	
9.8、10	9.50～10.60	168	87	6.5		25.7、7.26	25.00～26.50	286	165	17	
10.75、11	10.60～11.80	175	94	7.1		27.7、28	26.50～28.00	291	170	18.3	
12、13	11.80～13.20	182	101	8.1		29.7、30	28.00～30.00	296	175	19.5	
13.75、14	13.20～14.00	189	108	9.1		30.7、31	30.00～31.50	301	180	21	
14.75、15	14.00～15.00	212	114	9.7		31.7	31.50～31.75	306	185	22.6	
15.75、16	15.00～16.00	218	120	10.4	2	32.7、33	31.75～33.50	334		23.5	4
16.75、17	16.00～17.00	223	125	11		33.6～35	33.50～35.50	339	190	25	
17.75、18	17.00～18.00	228	130	11.7		35.6～36	35.50～37.50	344	195	26.5	
18.7、19	18.00～19.00	233	135	12.3		37.3～40	37.50～40.00	349	200	28	
19.7、20	19.00～20.00	238	140	13		41.6、42	40.00～42.50	354	205	29	
20.7、21	20.00～21.20	243	145	13.6		43.6～44	42.50～45.00	359	210	30	
21.7、22	21.20～22.40	248	150	14.3		45.6、46	45.00～47.50	364	215	31	
22.7、23	22.40～23.02	253	155	15		49.6、50	47.50～50.00	396	220	32	

硬质合金锥柄扩孔钻的形式和尺寸

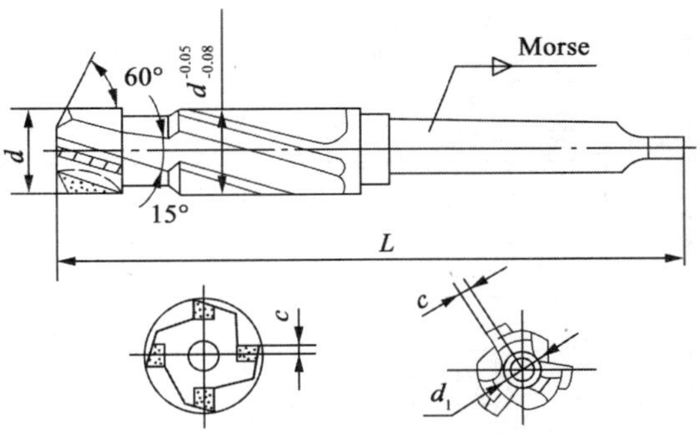

d(8)	L 长度代号 1	L 长度代号 2	L 长度代号 3	c	d_1	莫氏锥柄号
>14～16	180	220	150	1.4	7	2
>16～18	200	250	180	1.6	8	
>18～20					9	
>20～22	220	290		1.8	10	
>22～24					11	
>24～26	250	320	210	2		3
>26～28					12	
>28～30	280	360	210	2.2		
>30～32					14	
>32～34	320	390	240	3	直线齿背 $z=4$	4
>34～36						
>36～38	360	415				
>38～40				3.5		

续表

60°、90°、120°直柄锥面锪钻的形式和尺寸(GB/T 4258-2004)

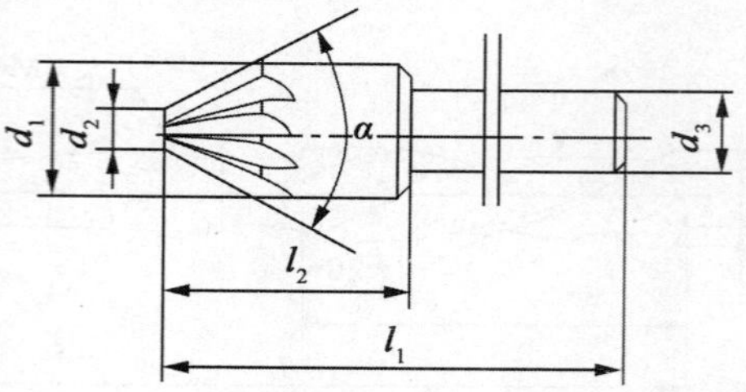

公称尺寸 d_1		柄部直径 d_3(h9)	总长 l_1				钻体长 l_2				小端直径	
			α=60		α= 90°或 120°		α=60°		α= 90°或 120°			
基本尺寸	偏差		基本尺寸	偏差	基本尺寸	偏差	基本尺寸	偏差	基本尺寸	偏差	d_2	齿数
8			48		44		16		12		1.6	
10	0 −0.15	8	50	0 −0.16	46	0 −0.16	18	0 −1.1	14	0 −1.1	2	4
12.5	0 −0.18		52		48		20		16		2.5	
16			60		56		24		20		3.2	
20	0 −0.21	10	64	0 −1.9	60	0 −1.9	28		24	0 −1.3	4	6
25			69		65		33	0 −0.16	29		7	

60°、90°、120°锥柄锥面锪钻的形式和尺寸(GB/T 1143-2004)

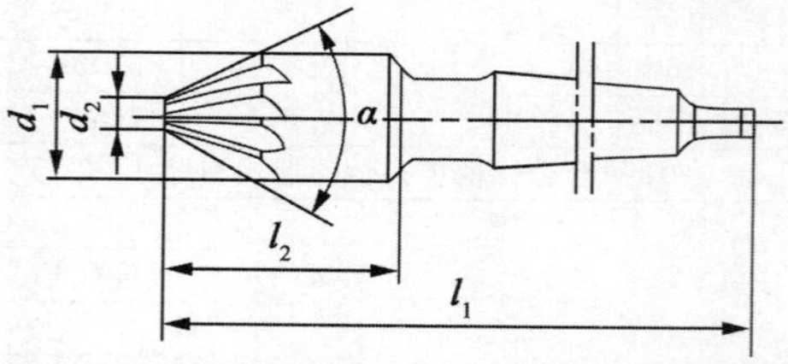

d_1		莫氏锥柄号	总长 l_1				钻体长 l_2				小端直径	
			α=60°		α=90°或 120°		α=60°		α= 90°或 120°			
基本尺寸	偏差		基本尺寸	偏差	基本尺寸	偏差	基本尺寸	偏差	基本尺寸	偏差	d_2	齿数
16	0 −0.18	1	97	0 −2.2	93	0 −2.2	24		20		3.2	
20	0 −0.21		120		116		28	0 −0.13	24	0 −0.13	4	6
25		2	125		121		33		29		7	
31.5			132	0 −2.5	124	0 −2.5	40		32		9	
40	0 −0.25		160		150		45	0 −0.16	35	0 −0.16	12.5	8
50		3	165		153		50		38		16	
63	0 −0.3		200	0 −2.9	185	0 −2.9	58	0 −0.19	43		20	10
80		4	215		196		73		54	0 −0.19	25	12

续表

带导柱直柄平底锪钻的形式和尺寸（节选自 GB 4260-2004）

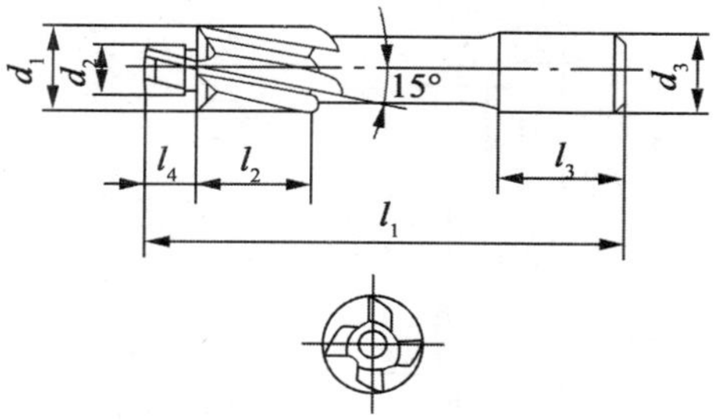

切削直径 d_1(z9)	导柱直径 d_2(e9)	柄部直径 d_3(h9)	总长 l_1	刃长 l_2	柄长 l_2	导柱长 l_4
$2 \leqslant d_1 \leqslant 3.15$	按引导孔直径配套要求规定最小直径为：$d_2 = d_1/3$	$=d_1$	45	7	—	$\approx d_2$
$3.15 < d_1 \leqslant 5$			56	10		
$5 < d_1 \leqslant 8$			71	14	31.5	
$8 < d_1 \leqslant 10$			80	18	35.5	
$10 < d_1 \leqslant 12.5$		10				
$12.5 < d_1 \leqslant 20$		12.5	100	22	40	

硬质合金莫氏短锥柄平底锪钻的形式和尺寸（m：莫氏短锥号）

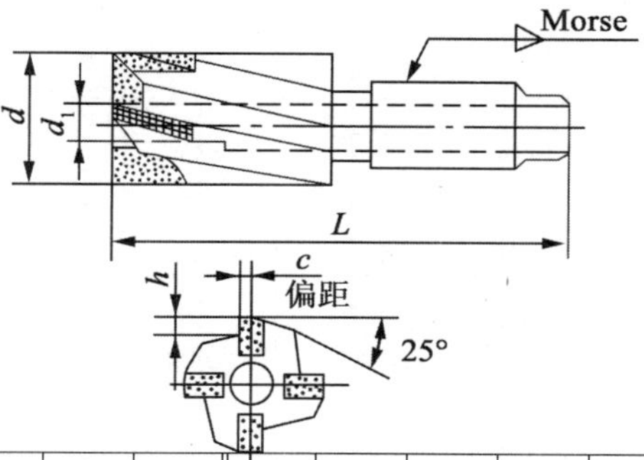

d	d_1	L	m	c	h	z	d	d_1	L	m	c	h	z
18	6	66	1	1	3	4	42	10	92	3	1.5	8	4
20							45					9	
22	8	76	2	1.2	4		48					10	
24					5		50	12	100	4	3	7.5	6
26				1.5	5.5		54					9	
28					6		60						
30							65	16	120	5	3.5	11	
32	10	92	3	1.5			70					12	
36					7		74					13	
40					8		80					14	

续表

大直径端面底锪钻的形式和尺寸

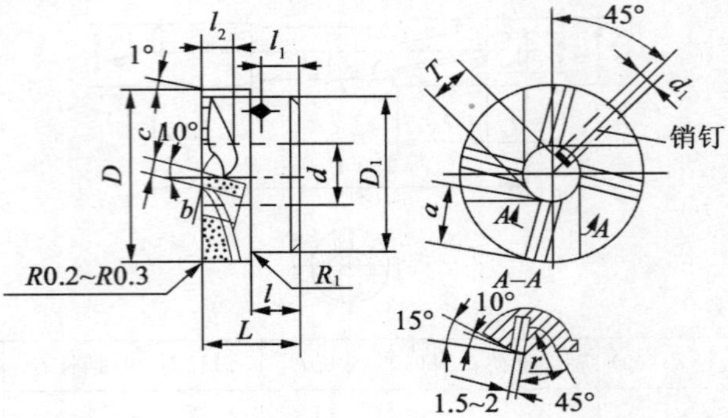

D 基本尺寸	D 偏差	d(H9)	d_1(H7)	L	D_1	l	l_1	l_2	r	a	b	C	T
28	+0.07 0	10	3	20	26	10	8	7	1	10	10	3	8.5
30					28					12			
32	+0.09 +0.03				30								
35		14	4	22	32	11	8.5	8	1.5			4	11
38					35					14			
40					37								
42		16			38	13	10.5	9	2				
45				26	42								13
48					45					16			
50		18	5	28	46	14	11	11		18		5	14.5
52	+0.105 +0.030				48					20	12		
55					50								

片形端面底锪钻的形式和尺寸

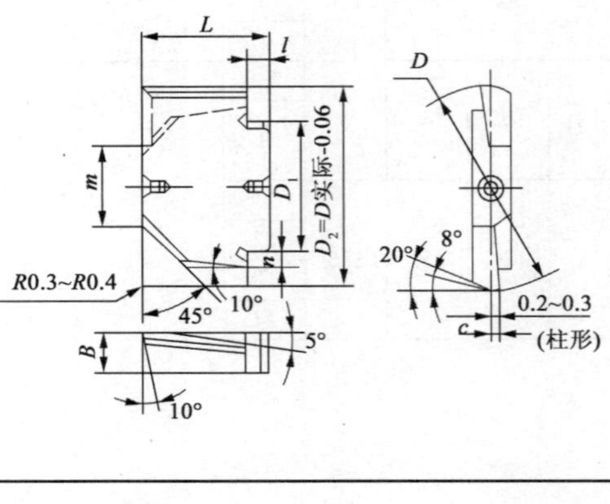

D	L	B	D_1	l	n	m	c	D	L	B	D_1	l	n	m	c
42	25	8	27	4.5	3	15	15	60	35	10	40	6.5	5	25	2.5
44								62							
45								65							
46	30	9	32	5.5	4	20	2	68							
48								70							
50								72	40	12	50	8	6	30	3
52								75							
55								78							
58	35	10	40	6.5	5	25	2.5	80							

三、铰刀的形式和尺寸(见表 12-13)

铰刀用于孔的精加工，一般精度可达 IT5～IT10，表面粗糙度 *Ra* 可达 0.2～1.6μm。铰刀的材料主要有高速钢和硬质合金两种。铰刀为多齿结构，有手用和机用两种。

表 12-13　**铰刀的形式和尺寸**　单位：mm

手用铰刀的形式和以直径分段尺寸(节选自 GB/T 1131.1-2004)

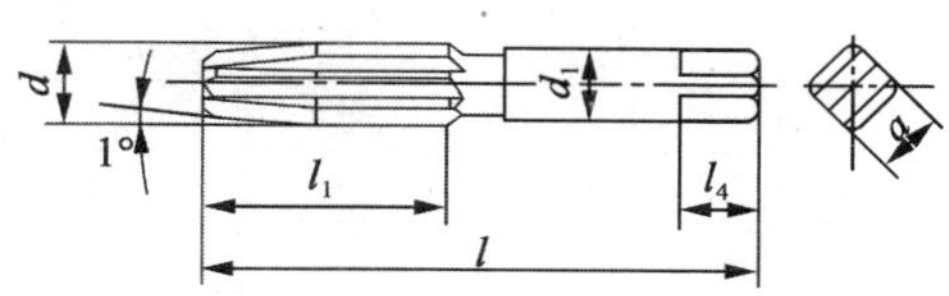

直径分段 *d*				长度				直径分段 *d*				长度			
大于	至	大于	至	l_1	l	l_1	l	大于	至	大于	至	l_1	l	l_1	l
mm		in		mm		in		mm		in		mm		in	
1.32	1.50	0.0520	0.0591	20	41	25/32	1 5/8	10.60	11.8	0.4173	0.4646	71	142	2 13/16	5 5/8
1.50	1.70	0.0591	0.0669	21	44	13/16	1 3/4	11.80	13.20	0.4646	0.5197	76	152	3	6
1.70	1.90	0.0069	0.0748	23	47	29/32	1 7/8	13.20	15.00	0.5197	0.5906	81	163	3 3/16	6 7/16
1.90	2.12	0.0748	0.0835	25	50	1	2	15.00	17.00	0.5906	0.6693	87	175	3 7/16	6 7/8
2.12	2.36	0.0835	0.0929	27	54	1 1/16	2 1/8	17.00	19.00	0.6693	0.7480	93	188	3 11/16	7 7/16
2.36	2.65	0.0929	0.1043	29	58	1 1/8	2 1/4	19.00	21.20	0.7480	0.8346	100	201	3 15/16	7 15/16
2.65	3.00	0.1043	0.1181	31	62	1 1/32	2 7/16	21.20	23.60	0.8346	0.9291	107	215	4 3/16	8 1/2
3.00	3.35	0.1181	0.1319	33	66	1 5/16	2 5/8	23.60	26.50	0.9291	1.0433	115	231	4 1/2	9 1/16
3.35	3.75	0.1319	0.1476	35	71	1 3/8	2 3/16	26.50	30.00	1.0433	1.1811	124	247	4 7/8	9 3/4
3.75	4.25	0.1476	0.1673	38	76	1 1/2	3	30.00	33.5	1.1811	1.3189	133	265	5 1/4	10 7/16
4.25	4.75	0.1673	0.1870	41	81	1 5/8	3 3/16	33.50	37.50	1.3189	1.4764	142	284	5 5/8	11 3/16
4.75	5.30	0.1870	0.2087	44	87	1 3/4	3 7/16	37.50	42.50	1.4764	1.6732	152	305	6	12
5.30	6.00	0.2087	0.2362	47	93	1 7/8	3 11/16	42.50	47.50	1.6732	1.8701	163	326	6 7/16	12 13/16
6.00	6.70	0.2362	0.2638	50	100	2	3 15/16	47.50	53.00	1.8701	2.0866	174	347	6 7/8	13 11/16
6.70	7.50	0.2638	0.2953	54	107	2 1/8	4 3/16	53.00	60.00	2.0866	2.3622	184	367	7 1/4	14 7/16
7.50	8.50	0.2953	0.3346	58	115	2 1/4	4 1/2	60.00	67.00	2.3622	2.6378	194	387	7 5/8	15 1/4
8.50	9.50	0.3346	0.3740	62	124	2 7/16	4 7/8	67.00	75.00	2.6378	2.9528	203	406	8	16
9.50	10.60	0.3740	0.4173	66	133	2 5/8	5 1/4	75.00	85.00	2.9528	3.3465	212	424	8 3/8	16 11/16

续表

直柄机用铰刀的形式和尺寸(节选自 GB1132-2004)

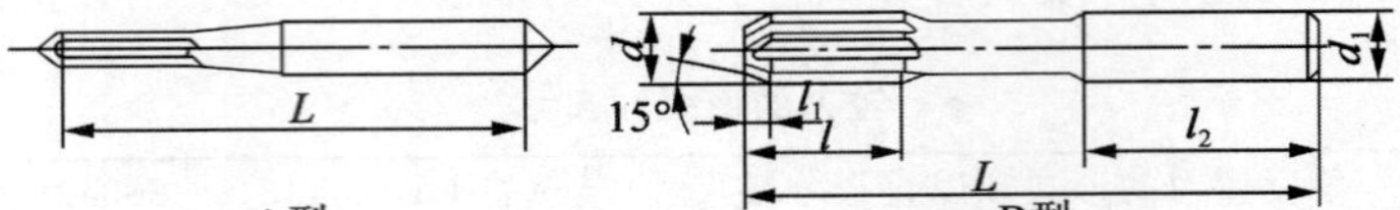

A型　　B型

直径范围 d		d_1	L	l	l_1	直径范围 d		d_1	L	l	l_1
大于	至					大于	至				
1.32	1.50		40	8		6.70	7.50	7.1	109	31	40
1.50	1.70		43	9		7.50	8.50	8.0	117	33	42
1.70	1.90		46	10		8.50	9.50	9.0	125	36	44
1.90	2.12		49	11		9.50	10.60		133	38	
2.12	2.36	$d_1=d$	53	12	—	10.60	11.80	10.0	142	41	46
2.36	2.65		57	14		11.80	13.20		151	44	
2.65	3.00		61	15		13.20	14.00		160	47	
3.00	3.35		65	16		14.00	15.00	12.5	162	50	50
3.35	3.75		70	18		15.00	16.00		170	52	
3.75	4.25	4.0	75	19	32	16.00	17.00	14.0	175	54	52
4.25	4.75	4.5	80	21	33	17.00	18.00		182	56	
4.75	5.30	5.0	86	23	34	18.00	19.00	16.0	189	58	58
5.30	6.00	5.6	93	26	36	19.00	20.00		195	60	
6.00	6.70	6.3	101	28	38	—	—	—	—	—	—

锥柄机用 1:8 锥度铰刀(粗)的形式和尺寸 (n:莫氏锥柄号)

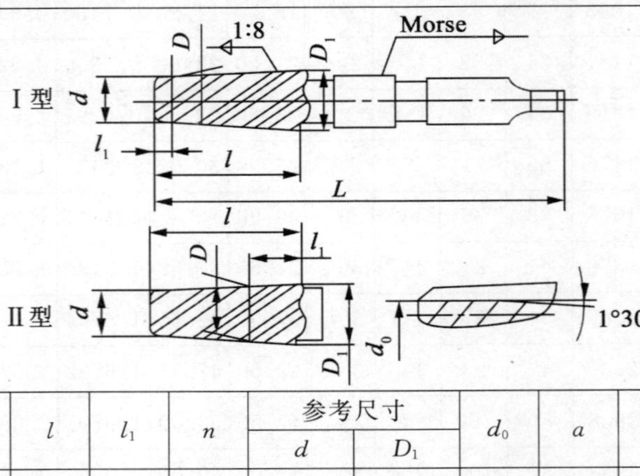

形式	D	L	l	l_1	n	参考尺寸		d_0	a	b	z	s	β
						d	D_1						
Ⅰ	19	165	60	8	3	17.996	25.526	12	1.6	0.8	3	12	35°
		185	75				27.408						
Ⅱ	37.5	190	80	22		30.021	40.061	16	2.5	1.2	4	16	
		245	90	36	4	30.487	41.818						

续表

锥柄机用 1∶8 锥度铰刀(精)的形式和尺寸(n:莫氏锥柄号)

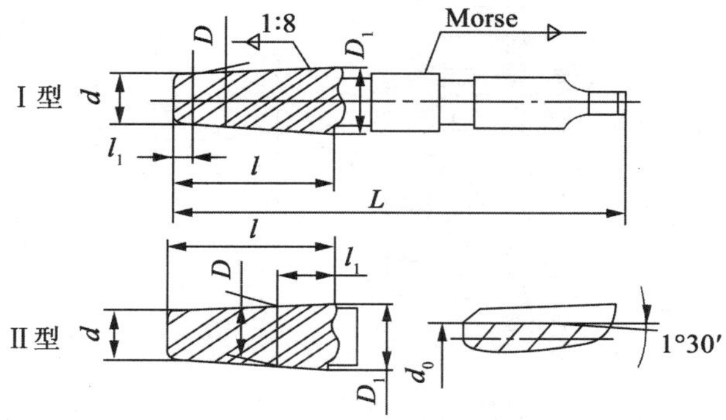

<table>
<tr><th rowspan="2">形式</th><th rowspan="2">D</th><th rowspan="2">L</th><th rowspan="2">l</th><th rowspan="2">l_1</th><th rowspan="2">n</th><th colspan="2">参考尺寸</th><th rowspan="2">d_0</th><th rowspan="2">z</th><th rowspan="2">β(小头)</th></tr>
<tr><th>d</th><th>D_1</th></tr>
<tr><td rowspan="2">Ⅰ</td><td rowspan="2">19.4</td><td>165</td><td>60</td><td rowspan="2">8</td><td rowspan="3">3</td><td rowspan="2">18.396</td><td>25.926</td><td rowspan="2">12</td><td rowspan="4">5</td><td rowspan="4">35°</td></tr>
<tr><td>185</td><td>75</td><td>27.808</td></tr>
<tr><td rowspan="2">Ⅱ</td><td rowspan="2">37.75</td><td>190</td><td>80</td><td>22</td><td>30.471</td><td>40.511</td><td rowspan="2">17</td></tr>
<tr><td>245</td><td>90</td><td>36</td><td>4</td><td>30.973</td><td>42.268</td></tr>
</table>

锥柄机用 1∶50 锥度销子铰刀的形式和尺寸(n:莫氏锥柄号)

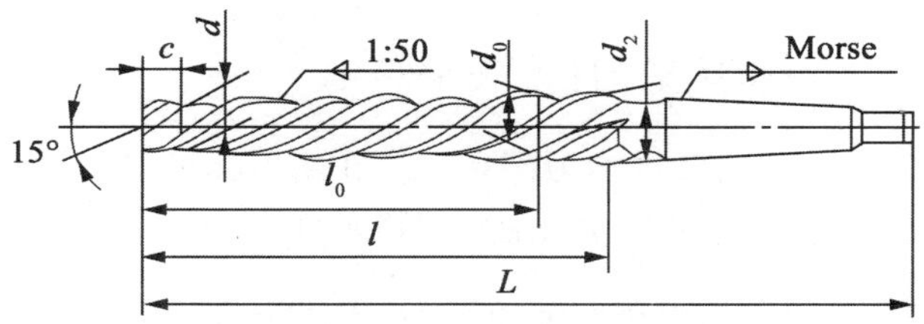

<table>
<tr><th colspan="2">d</th><th rowspan="2">L</th><th rowspan="2">l</th><th rowspan="2">c</th><th rowspan="2">l_0</th><th rowspan="2">d_0</th><th rowspan="2">d_2</th><th rowspan="2">n</th><th rowspan="2">z</th></tr>
<tr><th>基本尺寸</th><th>偏差</th></tr>
<tr><td>5</td><td rowspan="2">0
−0.018</td><td>155</td><td>73</td><td rowspan="4">5</td><td>65</td><td>6.2</td><td>6.36</td><td rowspan="4">1</td><td rowspan="2">4</td></tr>
<tr><td>6</td><td>187</td><td>105</td><td>95</td><td>7.8</td><td>8.00</td></tr>
<tr><td>8</td><td rowspan="2">0
−0.022</td><td>227</td><td>145</td><td>135</td><td>10.6</td><td>10.80</td><td rowspan="4">6</td></tr>
<tr><td>10</td><td>257</td><td>175</td><td>165</td><td>13.2</td><td>13.40</td></tr>
<tr><td>12</td><td rowspan="2">0
−0.027</td><td>315</td><td>210</td><td rowspan="3">10</td><td>190</td><td>15.6</td><td>16.0</td><td rowspan="2">2</td></tr>
<tr><td>16</td><td>335</td><td>230</td><td>210</td><td>20.0</td><td>20.4</td></tr>
<tr><td>20</td><td rowspan="3">0
−0.033</td><td>377</td><td>250</td><td>230</td><td>24.4</td><td>24.8</td><td rowspan="2">3</td><td rowspan="3">8</td></tr>
<tr><td>25</td><td>427</td><td>300</td><td rowspan="4">15</td><td>255</td><td>29.8</td><td>30.7</td></tr>
<tr><td>30</td><td>475</td><td>320</td><td>275</td><td>35.2</td><td>36.4</td><td rowspan="2">4</td></tr>
<tr><td>40</td><td rowspan="2">0
−0.039</td><td>495</td><td>340</td><td>295</td><td>45.6</td><td>46.5</td><td rowspan="2">10</td></tr>
<tr><td>50</td><td>550</td><td>360</td><td>315</td><td>56.0</td><td>56.9</td><td>5</td></tr>
</table>

续表

硬质合金整体套式铰刀的形式和尺寸

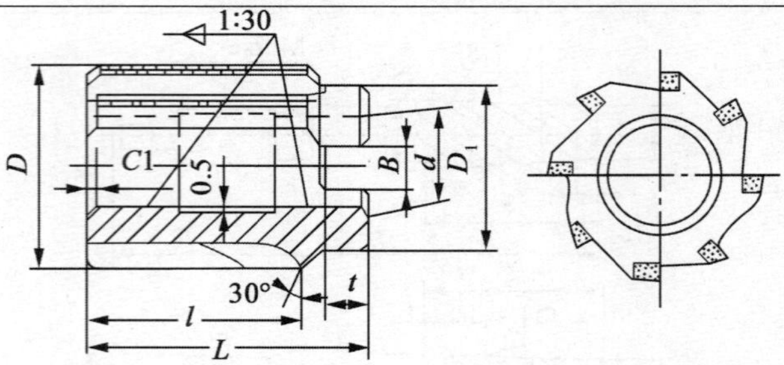

D 大于	D 至	L	l	D_1	B	t	d(h7)	s	合金型号
30	35	45	35	28	6	8	16	8	E525
35	40	50	40	34					E530
40	48			38	8	8.5	19		
48	55	55	43	45	10	12	27	10	
55	60			52					

四、深孔钻的尺寸和使用范围(见表 12-14)

长径比 L/D 大于 5 的孔通常被称为深孔。深孔钻刀具可以比较好地解决刚度、排屑和冷却问题。深孔钻的类型、使用范围和主要规格尺寸见表 12-14。

表 12-14　深孔钻的类型、使用范围和主要规格尺寸　单位：mm

外排屑枪钻	
使用范围及简图	用于加工直径为 2～20mm、长径比大于 100、精度为 H8～H10 级、表面粗糙度 Ra 为 12.5～3.2μm 的深孔。生产率低于内排屑深孔钻
	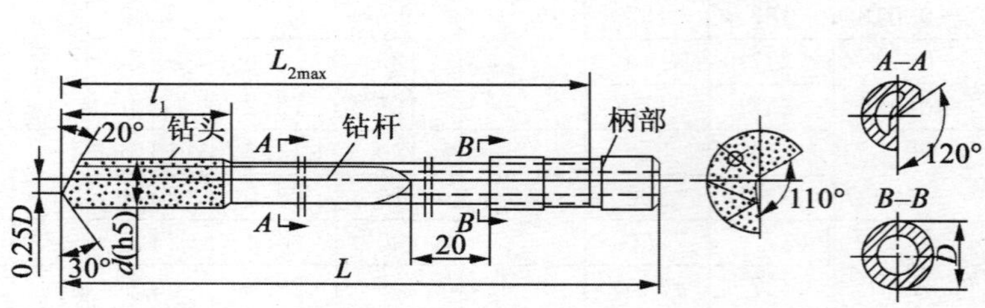

续表

外排屑枪钻

	d	D	l_1	L_{2max}	L	d	D	l_1	L_{2max}	L	d	D	l_1	l_{2max}	L
主要规格尺寸	3～3.3	2.8	15	600	635	>8～9	7.5	30	1600	1635	>18～19	17.2	45	2500	2535
	>3.5～4	3.2	18	700	735	>9～10	8.0		1800	1835	>19～20	18.2			
	>4～4.5	3.6	20	800	835	>10～11	9.4	35	2035	2035	>20～21	19	50	2800	2835
	>4.5～5	4.1		900	935	>11～12	10.3				>21～23	20			
	>5～5.5	4.6		1000	1035	>12～13	11.3				>23～24	22	55		
	>5.5～6	5.0	25	1200	1235	>13～14	12.3	40	2200	2235	>24～25	23			
	>6～6.5	5.5				>14～15	13.3				>25～27	24			
	>6.5～7	6.0	30	1400	1435	>15～16	14.3				>27～29	26			
	>7～7.5	6.5				>16～17	15.2				>29～30	28	60		
	>7.5～8	7.0		1600	1635	>17～18	16.2		2500	2535					

BTA 内排屑深孔钻

使用范围	用于加工直径为 60mm、长径比大于 100、精度可达 H9～H10 级、表面粗糙度 Ra 为 3.2μm 的深孔。生产率比外排屑高 3 倍

简图

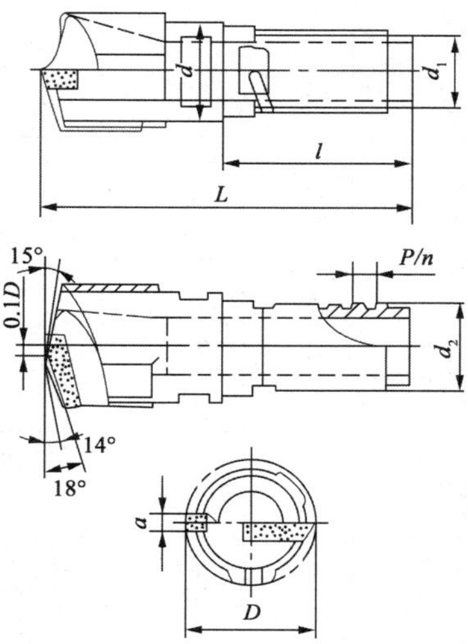

主要规格尺寸

钻头直径 D	d 直径	d 公差	d_1 直径	d_1 公差	L	l	d_2	a	螺纹线数 n	P
15	10	0 −0.01	8.8	−0.050 −0.015	65	30	9.8	3	2	8
18	12.5	0 −0.012	11.3	−0.060 −0.180	77	35	12.3			
20	14		12.3		85	40	13.8			12
22										
24	18	0 −0.014	15.5		100	45	17.5	4		
25										
30	23		20	−0.070 −0.210	105	50	22			
32										
35	26		23		115		25	5		14
40	29		26				28			
45	34	0 −0.017	29		122		33	6		16
50										
55	45		39	−0.080 −0.250	142	75	44			20

续表

喷吸钻	
使用范围	用于加工实心直径为 18～65mm、长径比小于 100、精度可达 IT8 级、表面粗糙度 Ra 为 3.2μm 的深孔。适用于切削液压力较低的场合。其他性能同内排屑深孔钻

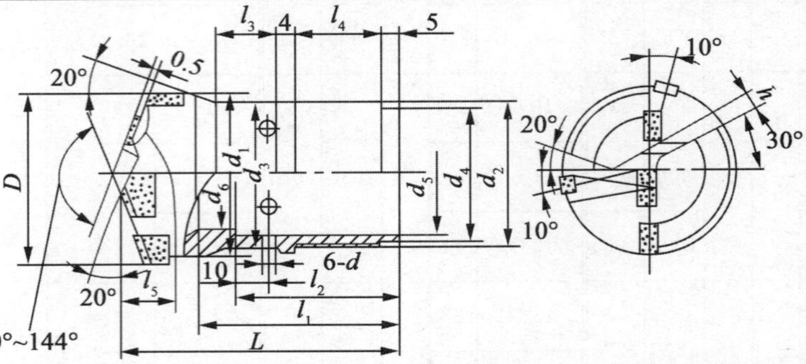

主要规格尺寸

直径 D	d_1	d_2	d_3	d_4	d_5	d_6	l	l_1	l_2	l_3	l_4	l_5	d	h
＞20～22	18.5～20	18	17.5	16	14	12	52.7	42	30	10	12	12	2	2
＞22～24	21～22	19.5	19	17	15	13	52.7	42	30	10	12	12	2	2
＞24～26.6	22～24.5	21	20.5	19	16	14	52.7	42	30	10	12	12	2	2.5
＞26.5～28.5	24.5～26	23.5	23	21	18	16	56.7	45	35	12	16	16	2.5	2.5

DF 系统深孔钻(大直径系列)

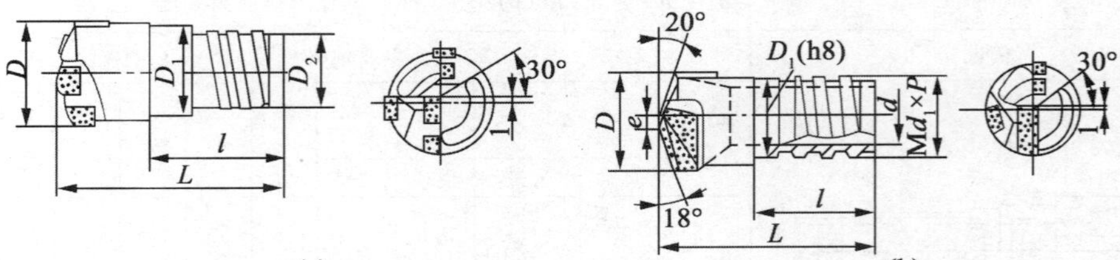

(a)　　(b)

主要规格尺寸

D	D_1	D_2	L	l	D	D_1	D_2	L	l
15.5～16.7	12.4	10.8	36	28	31.26～33.25	25.5	23	56	35
16.71～17.7	13.4	11.8		75	33.26～36.25	27.5	25	60	
17.71～18.75	14.4	12.8	38	23	36.26～39.75	28.5	25.5	68	38
18.76～20.00	15.4	13.8	43	24	39.76～43.25	32.5	29.5	75	44
20.01～21.75	16.4	14.8			43.26～47.25	34.5	31.5	78	46
21.76～24.25	17.4	15.8	47		47.26～51.75	37.5	34.5	80	
24.26～26.25	19.5	17.8	48	29	51.76～56.25	41.5	38.5	90	50
26.26～28.75	22.5	20.5	55	32	56.26～60.50	45.5	42.5	95	52
28.76～31.25	23.5	21.5	58	35	60.51～65.00	50.5	47.0	96	55

续表

DF 系统深孔钻(小直径系列)

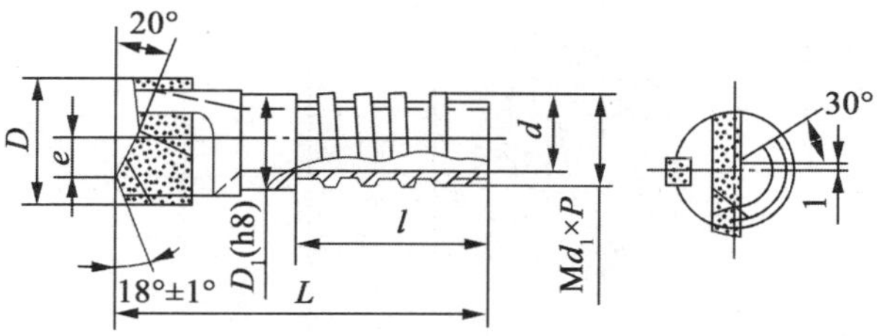

D	D_1	d	$Md_1×P$	L	l	e	D	D_1	d	$Md_1×P$	L	l	e
6	4.5	3	4.5×2	25	15	1.5	13	10	7	10×4	40	23	1.3
7	5.5	4	5.5×2			1.7	14	11	8	11×5			1.4
8	6.0	4.6	6.0×2			2.0	15	12	9	12×5			1.5
9	6.5	5	6.5×2	30	20	2.2	16	13	9.5	13×5			1.6
10	7.0	5.3	7.0×2			2.5	17	14	10.5	14×5			2
11	7.5	5.5	7.5×2			2.7	18	15	11.5	15×5			
12	8.0	6.5	8.0×2			—	—	—	—	—			

五、镗刀的类型和用途(见表 12-15)

表 12-15　　　　单刃镗刀的类型和用途　　　　单位：mm

普通单刃镗刀(夹持在镗杆上)

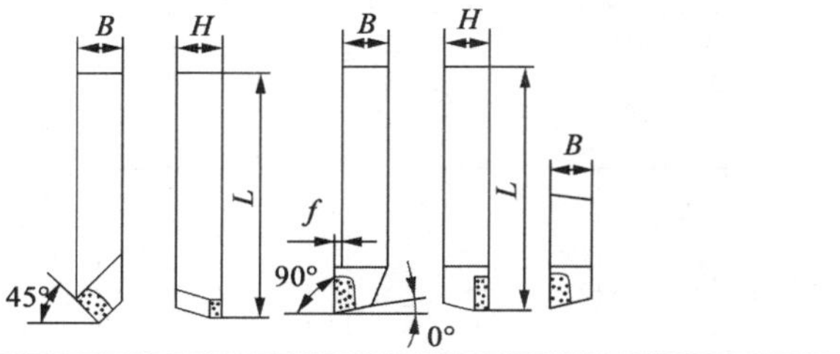

B×H	L	f
8×8	25～40	2
10×10	30～50	
12×12	50～70	
16×16	70～90	4
20×20	80～100	

机卡单刃镗刀

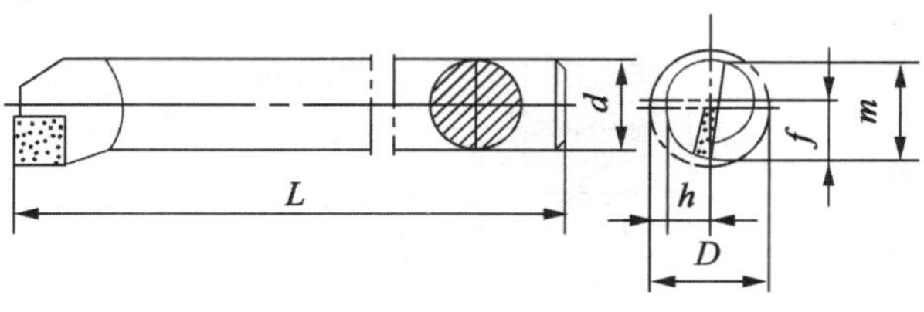

杆部直径 d(g7)		8	10	12	16	20	25	32	40	50	60
总长 L	优选系列	80	100	125	150	180	200	250	300	350	400
	第二系列	100	125	150	200	250	300	350	400	450	500
尺寸 $f_{-0.25}^{0}$		6	7	9	11	13	17	22	27	35	43
最小镗孔直径 D		11	13	16	20	25	32	40	50	63	80

续表

弯头镗刀(坐标镗床使用)

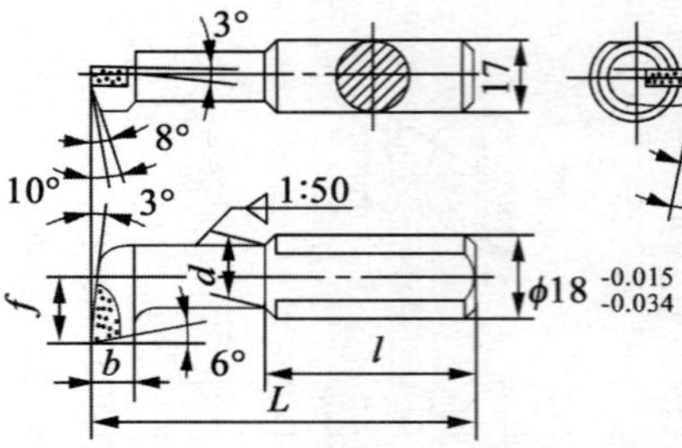

L	l	d	f	b	h
70	45	8	7	7	2
80		11	10		
90	50	14	12	9	1.5
100		16	15	10	
		17	18	14	1
125			20		

整体镗刀块

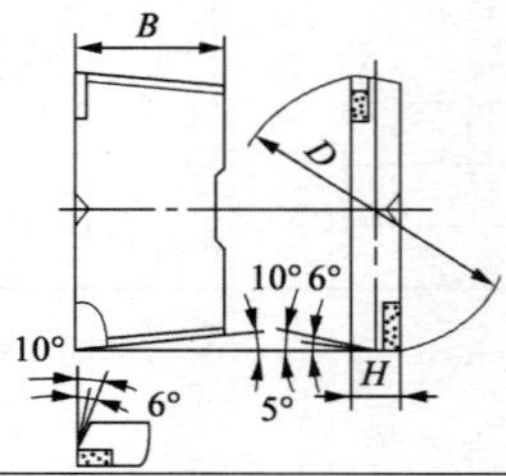

直径 D	B	H	直径 D	B	H	直径 D	B	H
25～22	20	8	50～55	35	12	75～80	35	12
30～35			55～60			80～85		
35～40			60～65			85～90		
40～45	30	10	65～70			90～100		
45～50			70～75			>100	35	14

浮动镗刀块

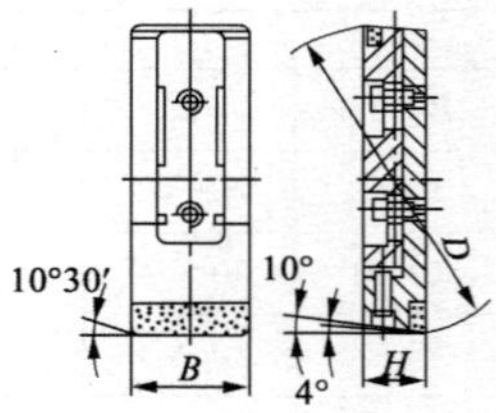

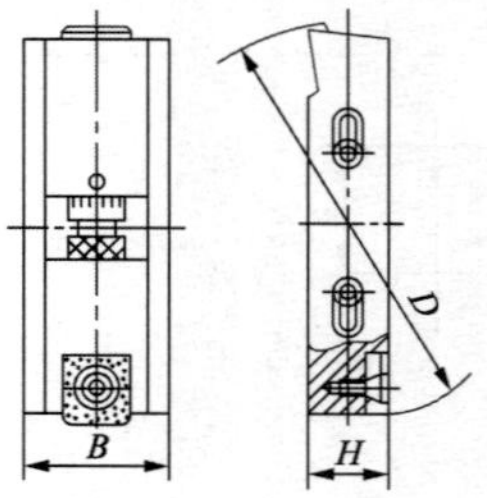

直径 D	调节范围	B	H	直径 D	调节范围	B	H
20	20～22	20	8	36	36～40	25	12
22	22～24			40	40～45		
24	24～27			45	45～50		
27	27～30			50	50～55		
30	30～33			55	55～60		
33	33～36			60	60～65	30	16
65	65～70	30	16	150	150～l70	30	16
70	70～ 80			170	170～190	35	20
80	80～90	30		190	190 ～210	40	25
90	90～100			210	210 ～230		
100	100～110			230	230～250		
110	110～120			250	250～270		
120	120～135			270	270～300	45	30
135	135～150			300	300～330		

六、复合孔加工刀具的选择

1. 攻螺纹前钻孔倒角用锥柄阶梯钻形式和尺寸(见表 12-16)

表 12-16　　攻螺纹前钻孔倒角用锥柄阶梯钻形式和尺寸　　单位:mm

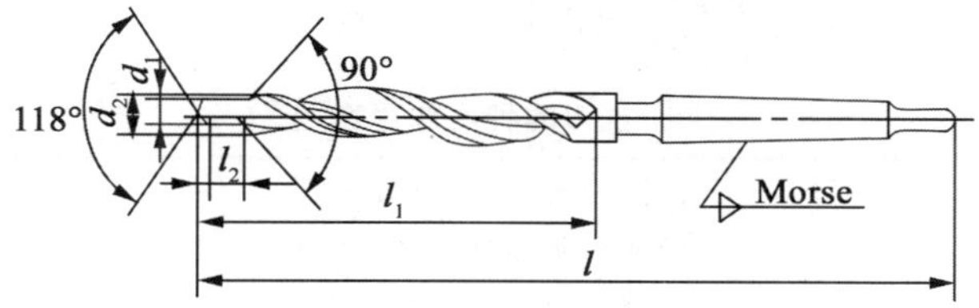

d_1(h9)		d_2(h_8)	l	l_1	莫氏锥柄号	l_2				普通螺纹	
						粗牙		细牙			
粗牙	细牙					第 1 系列	第 2 系列	第 1 系列	第 2 系列	粗牙	细牙
5.0	5.2	6.5	144	63	1	16.5	20.0	13.5	18.0	M6	M6×0.75
6.8	7.0	9.0	162	81		21.0	25.5	18.0	24.0	M8	M8×1
8.5	8.8	11.0	175	94		23.5	32.0	22.0	29.5	M10	M10×1.25
10.2	10.5	14.0	189	108		30.0	38.0	26.5	36.0	M12	M12×1.5
12.0	12.5	16.0	218	120	2	34.5	44.0	29.0	40.0	M14	M14×1.5
14.0	14.5	18.0	228	130		38.5	48.0	31.5	43.5	M16	M16×1.5
15.5	16.0	20.0	238	140		43.5	56.0	38.0	52.0	M18	M18×2
17.5	18.0	22.0	248	150		47.5	60.0	41.0	56.0	M20	M20×2
19.5	20.0	24.0	281	160	3	51.5	64.0	43.5	60.0	M22	M22×2
21.5	22.0	26.0	286	165		56.5	72.0	46.0	64.0	M24	M24×2
24.0	25.0	30.0	296	175		62.5	78.0	50.0	70.0	M27	M27×2
26.5	28.0	33.0	334	185	4	70.0	88.0	53.3	76.0	M30	M30×2

2. 其他复合刀具(见表 12-17)

表 12-17　　其他复合刀具

简图	使用特点
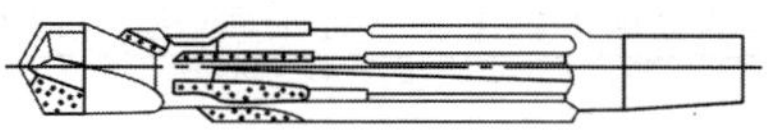 钻—铰复合刀具	用于钻壳体零件小直径的定位销孔,加工精度可达 IT8 级以上,表面粗糙度 Ra 为 3.2μm 左右
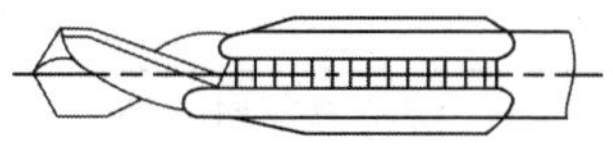 钻—攻复合刀具	适于在立式钻床上钻—攻较浅的螺纹通孔
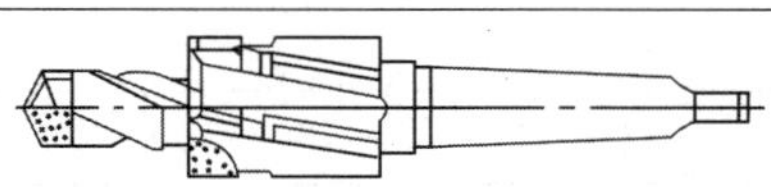 钻—锪复合刀具	适于钻螺栓孔并锪凸台或平面,钻头与锪钻的容屑槽要相通

第四节 铣刀的选择

一、铣刀的种类和用途(见表 12-18)

表 12-18 **铣刀的种类和用途**

铣刀种类		用途
立铣刀		铣削沟槽(包括螺旋槽)和工件上各种形状的孔 铣削台阶面、凸台平面、侧面和工件上局部下凹的小平面 按靠模形状铣削内外曲面 铣削各种平面凸轮和圆柱凸轮
T 形槽铣刀、平键槽铣刀、半圆键槽和燕尾槽铣刀		分别用于加工 T 形槽、平键槽、半圆键槽和燕尾槽
锯片铣刀	粗牙	切断(轻合金和非铁金属)板料、棒料和各种型材 铣削各种槽
	细牙	切断(钢、铸铁)板料,棒料和各种型材 铣削各种槽
三面刃铣刀	直齿	铣削各种槽(优先选用错齿与镶齿)
	错齿与镶齿	铣削台阶面、侧面及凸台平面
圆柱形铣刀	粗齿、细齿	粗铣及半精铣平面
铲背成型铣刀	凹半圆铣刀	铣削半径为 1~20mm 的凸半圆成型面
	凸半圆铣刀	铣削半径为 1~20mm 的半圆槽或凹半圆成型面
	圆角铣刀	铣削半径为 1~20mm 的圆角和圆弧
角度铣刀	单角铣刀	用于刀具的开齿,铣削各种刀具的外圆齿槽和端面齿槽 铣削各种锯齿型离合器和棘轮的齿形
	对称双角铣刀	铣削各种 V 形槽 铣削齿尖、梯形齿离合器的齿形
	不对称双角铣刀	用于刀具的开齿,铣削各种刀具的外圆直齿、斜齿和螺旋齿槽
镶齿面铣刀	离速钢铣刀	粗铣及半精铣各种平面(铣削速度 $v \leqslant 30$m/min)
	硬质合金铣刀	粗铣及精铣钢、铸铁、非铁金属工件上的各种平面(优先选用)

二、铣刀直径的选择(见表 12-19)

表 12-19 **铣刀直径的选择** 单位:mm

铣刀名称	圆盘铣刀				槽铣刀及切断铣刀			
铣削深度 a_p	≤8	~12	~20	~40	≤ 5	~10	~12	~25
铣削宽度 a_w	~20	~25	~35	~50	≤4	≤4	~5	~10
铣刀直径 d_0	~80	80~100	100~160	160~200	~63	63~ 80	80~100	100~125

续表

铣刀名称	高速钢圆柱形铣刀					硬质合金面铣刀			
铣削深度 a_p	≤70	～90	～100	≤4	～5	～6	～6	～8	～10
铣削宽度 a_w	≤50	～8	～10	≤60	～90	～120	～120	～260	～350
铣刀直径 d_0	～80	80～100	100～125	～80	100～125	160～200	200～250	315～400	400～500

三、铣刀角度的选择(见表12-20、表12-21)

表12-20　　高速钢铣刀角度的选择

前角 γ_0(°)

加工材料		其他铣刀	切槽、切断铣刀		成型、角度铣刀	
			≤3mm	＞3mm	粗铣	精铣
碳钢及合金钢 σ_b(MPa)	≤600	20	5	10	15	10
	600～1000	15				5
	＞1000	10			10	
耐热钢		10～15	—	10～15	5	—
铸铁(HBW)	≤150	15	5	10	15	5
	150～220	10			10	
	＞220	10				
铜合金		10	5	10	10	5
铝合金		25	25	25	—	—
塑料		6～10	8	10	—	—

①用圆柱铣刀铣削 σ_b＜600MPa 的钢材，当刀齿螺旋角 β＞30°时，γ_0＝15°

②当 γ_0＞15°的成型铣刀铣削精密轮廓时，铣刀外形需要修正

③用铣刀铣削耐热钢时，前角取表中较大值；用圆柱铣刀铣削时，则取较小值

④其他铣刀包括端铣刀、盘铣刀、立铣刀、圆柱铣刀

后角、偏角及过渡刃长度

铣刀类型		α_0	α'_0	κ_r	κ'_{re}	κ_{re}	b_e(mm)
端铣刀	细齿	16	8	90	1～2	45	1～2
	粗齿	12		30～90		15～45	
圆柱铣刀	整体细齿	16	8	—	—	—	—
	粗齿、镶齿	12					
两面、三刃刀	整体齿	20	6		1～2	45	1～2
	镶齿	16					
切槽铣刀		20	—		0.25～1	—	
切断铣刀		20	—		—	45	0.5
立铣刀		14	18		—	45	0.5～1

续表

键槽铣刀	$d_0 \leqslant 16$mm	20	8	—	—	—	—
	$d_0 > 16$mm	16					

①端铣刀 κ_r 主要按工艺系统刚度选取。高刚度、小加工余量时，取 $\kappa_r = 35° \sim 45°$；中等刚度、较大余量时，取 $\kappa_r = 60° \sim 75°$；铣削相互垂直表面的端铣刀，取 $\kappa_r = 90°$

②刃磨铣刀时，在后刀面上可沿切削刃留一刃带，其宽度不得超过 0.1mm，但槽铣刀和切断铣刀（圆锯）不留刃带

③用铣刀铣削耐热钢时，取 $\kappa_r = 30° \sim 60°$

螺旋角

铣刀类型		β(°)	铣刀类型		β(°)	铣刀类型			β(°)
端铣刀	整体齿	25～40	立铣刀		30～45	盘铣刀	镶齿三面刃	$L>15$mm	12～15
	镶齿	10	键槽铣刀		15～25			$L<15$mm	8～10
圆柱铣刀	细齿	30～45	盘铣刀	两面刃	15		组合齿三面刃		15
	粗齿	40		三面刃	8～15	—	—		—
	镶齿	20～45		错齿三面刃	10～15	—	—		—

表 12-21　　硬质合金铣刀角度的选择

铣刀类型	加工材料		γ_0	α_0 $f_z<0.25$（mm/齿）	α_0 $f_z<0.25$（mm/齿）	α'_0	α_{oe}	$\beta(\lambda_s)$（°）	κ_r	κ'_r	κ_{re}	b_e（mm）
	钢 σ_b（MPa）	<650	5	12～16	6～8	8～10	$=\alpha_0$	$\lambda_s=-12\sim-15$	20～75	5	$\kappa_r/2$	1～1.5
		650～950	−5									
		1000～1200	−10									
	耐热钢		8	10	10	8～10	10	$\lambda_s=0$	20～75	10	—	—
	灰铸铁（HBW）	< 200	5	12～15	6～8	8～10	$=\alpha_0$	$\lambda_s=-12\sim-15$	20～75	5	$\kappa_r/2$	1～1.5
		200～250	0									
	可锻铸铁		7	6～8	6～8	8～10	6～8		60	2		

①半精铣和精铣钢（$\sigma_b = 600 \sim 8100$MPa）时，$\gamma_0 = -5°$，$\alpha_0 = 5° \sim 10°$

②工艺系统刚度较好、余量小于 3mm 时，取 $\kappa_r = 20° \sim 30°$；中等刚度、余量为 3～6mm 时，取 $\kappa_r = 45° \sim 75°$

③端面铣刀对称铣削，初始铣削深度 $\alpha_e = 0.05$mm 时，取 $\lambda_s = -15°$；非对称铣削，$\alpha_e < 0.45$mm 时，取 $\lambda_s = -5°$。当以 $\kappa_r = 45°$ 的端面铣刀加工铸铁时，取 $\lambda_s = -20°$；当 $\kappa_r = 60° \sim 75°$ 时，取 $\lambda_s = -10°$

续表

圆柱铣刀	碳钢、合金钢 σ_b＜750MPa	5	17	—	—	24～30	—	—	—	—
	铸铁＜200HBS									
	青铜＜140HBS									
	碳钢、合金钢 σ_b＝750～1100MPa 铸铁＞200HBS	0	17							
	青铜＞140HBS									
	碳钢、合金钢 σ_b＞1100MPa	－5	15							
	耐热钢、钛合金	6～15	15			20				
	后刀面上允许沿切削刃有宽度不大于 0.1mm 的刃带									
圆盘铣刀	钢 σ_b(MPa) ≤800	－5	20	4	20	8～15	—	2～5	45	1
	钢 σ_b(MPa) ＞800	－10	20～25		20～25					
	灰铸铁	5	10～15	4	10～15	8～15	—	2～5	45	1
	耐热钢、钛合金	10～15	15	—	—	—	—	—	—	—
	①当工艺系统刚度差及铣削截面大时（$a_p \geq d_0$，$a_e \geq 0.5d_0$），以及 v＜100mm/min 时，取 $\gamma_0 = 5° \sim 8°$ ②立铣刀刀齿前角取 3°～－3°，铣削软钢时用大值，铣削硬钢时用小值									
立铣刀	碳钢、合金钢 σ_b＜750MPa	5	17	6	17	22～40	—	3～4	45	0.8～1.3
	铸铁＜200HBS									
	青铜＜140HBS									
	碳钢、合金钢 σ_b＝750～1100MPa 铸铁＞200HBS	0	17							
	青铜＞140HBS									
	碳钢、合金钢 σ_b＞1100MPa	5	15							
	耐热钢、钛合金	10～15	15	—	—	—	—	—	—	—

四、硬质合金铣刀的形式和尺寸(见表 12-22、表 12-23)

表 12-22　　硬质合金立铣刀的形式和尺寸(节选自 GB/T 16456.1-1996)　　单位:mm

螺旋齿莫氏锥柄立铣刀

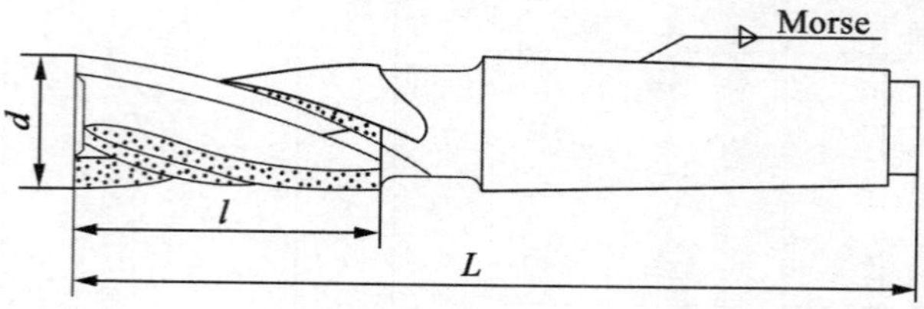

d(k12)	$l(^{+2}_{0})$	$L(^{+2}_{0})$	莫氏圆锥号	d(k12)	$l(^{+2}_{0})$	$L(^{+2}_{0})$	莫氏圆锥号
16	25	110	2	32	50	175	4
	32	117		40	50	181	
20	32	117			63	194	
	40	125		50	63	194	
		142	3		80	238	5
25	50	152		63	63	221	
32	40	165	4		100	258	

螺旋齿 7:24 锥柄立铣刀(节选自 GB/T 16456.2-1996)

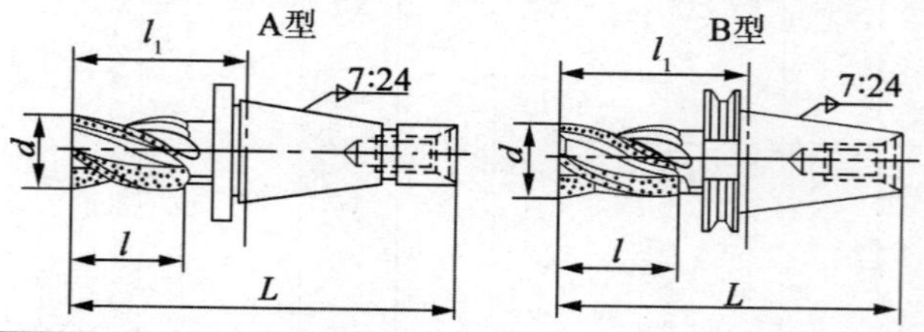

d(k12)	$l(^{+3}_{0})$	A 型		B 型					
		40 号圆锥	50 号圆锥	40 号圆锥				50 号圆锥	
		$l(^{+3}_{0})$	L	$l_1(^{+3}_{0})$	L	$l_1(^{+3}_{0})$	L	$l_1(^{+3}_{0})$	L
32	40	84	177.4	—	—	9l	159.4	—	—
	50	94	187.4	—	—	101	169.4	—	—
40	50	94	187.4	103	229.8	101	169.4	107	208.75
	63	107	200.4	116	242.8	114	182.4	120	221.75
50	50	94	187.4	103	229.8	10l	169.4	107	208.75
	80	124	217.4	133	259.8	131	199.4	137	238.75
60	63	—	—	116	242.8	—	—	120	221.75
	100	—	—	153	179.8	—	—	157	258.75

续表

螺旋齿直柄立铣刀

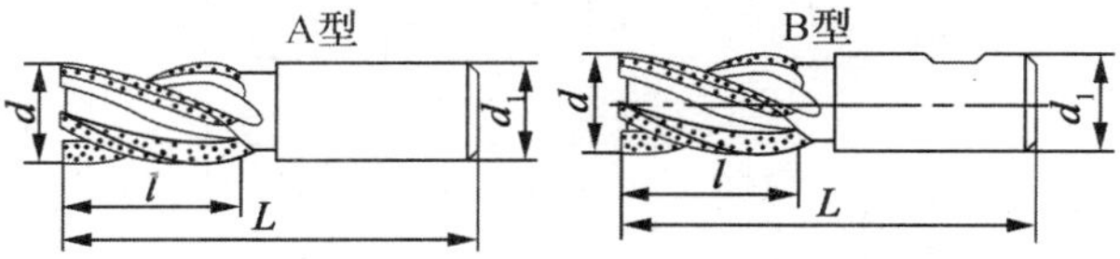

d(k12)	l 基本尺寸	l 极限偏差	d_1	$L(^{+2}_{0})$	d(k12)	l 基本尺寸	l 极限偏差	d_1	$L(^{+2}_{0})$
12	20	+2 0	12	75	25	40	+3 0	25	111
	25			80		50			121
16	25		16	88	32	40		32	120
	32			95		50			130
20	32		20	97	40	50		40	140
	40			105		63			153

表 12-23　标准硬质合金可转位铣刀的形式和尺寸　单位：mm

螺旋齿莫氏锥柄立铣刀(节选自 GB/T 16456. 3-1996)

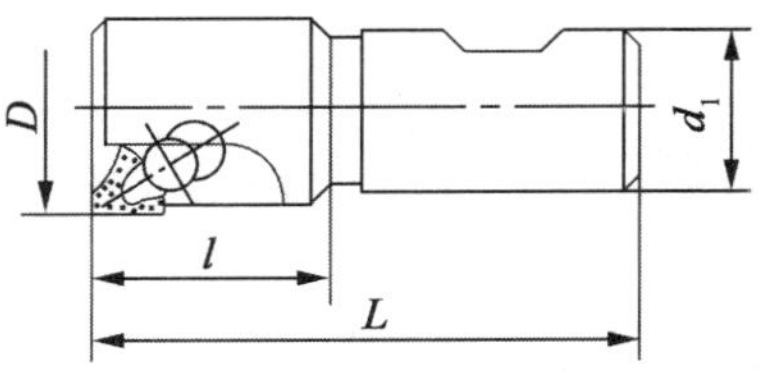

削平型直柄立铣刀

D(js16)	d_1(h6)	L(h16)	参考值 l	参考值 齿数
12、14	12	70	20	1
16、18	16	75	25	
20	20	82	30	2
25	25	96	38	
32	32	100		
40、50		110	48	3

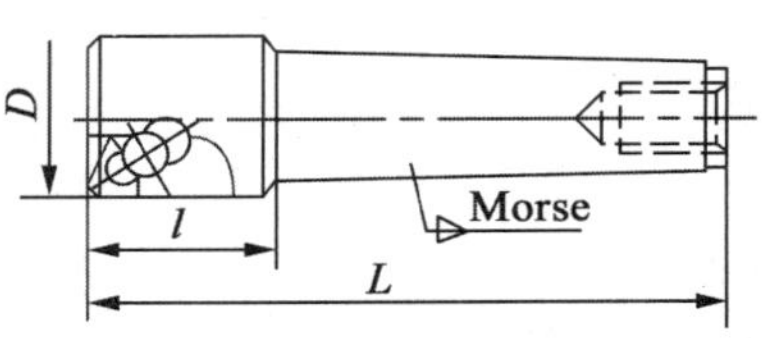

莫氏锥柄立铣刀

D(js16)	莫氏锥柄号	L(h16)	l	齿数
12、14	2	90	20	1
16、18		94	25	
20	3	116	30	2
25、32		124	38	
40、50	4	157	48	3

续表

螺旋齿莫氏锥柄立铣刀

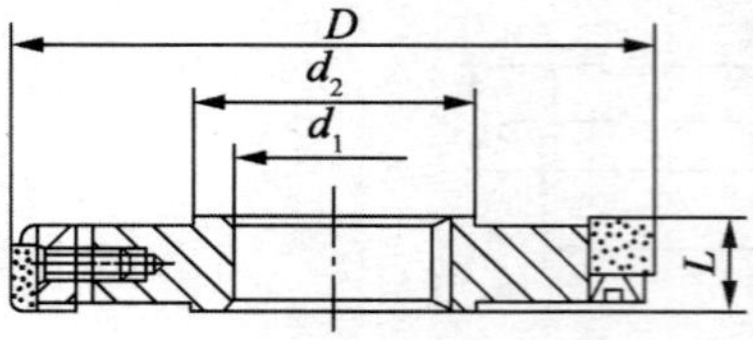

三面刃铣刀

<table>
<tr><th>D(js16)</th><th>L(H12)</th><th>d_1(H7)</th><th>d_2</th><th>齿数(参数)</th></tr>
<tr><td>80</td><td>10</td><td>27</td><td>41</td><td>6</td></tr>
<tr><td>100</td><td>10、12、14</td><td>32</td><td>47</td><td rowspan="2">8</td></tr>
<tr><td>125</td><td>12、16、18</td><td rowspan="2">40</td><td rowspan="2">55</td></tr>
<tr><td>160</td><td>16、18、20</td><td>10</td></tr>
<tr><td>200</td><td>20、22、25</td><td rowspan="2">50</td><td rowspan="2">69</td><td>12</td></tr>
<tr><td>250</td><td>20、25、28、32</td><td>16</td></tr>
</table>

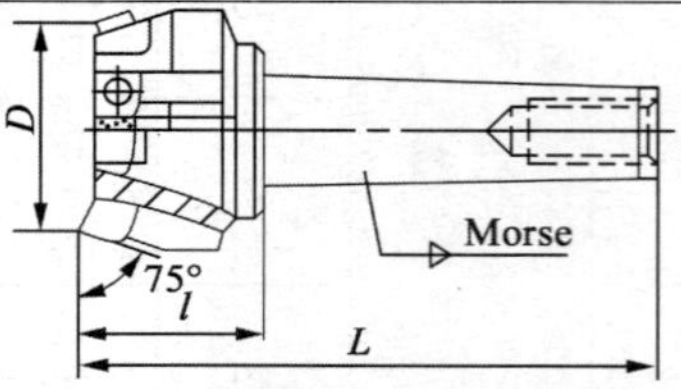

莫氏锥柄面铣刀

<table>
<tr><th>D(js14)</th><th>L(h16)</th><th>莫氏锥柄号</th><th>l</th><th>齿数</th></tr>
<tr><td>63</td><td rowspan="2">157</td><td rowspan="2">4</td><td rowspan="2">48</td><td>4</td></tr>
<tr><td>83</td><td>6</td></tr>
</table>

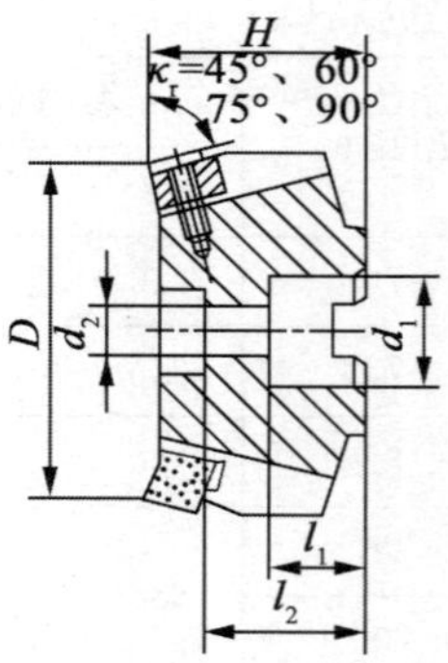

端铣刀

<table>
<tr><th rowspan="2">D(js16)</th><th rowspan="2">d_1(H7)</th><th rowspan="2">d_2</th><th rowspan="2">H</th><th rowspan="2">l_1</th><th rowspan="2">l_2</th><th colspan="3">齿数(参考)</th></tr>
<tr><th>粗</th><th>中</th><th>细</th></tr>
<tr><td>50</td><td rowspan="2">22</td><td rowspan="2">11</td><td rowspan="2">40</td><td rowspan="2">20</td><td rowspan="2">33</td><td rowspan="3">—</td><td>3</td><td rowspan="3">—</td></tr>
<tr><td>63</td><td>4</td></tr>
<tr><td>80</td><td>27</td><td>13.5</td><td rowspan="2">50</td><td>22</td><td>37</td><td>5</td></tr>
<tr><td>100</td><td>32</td><td>17.5</td><td>25</td><td>33</td><td>5</td><td>6</td><td>8</td></tr>
</table>

第十三章　机械加工工艺设计实例

第一节　轴类零件的加工工艺设计

一、概述

1. 轴类零件的分类和技术要求

(1)轴类零件的分类

轴是机械加工中常见的典型零件之一。它在机械中主要用于支承齿轮、带轮、凸轮以及连杆等传动件，以传递扭矩和运动。按结构形式不同，轴可以分为阶梯轴、锥度心轴、光轴、空心轴、曲轴、凸轮轴、偏心轴、各种丝杠等，如图 13-1 所示，其中阶梯传动轴应用较广，其加工工艺能较全面地反映轴类零件的加工规律。

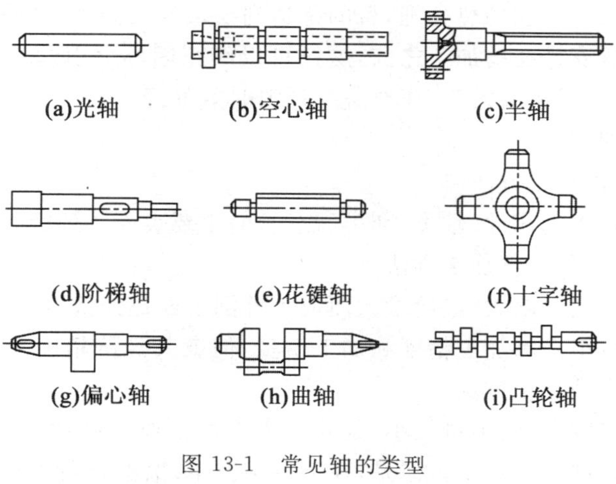

图 13-1　常见轴的类型

(2)轴类零件的技术要求

根据轴类零件的功用和工作条件，其技术要求主要有以下几点：

①尺寸精度：主要包括直径和长度尺寸的精度。轴类零件的主要表面有两类：一类是与轴承的内圈配合的外圆轴颈，即支承轴颈，用于确定轴的位置并支承轴，尺寸精度要求

较高，通常为IT5～IT7；另一类为与各类传动件配合的轴颈，即配合轴颈，其精度稍低，通常为IT6～IT9。

②几何形状精度：主要指轴颈表面、外圆锥面、锥孔等重要表面的圆度、圆柱度。其误差一般应限制在尺寸公差范围内，对于精密轴，须在零件图上另行规定其几何形状精度。

③相互位置精度：包括内外表面与重要轴面的同轴度、圆的径向跳动、重要端面对轴心线的垂直度、端面间的平行度等。

④表面粗糙度：轴的加工表面都有粗糙度的要求，一般根据加工的可能性和经济性来确定。支承轴颈常为0.2～1.6μm，传动件配合轴颈为0.4～3.2μm。

⑤其他：热处理、倒角、倒棱及外观修饰等要求。

2.轴类零件的材料、毛坯及热处理

(1)轴类零件的材料和毛坯

轴类零件常用45钢，精度较高的轴可选用40Cr、轴承钢GCr15、弹簧钢65Mn，也可选用球墨铸铁。对于高速、重载的轴，选用20CrMnTi、20Mn2B、20Cr等低碳合金钢或38CrMoAl氮化钢。

轴类零件的毛坯常采用圆棒料和锻件；大型轴或结构复杂的轴采用铸件。毛坯经过加热锻造后，可使金属内部纤维组织沿表面均匀分布，获得较高的抗拉、抗弯及抗扭强度。

(2)轴类零件的热处理

轴类零件在机加工前后和过程中一般均须安排一定的热处理工序。在机加工前，对毛坯进行热处理的目的主要是改善材料的切削加工性，消除毛坯制造过程中产生的内应力。如对锻造毛坯通过退火或正火处理可以使钢的内部晶粒细化，消除锻造应力，降低硬度，便于切削加工。批量生产中，调质一般安排在粗车之后、半精车之前，以消除粗加工的加工硬化和应力，改善切削加工性，获得良好的综合机械性能，利于后续加工工序的加工精度保证。在终加工工序前的热处理，目的是达到要求的表面力学物理性能，同时也消除应力。表面淬火一般安排在精加工之前，这样可以纠正因淬火引起的局部变形。精度要求高的轴，在局部淬火或粗磨之后，还要进行低温时效处理。

3.外圆表面的加工

(1)外圆表面常用加工方法

外圆表面是回转体类零件(轴类、套类、盘类)的主要表面。外圆表面常用的机械加工方法有车削、磨削和各种光整加工方法。

车削加工因切削层厚度大、进给量大而成为外圆表面最经济、最有效的加工方法。尽管车削加工也能获得很高的加工精度和加工质量，但就其经济精度来看一般适宜作为外圆表面的粗加工和半精加工方法。

磨削加工切削速度高、切削量较小，是外圆表面最主要的精加工方法，适用于各种高硬度材料和淬火后零件的精加工。但是，在某些情况下，磨削也可以作为粗加工工序。

光整加工是精加工之后进行的超精密加工方法(如滚压、抛光、研磨等)，适用于某些精度和表面质量要求很高的零件。

(2)外圆表面加工方案及其选择

外圆表面作为一种可逆表面，可采用各种不同的成型方法，因而可供选用的加工方案有多种。但每种加工方案所能达到的加工精度、表面粗糙度、生产率和加工成本各不相同，因此必须根据具体情况选用最适当的加工方案，加工出满足图样要求的零件。

表 13-1 为外圆表面的加工方案及经济精度。

表 13-1　　外圆表面的加工方案及经济精度

<table>
<tr><th>序号</th><th>加工方法</th><th>经济精度
（公差等级）</th><th>表面粗糙度
Ra(μm)</th><th>适用范围</th></tr>
<tr><td>1</td><td>粗车</td><td>IT13～IT11</td><td>50～12.5</td><td rowspan="4">适用于淬火钢以外的各种金属</td></tr>
<tr><td>2</td><td>粗车—半精车</td><td>IT10～IT8</td><td>6.3～3.2</td></tr>
<tr><td>3</td><td>粗车—半精车—精车</td><td>IT8～T7</td><td>0.8～1.6</td></tr>
<tr><td>4</td><td>粗车—半精车—精车—滚压（或抛光）</td><td>IT8～IT7</td><td>0.2～0.025</td></tr>
<tr><td>5</td><td>粗车—半精车—磨削</td><td>IT8～IT7</td><td>0.8～0.4</td><td rowspan="3">适用于淬火钢，也可用于未淬火钢，但不宜加工有色金属</td></tr>
<tr><td>6</td><td>粗车—半精车—粗磨—精磨</td><td>IT7～IT6</td><td>0.4～0.1</td></tr>
<tr><td>7</td><td>粗车—半精车—粗磨—精磨—超精加工
（或轮式超精磨）</td><td>IT5</td><td>0.10～0.12
（或 Rz0.1）</td></tr>
<tr><td>8</td><td>粗车—半精车—精车—精细车（金刚车）</td><td>IT7～IT6</td><td>0.4～0.025</td><td>主要用于要求较高的有色金属加工</td></tr>
<tr><td>9</td><td>粗车—半精车—粗磨—精磨—超精磨
（或镜面磨）</td><td>IT5 以上</td><td>0.2～0.006
（或 Rz0.1）</td><td rowspan="2">极高精度的外圆加工</td></tr>
<tr><td>10</td><td>粗车—半精车—粗磨—精磨—研磨</td><td>IT5 以上</td><td>0.1～0.012
（或 Rz0.1）</td></tr>
</table>

4. 轴类零件的工艺特征

（1）轴类零件的基本加工工艺过程

轴类零件的加工工艺过程需根据轴类零件的技术要求、生产要求、生产纲领、毛坯种类等的不同而制定出不同的工艺规程。轴类零件的工艺规程具有很大的共性，尤其是在单件小批量生产和维修中，都遵循工序集中原则，工艺过程极其相似。单件小批量生产中的轴类零件加工的基本工艺路线为：下料—校直—车端面、钻中心孔—粗车各外圆表面—正火或调质—修研中心孔—半精车和精车各外圆表面、车螺纹—铣键槽或花键—热处理（淬火）—修研中心孔—粗、精磨外圆—检验。

（2）轴类零件加工的工艺特点

轴类零件加工的工艺特点主要体现在如下几个方面：

①车削和磨削是轴类零件的主要加工方法。一般精度要求的轴，经过粗车和精车即可；精度要求较高、表面粗糙度值较小或须进行表面淬火的轴，在粗车、半精车或热处理后，还要进行粗磨和精磨。车削和磨削可以完成轴类零件上的内外圆柱面、螺纹、圆锥面、端面等表面的加工。

②需要安排必要的热处理工序。在轴类零件加工中，安排热处理工序的目的：一是根据轴类的技术要求，通过热处理保证其力学性能；二是按照轴类的加工要求，通过热处理改善材料的可加工性。若轴类零件毛坯是锻件，大多需要进行正火处理，以消除锻造内应力，改善材料内部金相组织和降低其硬度，使材料的可加工性提高。经粗车后的轴或加工余量不大的棒料毛坯，应安排调质处理，以获得均匀、细致的回火索氏体组织，提高零件材料的综合力学性能，并为表面淬火时得到均匀细致且硬度由表面向中心逐步降低的硬化层奠定基础，同时索氏体金相组织经机械加工后，表面粗糙度值较小。此外，对有相对运动的轴颈表面和经常装卸工夹具的内锥孔等摩擦部位，一般应进行表面淬火，以提高其耐磨性。

③普遍采用中心孔定位。无论是轴类零件加工时采用的顶两头、一夹一顶的定位方法，还是轮盘类零件加工时采用的心轴装夹的定位方式，其定位基准大多为中心孔。因为轴类零件各内外圆表面、螺纹表面的同轴度以及端面对轴线的垂直度是位置精度要求的主要项目，而这些表面的设计基准的中心孔，在许多工序(例如粗车、半精车、精车、粗磨和精磨等)中可以重复使用，符合基准统一原则。因此，加工轴类零件多用中心孔作为定位基准，有利于保证各加工表面的位置精度。

④广泛采用通用设备和通用工艺装备。单件小批量生产轴类零件，多数在卧式车床、外圆磨床等通用设备上进行加工，所需的工艺装备主要是卡盘、顶尖、中心架或跟刀架等通用夹具以及普通车刀、砂轮等通用切削工具。这些加工设备和工艺装备的类型、规格和技术性能应与零件的外形尺寸和精度要求相适应。

二、轴类零件加工工艺实例

台阶轴是应用最为广泛的轴类零件，其加工工艺也较为典型，反映了轴类零件加工的大部分内容与基本规律。下面就以图 13-2 所示的减速器传动轴的单件小批生产的机械加工工艺过程为例，介绍一般台阶轴的加工工艺。

1. 要求

材料为 45 钢，每批数量为 30 件，设备条件为普通车床、铣床、外圆磨床等。要求编制零件机械加工工艺过程卡片和工序卡片。

2. 工艺方案

(1)零件分析

该传动轴属于台阶轴类零件，它由圆柱面、轴肩、螺纹、退刀槽、砂轮越程槽和键槽等组成。轴肩一般用来确定安装在轴上零件的轴向位置，各退刀槽的作用是使零件装配时有一个正确的位置，并使加工中磨削外圆或车螺纹时退刀方便；键槽用于安装键，以传递转矩；螺纹用于安装各种锁紧螺母和调整螺母。

根据工作性能与条件，该传动轴设计规定了主要轴颈 M、N，外圆 P、Q 以及轴肩 G、H、I 有较高的尺寸、位置精度和较小的表面粗糙度值，并有热处理要求。这些技术要求必须在加工中给予保证。因此，该传动轴的关键工序是轴颈 M、N 和外圆 P、Q 的加工。

(2)确定毛坯

因该传动轴属于一般传动轴，故选 45 钢可满足其要求。

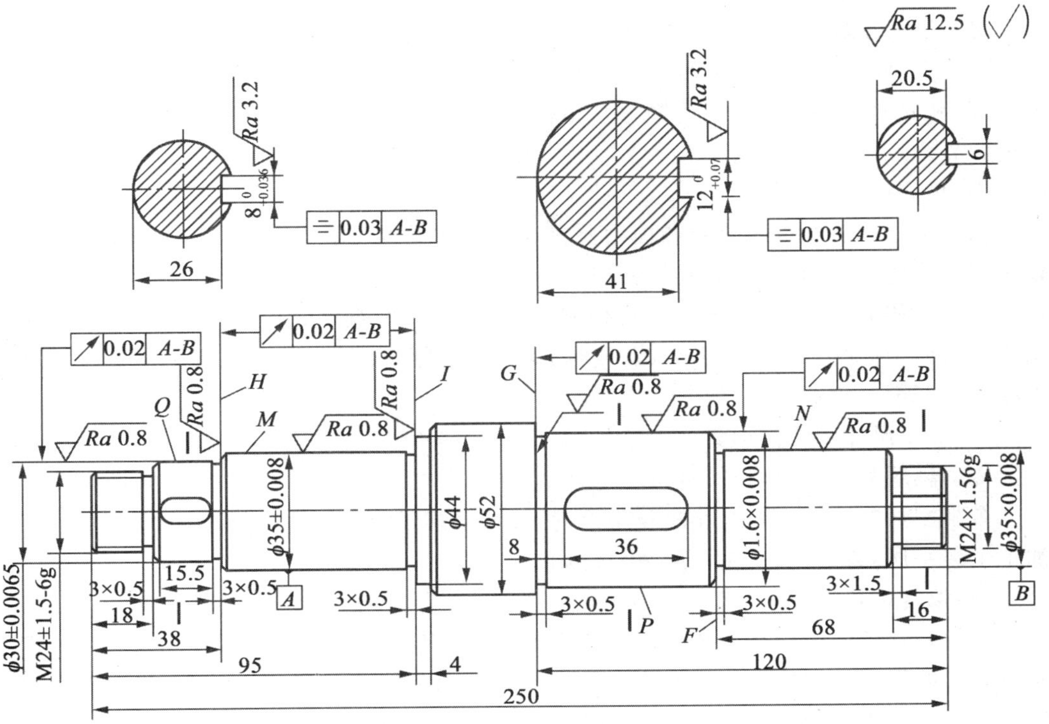

图 13-2　传动轴

该传动轴属于中小传动轴，并且各外圆直径尺寸相差不大，故选择 ϕ60mm 的热轧圆钢做毛坯。

(3)确定主要表面的加工方法

传动轴大都是回转表面，主要采用车削与外圆磨削成型。由于该传动轴的主要表面 M、N、P、Q 的公差等级(IT6)较高，表面粗糙度($Ra=0.8\mu$m)较小，故车削后还需要磨削。外圆表面的加工方案可为：粗车—半精车—磨削。

(4)确定定位基准

合理地选择定位基准，对于保证零件的尺寸和位置精度有着决定性的作用。由于该传动轴的几个主要配合表面(Q、P、N、M)及轴肩面(H、G)对基准轴线 A-B 均有径向圆跳动和端面圆跳动的要求，它又是实心轴，所以应选择两端中心孔为基准，采用双顶尖装夹方法，以保证零件的技术要求。

粗基准采用热轧圆钢的毛坯外圆。中心孔加工采用三爪自定心卡盘装夹热轧圆钢的毛坯外圆车端面、钻中心孔。但必须注意，一般不能用毛坯外圆装夹两次钻两端中心孔，而应该以毛坯外圆作粗基准，先加工一个端面，钻中心孔，车出一端外圆；然后以已车过的外圆作基准，用三爪自定心卡盘装夹(有时在上工步已车外圆处搭中心架)，车另一端面，钻中心孔。如此加工中心孔，才能保证两中心孔同轴。

(5)划分阶段

对精度要求较高的零件,其粗精加工应分开,以保证零件的质量。

该传动轴加工划分为三个阶段:粗车(粗车外圆、钻中心孔等)、半精车(半精车各处外圆、台阶和修研中心孔及次要表面等)、粗精磨(粗、精磨各处外圆)。各阶段划分大致以热处理为界。

(6)热处理工序安排

轴的热处理要根据其材料和使用要求确定。对于传动轴,正火、调质和表面淬火用得较多。该轴要求调质处理,并安排在粗车各外圆之后、半精车各外圆之前。

综合上述分析,传动轴的工艺路线如下:下料—车两端面、钻中心孔—粗车各外圆—调质—修研中心孔—半精车各外圆、车槽、倒角—车螺纹—划键槽加工线—铣键槽—修研中心孔—磨削—检验。

(7)加工尺寸和切削用量

传动轴磨削余量可取 0.5mm,半精车余量可选用 1.5mm,加工尺寸可由此而定。

车削用量的选择,单件、小批量生产时,可根据加工情况由工人确定。一般可从《机械加工工艺手册》或《切削用量手册》中选取。

(8)拟订工艺过程

定位精基准面中心孔应在粗加工之前加工,在调质之后和磨削之前各须安排一次修研中心孔的工序。调质之后修研中心孔为消除中心孔的热处理变形和氧化皮,磨削之前修研中心孔是为提高定位精基准面的精度和减小锥面的表面粗糙度值。拟订传动轴的工艺过程时,在考虑主要表面加工的同时,还要考虑次要表面的加工。在半精加工 ϕ52mm、ϕ44mm 及 M24mm 外圆时,应车到图样规定的尺寸,同时加工出各退刀槽、倒角和螺纹;三个键槽应在半精车后以及磨削之前铣削加工出来,这样可保证铣键槽时有较精确的定位基准,又可避免在精磨后铣键槽时破坏已精加工的外圆表面。

在拟定工艺过程时,应考虑检验工序的安排、检查项目及检验方法的确定。

综上所述,所确定的该传动轴的加工工艺过程见表 13-2。

表 13-2　　减速箱传动轴加工工艺过程

序号	工序名称	工序内容	加工简图	设备
1	下料	ϕ60mm×265mm		
2	车	三爪自定心卡盘夹持工件，车端面，钻中心孔。用尾座顶尖顶住，粗车 3 个台阶，直径长度均留 2mm 余量。调头，三爪自定心卡盘夹持工件另一端，车端面，保证总长 259mm，钻中心孔。用尾座顶尖顶住，粗车另外 4 个台阶，直径长度均留 2mm 余量	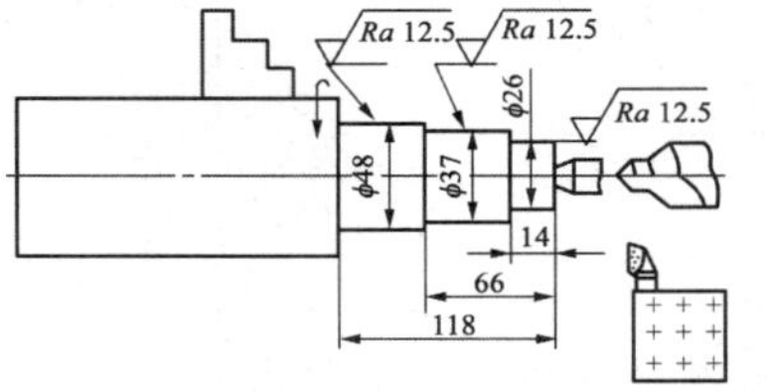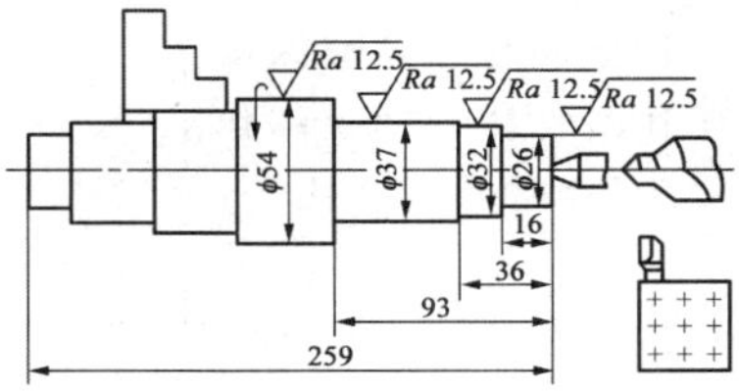	车床
3	热	调质处理	硬度：24～28HRC	
4	钳	修研两端中心孔	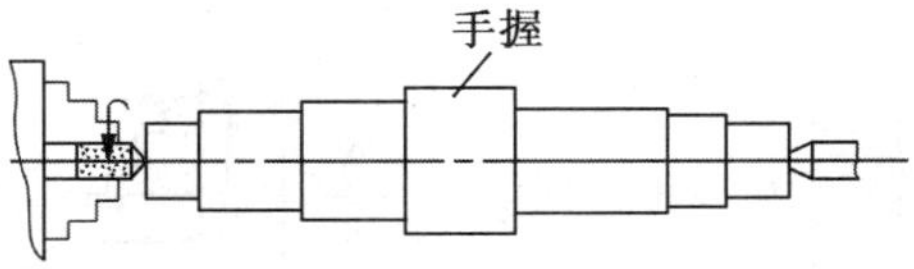	车床
5	车	双顶尖装夹，半精车 3 个台阶，长度达到尺寸要求。螺纹精车 $\phi24^{-0.1}_{-0.2}$ mm，其余 2 个台阶直径上留 0.5mm 余量，切槽 3 个，倒角 3 个。调头，双顶尖装夹，半精车余下 5 个台阶，ϕ44mm 及 ϕ52mm 车到图纸规定尺寸。螺纹精车到 $\phi24^{-0.1}_{-0.2}$ mm，其余 2 个台阶直径上留 0.5mm余量，切槽 3 个，倒角 4 个	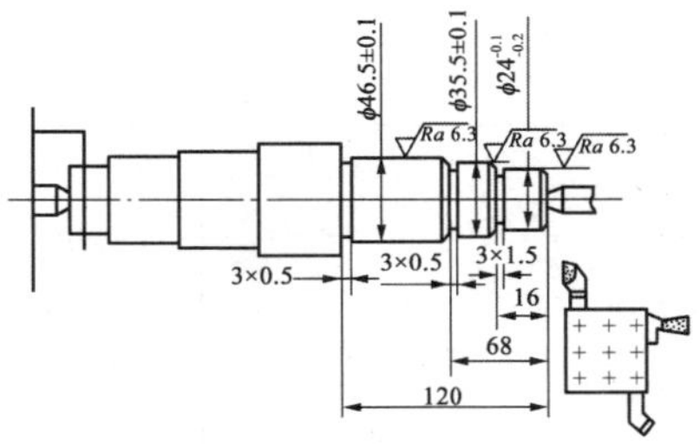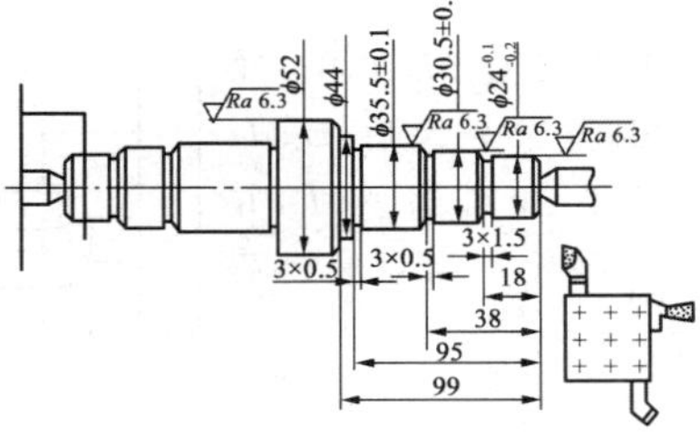	车床
6	车	双顶尖装夹，车一端螺纹 M24×1.6-6g。调头，车另一端螺纹 M24×1.6-6g	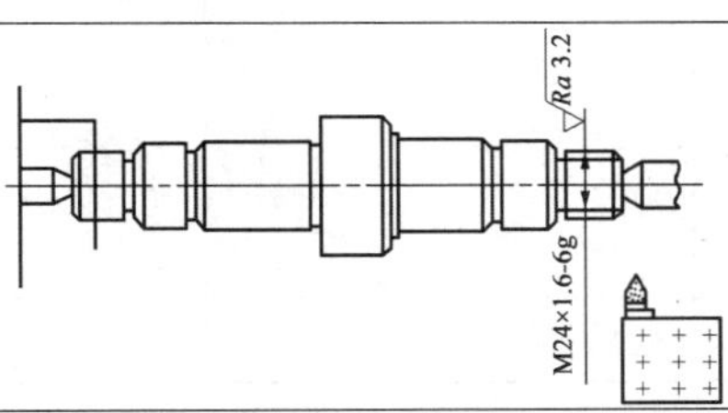	车床

续表

7	钳	划键槽及 1 个止动垫圈加工线		钳工平台及划针等
8	铣	铣 2 个键槽及 1 个止动垫圈槽。键槽深度比图纸大 0. 25mm，作为外圆磨削的余量	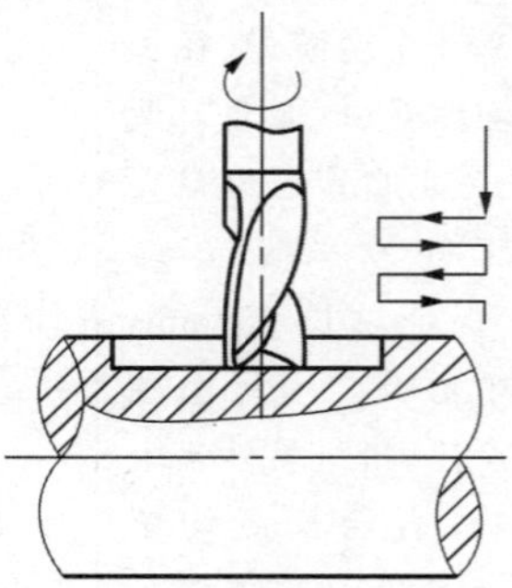	键槽铣床或立铣床
9	修磨	修研两端中心孔	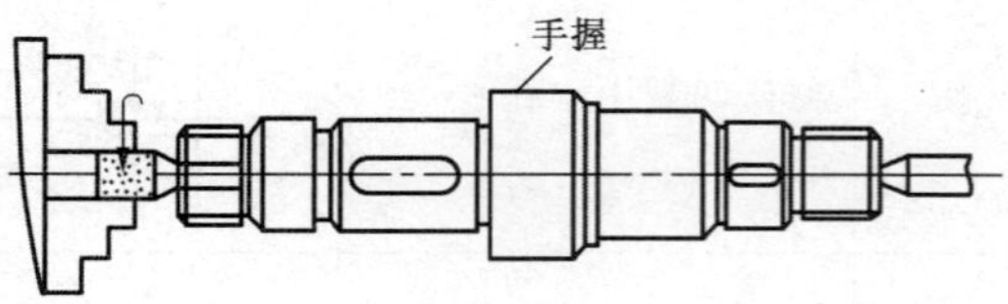	车床
10	磨	磨外圆 Q、M，并用砂轮端面靠磨台肩 H、I。调头，磨外圆 N、P，并用砂轮端面靠磨台肩 G	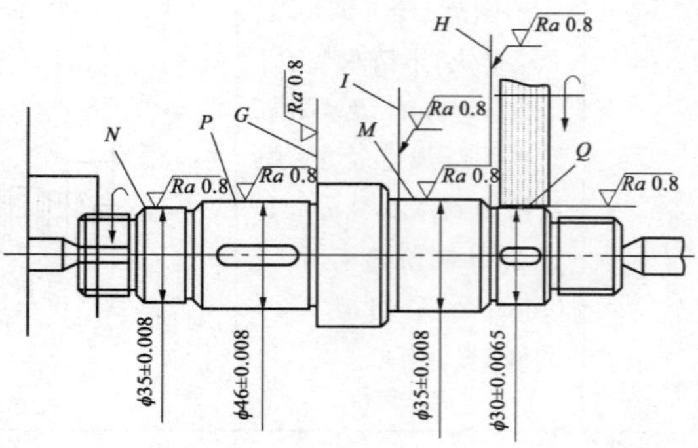	外圆磨床
11	检	检验		

第二节　轴套类零件的加工工艺设计

一、概述

1. 套筒类零件的功用及结构特点

套筒类零件是指在回转体零件中的空心薄壁件，是机械加工中常见的一种零件，在各类机器中应用很广，主要起支承或导向作用。由于功用不同，其形状结构和尺寸有很大的差异，常见的套筒类零件有：支承回转轴的各种形式的轴承圈、轴套，夹具上的钻套和导向套，内燃机上的气缸套和液压系统中的液压缸、电液伺服阀的阀套等。其大致的结构形式如图 13-3 所示。

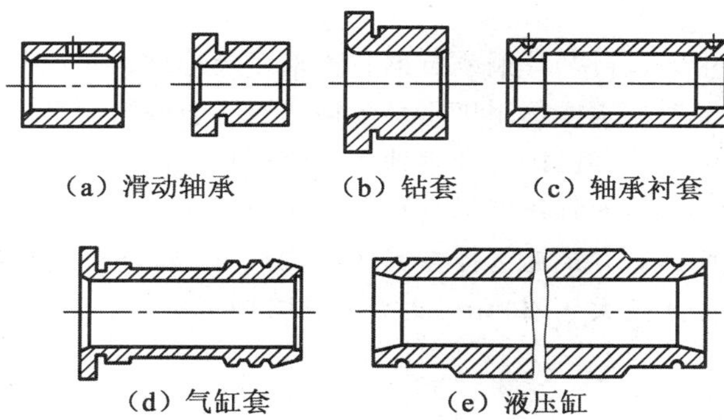

图 13-3　套筒类零件的结构形式

套筒类零件的结构与尺寸随其用途不同而异，但其结构一般都具有以下特点：外圆直径 d 一般小于其长度 L，通常 $L/d<5$；内孔与外圆直径之差较小，故壁薄，易变形；内外圆回转面的同轴度要求较高；结构比较简单。

2. 套筒类零件的技术要求

套筒类零件的外圆表面多以过盈或过渡配合与机架或箱体孔相配合起支承作用。内孔主要起导向作用或支承作用，常与运动轴、主轴、活塞、滑阀相配合。有些套筒的端面或凸缘端面有定位或承受载荷的作用。套筒类零件虽然形状结构不一，但仍有共同的技术要求，根据使用情况可对套筒类零件的外圆与内孔提出如下要求：

(1)尺寸精度和表面粗糙度要求

内孔与外圆的精度要求外圆直径精度通常为 IT5～IT7，表面粗糙度 Ra 为 5～0.63μm，要求较高的可达 0.04μm。内孔作为套类零件支承或导向的主要表面，尺寸精度一般为 IT7～IT6，为保证其耐磨性要求，对表面粗糙度要求较高(Ra=1.6～0.16μm)，有的要求高达 0.025μm；有的精密套筒及阀套的内孔尺寸精度要求为 IT5～IT4；有的套筒(如油缸、气缸筒)由于与其相配的活塞上有密封圈，故对尺寸精度要求较低，一般为 IT9～IT8，但对表面粗糙度要求较高，Ra 一般为 3.2～1.6μm。

(2)形状精度要求

几何形状精度要求通常将外圆与内孔的几何形状精度控制在直径公差以内即可；对精密轴套有时控制在孔径公差的1/2～1/3，甚至更严；对较长套筒除圆度有要求以外，还应有孔的圆柱度要求。套筒类零件外圆形状精度一般应在外径公差内。

(3)位置精度要求

位置精度要求主要根据套筒类零件在机器中的功用和要求而定。如果内孔的最终加工是在套筒装配(如机座或箱体等)之后进行，可降低对套筒内外圆表面的同轴度要求；如果内孔的最终加工是在装配之前进行，则同轴度要求较高，通常同轴度为0.01～0.06mm。套筒端面(或凸缘端面)常用来定位或承受载荷，对端面与外圆和内孔轴心线的垂直度要求较高，一般为0.05～0.02mm。

3.套筒类零件的材料、毛坯及热处理

套筒类零件毛坯材料的选择主要取决于零件的功能要求、结构特点及使用时的工作条件。

套筒类零件一般用钢、铸铁、青铜或黄铜和粉末冶金等材料制成。有些特殊要求的套筒类零件可采用双层金属结构或选用优质合金钢。双层金属结构是应用离心铸造法在钢或铸铁轴套的内壁上浇注一层巴氏合金等轴承合金材料。采用这种制造方法虽增加了一些工时，但能节省有色金属，而且还能提高轴承的使用寿命。

套筒类零件的毛坯制造方式的选择与毛坯结构尺寸、材料和生产批量的大小等因素有关。孔径较大(一般直径大于20mm)时，常采用型材(如无缝钢管)、带孔的锻件或铸件。

二、轴承套类零件加工工艺实例

编制如图13-4所示轴承密封套的机械加工工艺。

1.要求

材料为HT200，每批数量为100件，设备条件为普通车床、铣床、内圆磨床、外圆磨床、立式钻床等。要求编制零件机械加工工艺过程卡片和工序卡片。

2.工艺编制

(1)轴承套零件分析

如图13-4所示，零件为密封轴承套，材料为HT200，每批数量为100只，属中小批量。其主要组成表面是内外圆柱面，安装法兰端面有4个ϕ13mm的螺栓孔，内表面有内槽，外圆有密封槽。主要加工面为内孔ϕ120H7和外圆ϕ170f7，内孔表面粗糙度Ra为1.6μm，外圆表面粗糙度Ra为0.8μm，表面尺寸精度均为IT7。外圆对内孔轴线的同轴度要求为0.025mm，ϕ250mm法兰安装端面对内孔轴线的垂直度为0.025mm。可见，其工艺特点是结构较简单，壁厚较薄，内孔和外圆的尺寸精度和位置精度要求较高。

(2)加工方案的确定

①轴承密封套材料为灰铸铁，因此毛坯采用铸造方法。因工件尺寸大小中等，采用单件铸造，又因批量不是很大，采用普通砂型铸造，故所留加工余量较大，余量的多少可以查阅相关工艺手册。

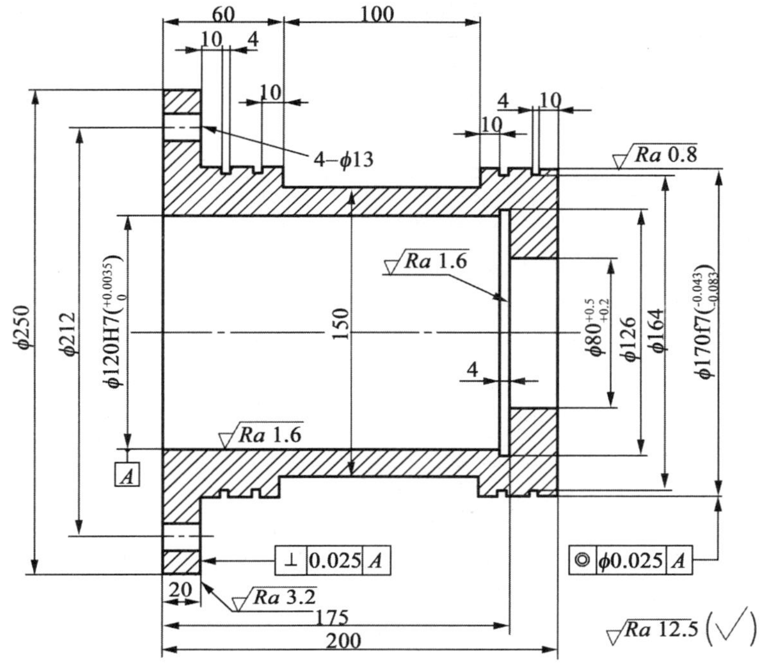

图 13-4　轴承密封套

②因工件孔壁较薄，在各工序加工时应注意选用合理的夹紧力，以防止工件变形。

③工件内外圆加工精度较高，为保证加工精度，应安排粗精加工分开。

④热处理安排。由于铸件存在内应力，而零件精度要求又较高，且零件壁较薄，加工后易引起变形，故应安排人工时效处理，可以安排在铸造后进行，以改善加工性能和消除铸造内应力。如果不考虑成本和生产组织方面的因素，也可以在粗加工后再安排一次定型处理。

⑤由于工件结构原因，不能在一次装夹中同时完成内外圆的加工，可以采用互为基准的原则，保证同轴度要求。三爪自定心卡盘（软卡爪）较难保证同轴度 0.025mm。因此，先加工孔，精车外圆时以内孔为定位基准，可以采用小锥度的心轴，两顶尖装夹。由于小锥度心轴适用于小型轴套的定位，本实例中的工件相对来说尺寸偏大，故可考虑以内孔及端面在平盘心轴夹具上装夹，以保证位置精度。

⑥由于主要外圆和内孔的尺寸精度和表面粗糙度要求较高，最终精加工采用车削加工不符合经济精度原则，故内孔 ϕ120H7 和外圆 ϕ170f7 可采用磨削加工。

⑦在磨削 ϕ170f7 外圆时，同时靠磨 ϕ250mm 法兰右端面，在一次装夹中加工出，以保证端面与外圆轴线的垂直度。同样，在磨削 ϕ120H7 内孔时，同时靠磨 ϕ126mm 内端面，在一次装夹中加工出来，以保证端面与内孔轴线的垂直度。

综上分析，轴承密封套的机械加工工艺路线为：铸造—清砂—时效处理—粗车内孔—粗车外圆—半精车内孔—半精车外圆—磨内孔—磨外圆—划线—钻孔—检验。其工艺过程见表 13-3。

表 13-3 轴承密封套的机械加工工艺过程

序号	工序名称	工序内容	设备及主要工艺装备
1	铸造	铸造,各部分留余量 5mm	—
2	清砂	清砂,去毛边	—
3	时效处理	人工时效处理	—
4	粗车	①车工件右端外圆,长度控制为 30mm,外圆车出即可 ②夹工件右端外圆,粗车 ϕ250mm 外圆、端面、内孔各部分,留单边余量为 2mm	CA6163
5	粗车	调头,ϕ250mm 外圆定位夹紧,端面靠平 粗车 ϕ170mm、ϕ150mm 等外圆,留单边余量为 2mm;粗车右端面,总长至 204mm,法兰盘壁厚 24mm	CA6163
6	半精车	夹工件右端外圆,端面靠平,车端面,总长至 202mm,车 ϕ250mm 外圆至尺寸,车内孔 ϕ120H7 至 $\phi120^{+0.7}_{+0.6}$mm,车内孔 ϕ80 至尺寸,切内孔槽至尺寸,倒角	CA6163
7	半精车	调头,以内孔及左端面定位,压牢,半精车外圆各部分,切密封环槽,ϕ170f7 留磨单边余量 0.3mm,其余各部分车至图纸尺寸,总长、法兰盘壁厚 20mm 至图纸尺寸	CA6163、平盘、心轴
8	磨	夹工件右端外圆,内径找正,粗精磨 ϕ120H7 内孔至图纸尺寸,靠磨 ϕ126mm 内端面	M1432A
9	磨	ϕ120H7 内孔定位,磨 ϕ170f7 外圆至图纸尺寸,靠磨法兰盘台阶面	M1432A、心轴夹具
10	钳	划 4-ϕ13mm 孔加工线	—
11	钻	钻 4-ϕ13mm 孔,倒角	Z525
12	检验	按图纸检验工件各部分尺寸、粗糙度、形位精度,并做记录	—
13	入库	涂防锈油入库	—

第三节　盘类零件的加工工艺设计

一、概述

1. 盘类零件的功用、分类及结构特点

盘类零件包括轮盘、法兰盘、端盖等零件,图 13-5 所示是常见盘类零件。

图 13-5　常见盘类零件

盘类零件一般是回转体或偏心回转体，其结构特点是：径向尺寸较大，轴向尺寸相对较小；主要几何构成表面有孔、外圆、端面和沟槽等，其中孔和一个端面常常是加工、检验和装配的基准。皮带轮等轮盘类零件用来传递运动和动力，端盖、法兰盘等盘类零件则对传动轴起支承和导向作用。

2. 盘类零件的主要技术要求

(1)尺寸精度

盘类零件的内孔和一个端面是该类零件安装于轴上的装配基准，设计时大多以内孔和端面为设计基准来标注尺寸和各项技术要求。所以孔的精度要求较高，通常孔的直径尺寸公差等级为 IT7。一般盘类零件的外圆精度要求较低，外径尺寸公差等级通常取 IT7～IT9 或更低。

(2)形位精度

盘类零件往往对支承用端面有较高平面度及两端面平行度要求；对内孔有与平面的垂直度要求，以及外圆、内孔间的同轴度要求等。

(3)表面粗糙度

孔的表面粗糙度值一般 Ra 为 0.8～1.6μm，端面作为零件的装配基准，其表面粗糙度值一般 Ra 为 1.6～3.2μm。

3. 盘类零件的材料、毛坯及热处理

(1)盘类零件的材料

传递动力的盘类零件，工作面承受交变载荷作用并存在较大的滑动摩擦，要求具有一定的接触疲劳强度和弯曲疲劳强度，足够的硬度和耐磨性；需要反向旋转工作的，还要求具有较高的冲击韧性。因此，像齿轮、链轮等盘类零件常用 45 钢或 40Cr 合金钢等材料制造。对于重载、高速或精度要求较高的盘类零件，常用 20Cr、20CrMnTi 等低碳合金钢制造并做表面化处理。带轮、端盖等盘类零件多用 HT150～HT300 等铸铁或 Q235 等普通碳素钢制造。有些受力不大、尺寸较小的盘类零件，可用尼龙、塑料或胶木等非金属材料制造。

(2)盘类零件的毛坯

盘类零件常采用钢、铸铁、青铜或黄铜制成。小型回转体形状的盘类一般选择热轧或冷拔棒料，大型或不规则的盘形零件，根据不同材料，也可选择铸件，孔径较大时，可做预制孔。若生产批量较大，可选择冷挤压等先进毛坯制造工艺，既提高生产率，又节约材料。

(3)盘类零件的热处理

盘类零件由于其使用性能和场合，一般均要求进行热处理。锻件要求正火或调质，铸件要求退火。对于改善零件切削加工性要求的热处理可放在粗精加工之间，以使热处理变形在精加工得到纠正；而对于增强零件表面接触强度和耐磨性的淬火或渗碳淬火的热处理工序，则可放在精加工之前。

二、盘类零件加工工艺实例

编制图 13-6 所示端盖的机械加工工艺。

图 13-6 所示零件为罗茨真空泵的端盖，左端大端面连接泵侧盖，右端连接电机座，是典型的盘形零件。该零件已属定型零件，近 5 年内生产基本稳定，采取分批投产的生产方式，批量为 100 件，一般为每月一批。工厂现有加工设备包括卧式车床（C6140，C620～C650）、立式车床、卧式镗床 T68、摇臂钻床 Z35、平面磨床等。要求编制零件机械加工工艺过程卡片和工序卡片。

1. 零件图样分析

如图 13-6、图 13-7 所示，工件主要加工部位为端盖两端平面和油封座安装孔，左大端面 A 为基准面，表面粗糙度要求 Ra 为 1.6μm，油封座安装孔，表面粗糙度要求 Ra 为 6.3μm，孔对基准面的垂直度要求为 0.02mm，$\phi194^{+0.025}_{0}$ mm 孔法兰端面对基准面的平行度要求为 0.02mm，表面粗糙度 Ra 为 3.2μm。工件材料为灰铸铁 HT200，铸件需要人工时效处理。

2. 工艺分析

零件生产批量属于中小批量，但产品是定型产品，所以要考虑适当的工装配置，工序分散程度适中。

(1)铸件采用金属模型，型砂采用树脂砂，保证铸件外形尺寸和表面质量。考虑到零件的重要性和加工的方便性，铸件采用铸后一次人工时效处理，以消除铸造内应力，也可以考虑自然时效，铸件在露天存放一年以上再加工。

(2)该零件大端面 A 为设计基准，为了达到与定位基准统一，该零件主要定位基准应为大端面 A，所以要先加工大端面。大端面的加工可以采用先车后磨、先铣后磨或先刨后磨的工艺方案，主要考虑 Ra 为 1.6μm 的表面粗糙度要求。粗基准选择大端面背面法兰面，主要考虑大端面加工后保持法兰厚度尺寸 25mm 的均匀性。加工大端面时，夹紧点不能直接选择在大端面正面，可以考虑的两种方案：一种是如本例批量不大的情况下，设计夹具时，可考虑在工件外形四周选择夹紧点，但此种方案的缺点是夹紧力方向与主要定位面不垂直，易破坏原来的定位，所以定位夹紧过程还要辅以校正大端面法兰背面；另一种是当工件生产批量较大时，建议采用在法兰周边设置工艺凸台，供定位夹紧使用，事后去掉。

(3)$\phi194^{+0.025}_{0}$ mm 孔及端面加工，采用以大端面为基准，车削或镗削加工达到要求。

(4)油镜孔 $\phi52^{+0.19}_{0}$ mm 等台阶孔及端面采用复合镗铣刀，粗铣、精铣至尺寸，其他各螺孔、沉头孔采用钻模在摇臂钻床上完成。

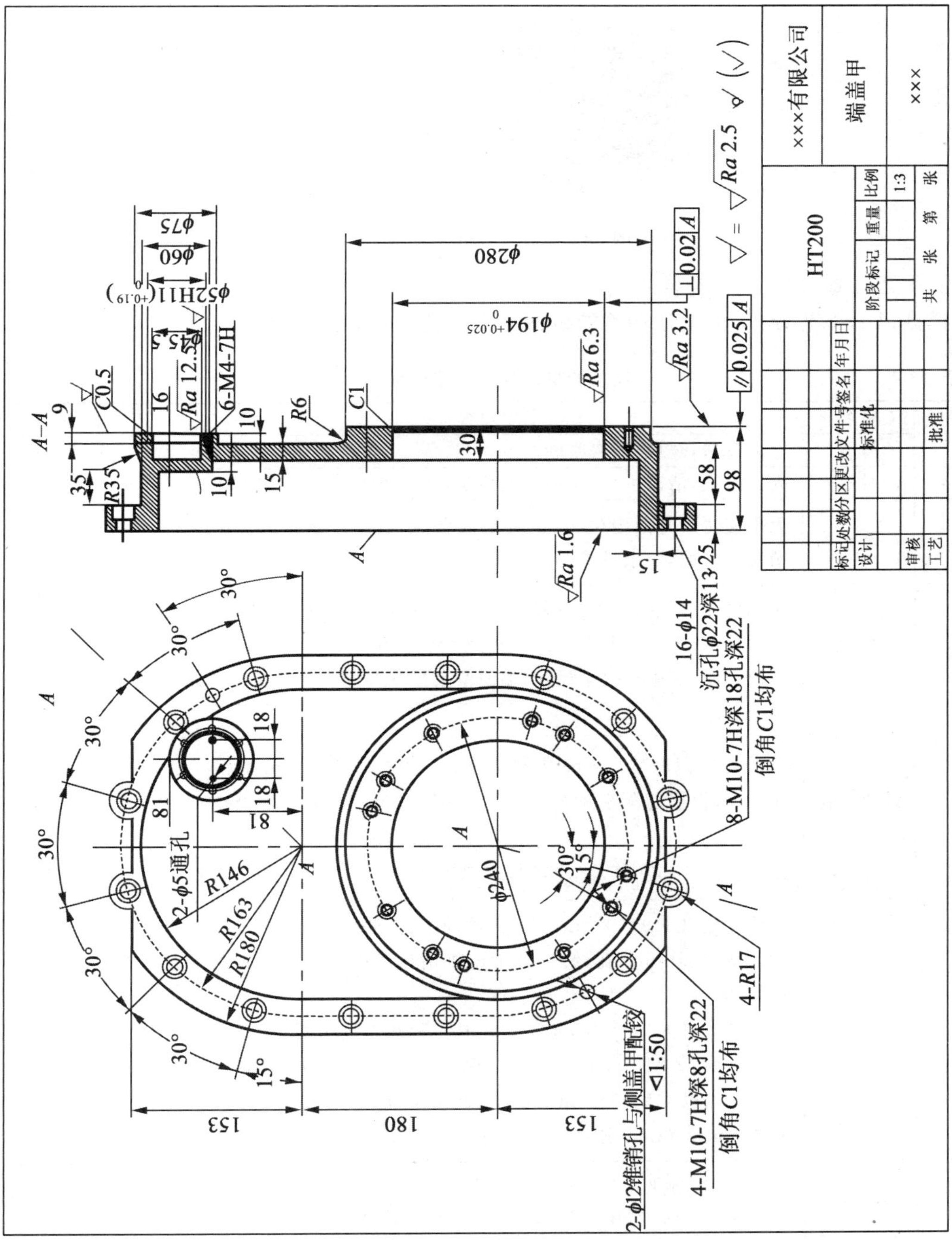
×××有限公司
端盖甲
×××
HT200
阶段标记
重量
比例
1:3
共　张　第　张
标记
处数
分区
更改文件号
签名
年月日
设计
标准化
审核
工艺
批准
A–A
16-ϕ14
沉孔ϕ22深13
8-M10-7H深18孔深22
倒角C1均布
4-M10-7H深8孔深22
倒角C1均布
2-ϕ12锥销孔与侧盖甲配铰
⊲1:50
2-ϕ5通孔
4-R17
R146
R163
R180
ϕ240
ϕ280
ϕ75
ϕ60
6-M4-7H
153
180
153
98
58

图13-6　端盖零件图

图 13-7　端盖零件示意图

3. 工艺过程设计

根据以上工艺分析，可设计端盖的机械加工工艺过程，见表 13-4。

表 13-4　端盖的机械加工工艺过程

工序号	工序名称	工序内容	工艺装备
1	铸造	毛坯铸造，金属模，树脂砂	金属模 M03
2	时效	人工时效，清砂去毛，非加工面涂防锈漆，内表面涂红丹漆	
3	车大平面	大平面法兰背面定位，校正大平面背面，四周四点顶紧。粗精铣大平面，留余量 0.3mm	立式车床 C5112，JX01
4	车孔	大端面及法兰侧面、端盖下端法兰两侧底边定位，校正 $\phi194^{+0.025}_{0}$mm 孔，大法兰面四点压紧。粗精车 $\phi194^{+0.025}_{0}$mm 孔及端面，其中车孔至尺寸，端面留余量 0.3mm	CW6180 JC-02
5	检验	中间检验	
6	铣油镜孔	大平面及 $\phi194^{+0.025}_{0}$mm 孔定位，压牢。铣 $\phi52^{+0.19}_{0}$mm 油镜孔端面，粗精复合镗铣 $\phi52^{+0.19}_{0}$mm、$\phi45.5$mm、$\phi60$mm 台阶孔至尺寸	X63T，JX-02
7	划线	划 $\phi280$mm、$\phi75$mm 法兰十字线	钳工台
8	钻	①钻模板以 $\phi194^{+0.025}_{0}$mm 孔、大端面定位，法兰周边对正，压牢。钻 16-$\phi14$mm 孔，钻 2-$\phi12$mm 锥销孔至 $\phi11$mm。反面锪 16-$\phi22$mm 沉孔 ②钻模板以 $\phi194^{+0.025}_{0}$mm 孔、端面定位，法兰周边对十字线，压牢。钻 12-M10mm 底孔，空口倒角 C，攻 12-M10mm 螺纹 ③钻模板以 $\phi194^{+0.025}_{0}$mm 孔及端面定位，侧面对十字线。钻 6-M4mm、2-$\phi5$mm 孔，空口倒角 C1，攻 6-M4mm 螺纹	Z3050 JZ-01 JZ-02 JZ-03
9	磨平面	①$\phi280$mm 端面定位，吸牢。磨大平面至尺寸 ②大端面定位，吸牢。磨 $\phi280$mm 端面至尺寸	M7130
10	检验	完工检验	—
11	入库	办理入库，加工面涂防锈油保护	—

第四节　偏心零件的加工工艺设计

一、概述

所谓偏心零件主要是指偏心轴类零件和偏心套类零件，如图 13-8、图 13-9 所示。

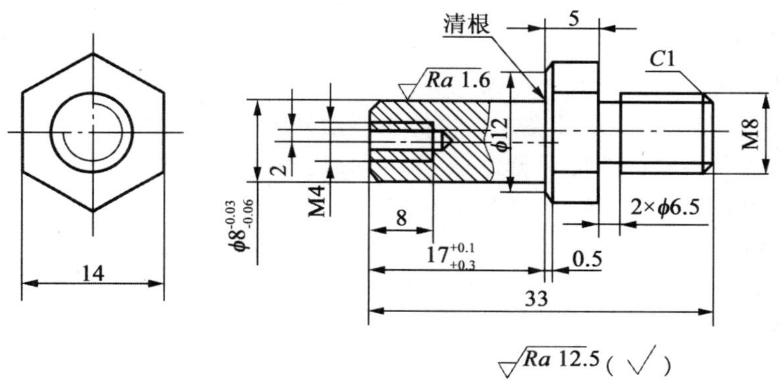

技术要求：

1. 调质 28～32HRC；
2. 锐边倒钝；
3. 材料：45 钢。

图 13-8　偏心销轴

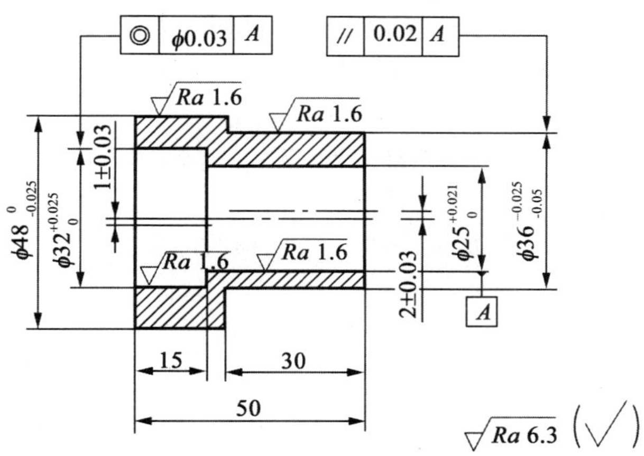

图 13-9　偏心套

1. 偏心零件的装夹方法

选择合适的装夹方法是偏心零件加工的关键。车偏心工件主要是在装夹方面采取措施，把需要加工偏心部分的轴线找正到与车床主轴轴线相重合。加工数量较少，工件长度较短，不便于在两顶尖上装夹时，可用四爪单动卡盘装夹车偏心。长度较短或数量较多的偏心工件，可在三爪自定心卡盘的一个卡爪上垫上垫片，使工件产生偏心来车削。较长的偏心工件，两端面能够钻偏心中心孔，可安装在两顶尖间车削。成批加工且偏心距不大、长度较短的偏心工件，可将三爪自定心卡盘夹在四爪单动卡盘上，并移动一个偏心距车偏心。经常加工不同偏心距的工件可用偏心卡盘车偏心，偏心卡盘调整方便，通用性强，精度较高、是一种较理想的车偏心工具。偏心精度要求较高、批量较大的偏心工件，可在专用夹具上车削。

2.偏心轮工艺方案设计

编制图 13-10 所示偏心轮的机械加工工艺。

(1)零件分析

该零件是滑阀式真空泵的一个关键零件，加工要求较高，零件结构看似简单，但要保证加工要求，工艺上也有一定难度。该零件主要由外圆柱面和偏心轴孔组成，零件的主要要求是偏心轴孔和外圆柱的尺寸精度(IT7)和形状精度，偏心轴孔与外圆柱面的偏心距为 $60_{-0.04}^{\ 0}$mm，外圆柱面对偏心轴孔的平行度要求为 0.05mm。

(2)工艺分析

该零件生产批量属于中小批量，但产品是定型产品，所以要考虑适当的工装配置，工序分散程度适中。

①铸件采用金属模型，型砂采用树脂砂，保证铸件外形尺寸和表面质量。考虑到零件的重要性，铸件采用粗加工后一次人工时效处理，以消除铸造和粗加工的内应力。

②该零件以偏心轴孔中心线为设计基准，为了达到与定位基准统一，该零件原先采取先在车床上加工偏心轴孔，再以偏心轴孔为基准磨外圆的工艺方案，但该工艺方案的工装设计制作难度大，定位可靠性、稳定性差，加工质量难以保证，最终企业采用先加工外圆，再以外圆定位，在组合机床和专用镗模上镗、铰偏心轴孔，稳定地保证了加工要求。

③偏心轴孔粗加工、闷堵孔加工，采用以外圆柱面为基准，在车床上配置角铁式车床夹具，车削达到要求。偏心轴孔的精加工采用外圆定位，镗模两端支承，分镗、铰二次加工完成。

④外圆柱面采用中心孔定位，工艺路线为：粗车—半精车—粗磨、精磨。

⑤由于工件较长，键槽采用拉削工艺实现。

⑥外圆油槽可以考虑刨或铣加工，为保证外圆槽的位置正确性，需要在定位方式和工装结构上想办法。

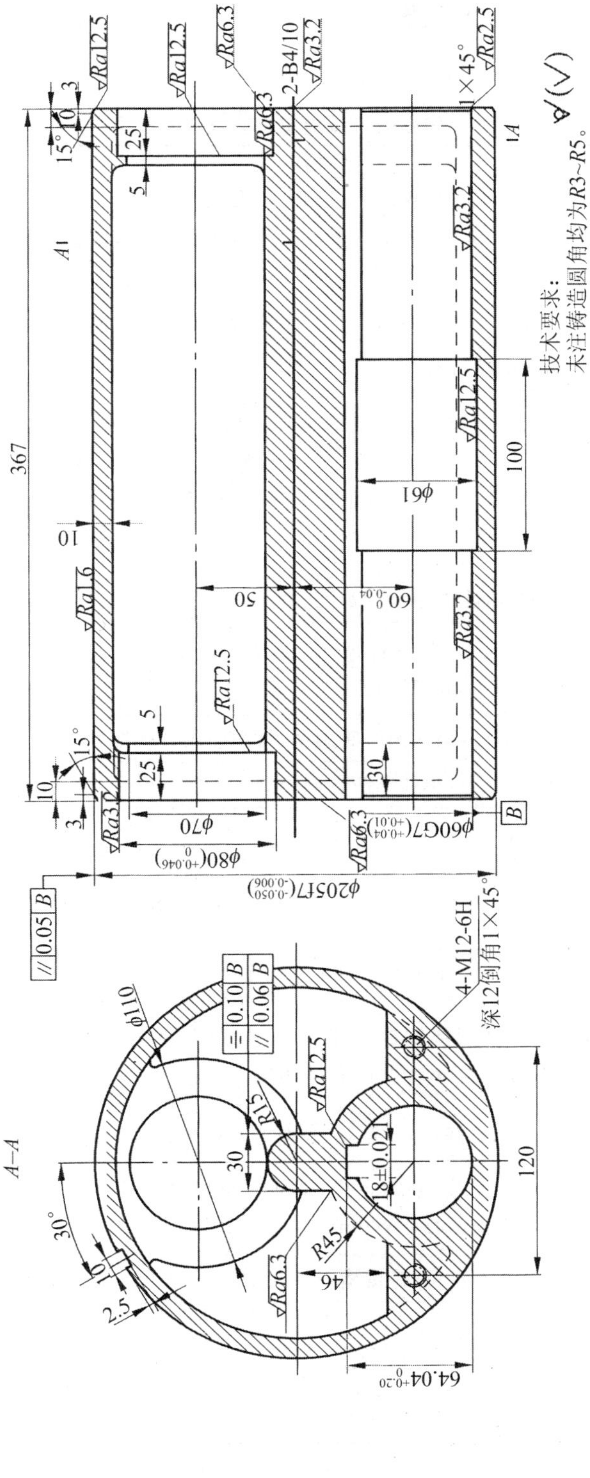

图13-10　偏心轮零件图

二、偏心轮机械工艺设计实例

偏心轮机械加工工艺过程见表 13-5。

表 13-5 偏心轮机械加工工艺过程

工序号	工序名称	工序内容	工艺装备
1	铸造	毛坯铸造,金属模,树脂砂,清砂、去毛	金属模 M-04
2	铣两端面	外圆 V 形铁定位,校正,外圆压紧,同时铣两端面,总长至 373mm	X2540,JX-03
3	划线	样板以偏心孔作基准,兼顾外圆,划中心孔线,打样冲眼	JY-01
4	钻中心孔	按线钻两端中心孔	Z525,中心钻
5	粗车外圆	两端中心孔定位,顶牢,粗车外圆至 $\phi207_{-0.2}^{-0.1}$mm	C630
6	粗车偏心孔	外圆定位,压紧,粗车偏心孔 $\phi60$mm 至 $\phi57$mm,内部 $\phi61$mm 槽至尺寸	C630,JC-02
7	时效	人工时效,清除内腔型砂及泥心骨	
8	车闷堵孔	外圆定位,压紧,车一端 $\phi80$mm 闷堵孔至尺寸;调头,车另一端 $\phi80$mm 闷堵孔尺寸	C630,JC-03
9	钳	清除内腔切屑,敲入偏心轮闷堵,将两端出砂孔堵死	
10	半精车端面	外圆定位,压紧,半精车两端面,总长至 371mm	C630,JC-03
11	修中心孔	修两中心孔	Z3050,中心钻
12	半精车外圆	中心孔定位,半精车外圆至 $\phi205.3$h10,外圆倒角	C630
13	磨外圆	中心孔定位,磨外圆 $\phi205$mm 至尺寸	M131W
14	精车端面	外圆定位,外圆垫铜皮压紧精车端面,孔口倒角;调头,精车另一端面至尺寸,孔口倒角	C630
15	钻	偏心孔定位,外圆对正,钻、锪、攻两端 4-M12mm 螺纹孔	Z3050,JZ-04
16	镗孔	工件镗模内安装,外圆定位,端面靠牢,压紧,镗杆两端支承,镗、铰偏心孔 $\phi60$mm 至尺寸	专机,JT-01
17	拉键槽	偏心孔及端面定位,拉键槽 18js9 至尺寸	立式拉床,拉刀
18	铣	铣外圆油槽	X53K
19	检验	完工检验	—
20	入库	办理入库,加工面涂防锈油保护	—

第五节　叉架类零件的加工工艺设计

一、概述

1. 叉架类零件的功用和结构特点

叉架类零件在机械机构中大量存在，如连杆、拨叉、铰链杆、连接杆等，如图 13-11 所示。

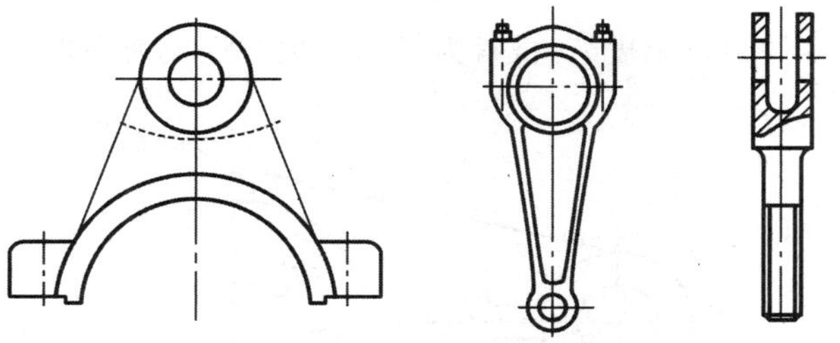

(a) 拨叉　(b) 连杆　(c) 叉杆

图 13-11　叉架类零件

叉架类零件在各类机器中一般都作为传力构件，工作中大多承受较大的冲击载荷，受力情况比较复杂。由于这些零件在机器中的作用不同，其结构和形状有较大的差异，但其共同特点是：外形复杂，不易定位；大小头是由细长的杆身连接的，弯曲刚性差，易变形；尺寸精度、形状精度和位置精度及表面粗糙度要求很高。上述工艺特点决定了叉架类零件在机械加工时存在一定的困难，因此在确定叉架类零件的工艺过程中应注意定位基准的选择，以减小定位误差。夹紧力方向和夹紧点的选择要尽量减小夹紧变形。对于主要表面应粗精加工分阶段进行，以减小变形对加工精度的影响。为了方便加工，某些叉架类零件在结构设计或编制工艺规程时规定有工艺凸台、中心孔等作为装夹的辅助基准。叉架类零件一般都有 1～2 个主要孔，工作时与销轴相配合，精度要求比较高；同时，这些孔与其他表面之间也有较高的相互位置精度要求，增加了叉架类零件加工的难度。

2. 叉架类零件的主要技术要求

叉架类零件的技术要求按其功用和结构的不同有较大的差异。一般叉架类零件的主要孔的加工精度要求都较高，孔与孔、孔与其他表面之间的相互位置精度也有较高的要求，工作表面的粗糙度 Ra 值一般都小于 1.6μm。

3. 叉架类零件的材料、毛坯及热处理

为保证叉架类零件正常工作，选用的材料必须具有足够的抗疲劳强度，设计的结构刚度要好。叉架类零件的材料一般采用 45 钢并经调质处理，以提高其强度及抗冲击能力，少数受力不大的叉架类零件也可采用球墨铸铁铸造。

钢制叉架类零件一般采用锻造毛坯，要求金属纤维沿杆身方向分布，并与外形轮廓相适应，不得有咬边、裂纹等缺陷。单件小批量生产时，常用自由锻或简单的锤上模锻制造毛坯；大批量生产时，则常用模锻制造毛坯。有的叉架类零件的毛坯要求经过喷丸强化处理，重要叉架类零件还需要进行硬度和磁力探伤或超声波探伤检查。

4. 叉架类零件的加工工艺设计

叉架类零件上一般加工的表面并不是很多，但由于其结构和形状比较复杂，各表面间有一定的位置精度要求，所以在加工过程中要注意定位基准的选择，尽量做到基准统一，以减小定位误差对加工精度的影响，因此叉架类零件较多地选择孔及其端面作为定位基准。

二、叉架零件工艺设计实例

图 13-12 所示零件为车床拨叉，材料为 ZG45，生产性质为中批量。

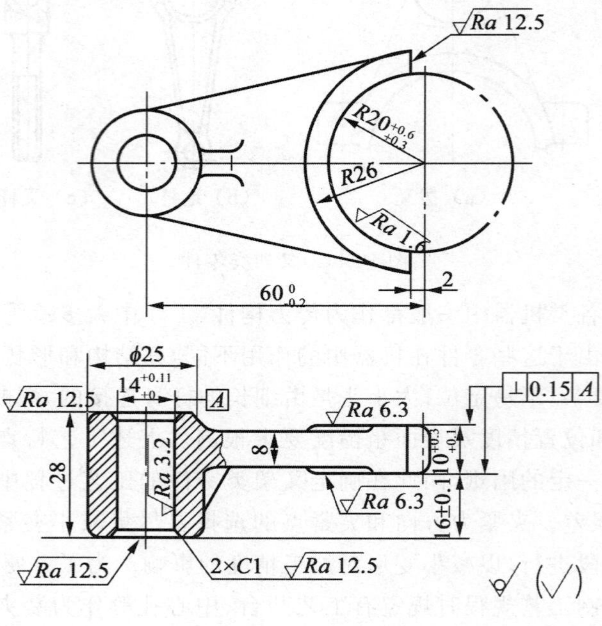

图 13-12　车床拨叉

(1)零件图样分析

拨叉右端两侧面对基准孔轴线 A 的垂直度公差为 0.15mm。

(2)车床拨叉机械加工工艺过程见表 13-6。

表 13-6　车床拨叉机械加工工艺

工序号	工序名称	工序内容	工艺装备
1	铸造	精密铸造，两件合铸，清砂，滚抛去毛	—
2	热处理	退火处理	—
3	划线	划各端面线及三个孔的线	—

续表

4	车	以外形及下端面定位，按线找正，四爪单动卡盘装夹（或专用工装）工件。车 R20mm（ϕ40mm）孔至图样尺寸，并车孔的两侧面，保证尺寸 $\phi 10^{+0.3}_{+0.1}$mm	CA6140
5	铣	以 R20mm 内孔及上端面定位，装夹工件，铣 ϕ25mm 下端面，保证尺寸 16±0.1mm	X52K 铣夹具 1
6	铣	以 R20mm 内孔及下端面定位，装夹工件。铣 ϕ25mm 另一端端面，保证尺寸 28mm	X52K 铣夹具 2
7	钻	以 R20mm 内孔及上端面定位，装夹工件，钻、扩、铰 ϕ14mm 孔，孔口倒角 1×45°	Z5132A 钻夹具
8	划线	划 R20mm 孔中心线和切开加工位置线	—
9	铣	以 R20mm 内孔及上端面定位，装夹工件，切开工件，一分为二，切口为 2mm	X62W 铣夹具 3
10	铣	以 R20mm 内孔及上端面定位，ϕ14mm 孔定向，装夹工件，精铣 R20mm 端面，偏移中心 2mm	X62W 铣夹具 3
11	钻	以 ϕ14mm 孔及下端面定位，倒另一端孔口 1×45°	Z5132A
12	入库	检验入库	—

(3)工艺分析

①为了改善拨叉的加工工艺，在铸造时工艺安排两件合铸一起，使工件叉处形成一个整圆，并以此孔为基准加工零件其余尺寸，这样既保证了零件的加工精度，又提高了生产效率。

②ϕ14mm 孔也可用车削方法、端铣方法加工。

③拨叉右端两侧面，对基准孔轴线 A 的垂直度检查：可将工件用 ϕ14mm 心轴安装在偏摆仪上，再用百分表测工件两侧面，这时转动心轴，百分表最大值与最小值的差即为垂直度偏差值。

第六节　箱体类零件的加工工艺设计

一、概述

1. 箱体类零件的功用和结构特点

箱体类零件是机器或箱体部件的基础件。它将机器或箱体部件中的轴、轴承、套和齿轮等零件按一定的相互位置关系装连在一起，使它们按一定的传动关系协调地运动。因此，箱体类零件的加工质量不但直接影响箱体的装配精度和运动精度，而且还会影响机器的工作精度、使用性能和寿命。

图 13-13 所示是几种常见箱体类零件的简图。

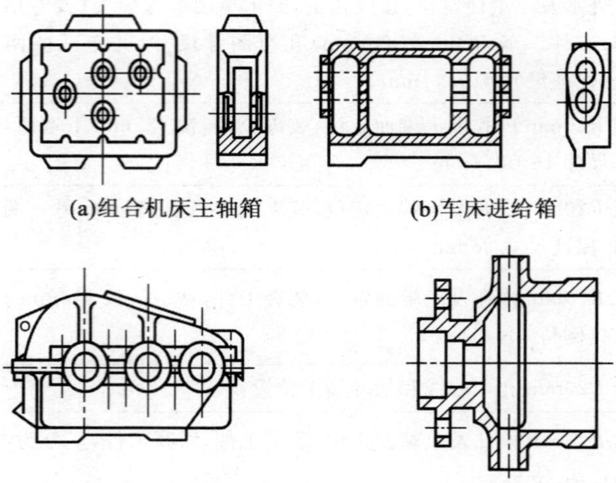

(a)组合机床主轴箱　(b)车床进给箱

(c)分离式减速器　(d)泵壳

图 13-13　几种常见的箱体类零件简图

(1)形状复杂

箱体通常作为装配的基础件，在它上面安装的零件或部件越多，其形状就越复杂。由于安装时要有定位面、定位孔，还要有固定用的螺钉孔等，因此，为了支承零部件，箱件需要有足够的刚度，可采用较复杂的截面形状和加强筋等；为了储存润滑油，箱体需要具有一定形状的空腔，还要有观察孔、放油孔等；考虑到吊装搬运，箱件还必须有吊钩、凸耳等。

(2)体积较大

由于箱体内要安装和容纳有关的零部件，因此，必然要求其具有足够大的体积。例如，大型减速器箱体长达 4～6m、宽为 3～4m。

(3)壁薄容易变形

箱体由于体积大，形状复杂，又要求减少质量，因此，一般将其设计成腔形薄壁结构。但是，在铸造、焊接和切削加工过程中往往会产生较大内应力，引起箱体变形。在搬运过程中，由于方法不当也容易引起箱体变形。

(4)有精度要求较高的孔和平面

这些孔大都是轴承的支承孔，平面大都是装配的基准面，它们在尺寸精度、表面粗糙度、形状和位置精度等方面都有较高要求，其加工精度将直接影响箱体的装配精度及使用性能。

因此，一般箱体类零件不仅需要加工的部位较多，而且加工难度较大。据统计资料表明，中型床厂用于箱体类零件的机械加工工时占整个产品的 15％～20％。

2.箱体类零件的技术要求

对于箱体类零件的精度要求，一般可归纳为以下五项：

(1)孔径精度

孔径的尺寸误差和几何形状误差会造成轴承与孔的配合不良。孔径过大，会使配合过松，使主轴回转轴线不稳定，降低支承刚度，且易产生振动和噪声；孔径过小，会使配合过紧，轴承将因外圈变形而不能正常运转，缩短寿命。装轴承的孔不圆，也将使轴承外圈变形而引起主轴径向跳动。因此，对孔的精度要求是很高的。主轴孔的尺寸公差等级为IT6，其余孔为IT6～IT7。孔的几何形状精度未作规定，一般控制在尺寸公差范围内。

(2)孔与孔的位置精度

同一轴线上各孔的同轴度误差和孔端面对轴线的垂直度误差，会使轴和轴承装配到箱体内出现歪斜，从而造成主轴径向跳动和轴向窜动，从而加剧轴承磨损。孔系之间的平行度误差会影响齿轮的啮合质量。一般同轴上各孔的同轴度约为最小孔尺寸公差的1/2。

(3)孔和平面的位置精度

主要孔和主轴箱安装基面的平行度要求，决定了主轴和床身导轨的相互位置关系。这项精度是在总装时通过刮研来达到的。为了减少刮研工作量，一般要规定主轴轴线对安装基面的平行度公差。在垂直和水平两个方向上，只允许主轴前端向上和向前偏。

(4)主要平面的精度

装配基面的平面度将影响主轴箱与床身连接时的接触刚度，加工过程中作为定位基面时还会影响主要孔的加工精度。因此，规定底面和导向面必须平直，可用涂色法检查接触面积或单位面积上的接触点数来衡量平面度的大小。顶面的平面度要求是为了保证箱盖的密封性，防止工作时润滑油泄出。当大批量生产将顶面用作定位基面加工孔时，对它的平面度的要求还要提高。

(5)表面粗糙度

重要孔和主要平面的粗糙度会影响连接面的配合性质或接触刚度，其具体要求一般用 Ra 来评价。一般主轴孔 Ra 为 0.4μm，其他各纵向孔 Ra 为 1.6μm，孔的内端面 Ra 为 3.2μm，装配基准面和定位基准面 Ra 为 2.5～0.63μm，其他平面的 Ra 为 10～2.5μm。

3. 箱体类零件的材料、毛坯及热处理

箱体类零件有复杂的内腔，因此应选用易于成型的材料和制造方法。由于铸铁容易成型、切削性能好、价格低廉，并且具有良好的耐磨性和减振性。因此，箱体类零件的材料大都选用 HT200～HT400 的各种牌号的灰铸铁。最常用的材料是 HT200，而对于较精密的箱体类零件（如坐标镗床主轴箱）则选用耐磨铸铁。

某些简易机床的箱体类零件或小批量、单件生产的箱体类零件，为了缩短毛坯制造周期和降低成本，可采用钢板焊接结构。某些大负荷的箱体类零件有时也根据设计需要，采用铸钢件毛坯。在特定条件下，为了减轻质量，可采用铝镁合金或其他铝合金制作箱体毛坯，如航空发动机箱体等。

铸件毛坯的精度和加工余量是根据生产批量而定的。对于单件小批量生产的情况，一般采用木模手工造型。这种毛坯的精度低，加工余量大，其平面余量一般为 7～12mm，孔在半径上的余量为 8～14mm。在大批量生产时，通常采用金属模机器造型。此时毛坯的精度较高，加工余量可适当减低，平面余量为 5～10mm，孔（半径上）的余量为 7～12mm。

为了减少加工余量，对于单件小批量生产的直径大于 50mm 的孔和成批生产的直径大于 30mm 的孔，一般都要在毛坯上铸出预制孔。另外，在毛坯铸造时，应防止砂眼和气孔的产生；应使箱体类零件的壁厚尽量均匀，以减少毛坯制造时产生的残余应力。

热处理是箱体类零件加工过程中的一个十分重要的工序，需要合理安排。由于箱体零件的结构复杂，壁厚也不均匀，因此，在铸造时会产生较大的残余应力。为了消除残余应力，减少加工后的变形和保证精度的稳定，在铸造之后必须安排人工时效处理。人工时效的工艺规范为：加热到 500℃～550℃，保温 4～6h，冷却速度不大于 30℃/h，出炉温度不大于 200℃。

普通精度的箱体类零件，一般在铸造之后安排一次人工时效处理。对一些高精度或形状特别复杂的箱体类零件，在粗加工之后还要安排一次人工时效处理，以消除粗加工所造成的残余应力。有些精度要求不高的箱体类零件毛坯，有时不安排时效处理，而是利用粗精加工工序间的停放和运输时间，使之得到自然时效。

箱体类零件人工时效的方法，除了加热保温法外，也可采用振动时效来达到消除残余应力的目的。

二、箱体类零件加工工艺实例

编制图 13-14 所示钻床变速箱的机械加工工艺。

1. 要求

如图 13-14 所示零件为 Z25 钻床的变速齿轮箱组件，由箱体和箱盖组成，是典型的箱体类零件。该零件已属定型零件，生产基本稳定，采取分批投产的生产方式，批量为 50 件，一般为每月一批。工厂现有加工设备包括卧式车床（C6140、C650）、立式车床、卧式镗床 T68、立式钻床、立式铣床、摇臂钻床 Z35、平面磨床等。要求编制零件机械加工工艺过程卡片和工序卡片。

2. 工艺分析

(1)零件的分析

该箱体零件的外形尺寸为 304mm×128mm×176mm，由箱体和箱盖组成，呈中空腔形结构。变速箱体底面为设计基准，也是在钻床上与其他零件连接的结合面。变速箱壳体的材料为 HT200，经铸造而成。变速箱体的技术要求较高，主要加工表面是三组平行孔系及上下箱体平面，其中三组平行孔系（Ⅰ、Ⅱ、Ⅲ）各孔的尺寸精度为 7 级、表面粗糙度 Ra 为 1.6μm，三组孔系轴线的平行度公差要求为 0.03mm，孔轴线对底面 A 的垂直度公差为 0.05mm。另外，三组孔系的中心距要求为(76±0.06)mm，同一轴线上的孔有同轴度要求，公差要求为 0.02mm，如Ⅰ轴 ϕ65H7 与 ϕ40J7，Ⅱ轴 ϕ52H7 与 ϕ50H7，Ⅲ轴 ϕ60H7 与 ϕ45H7。

(2)工艺分析

①技术精度要求

a. 变速箱体在结构上壁薄而多孔，整个容腔被三组平行孔系所占据。

b. 为提高传动精度，应保证装在三组平行孔系中的轴承获得良好的配合精度，故三组孔均有较高的尺寸精度要求；除此之外，为保证传动平稳和减少噪声，三组平行孔系之间还要有较高的孔距公差。

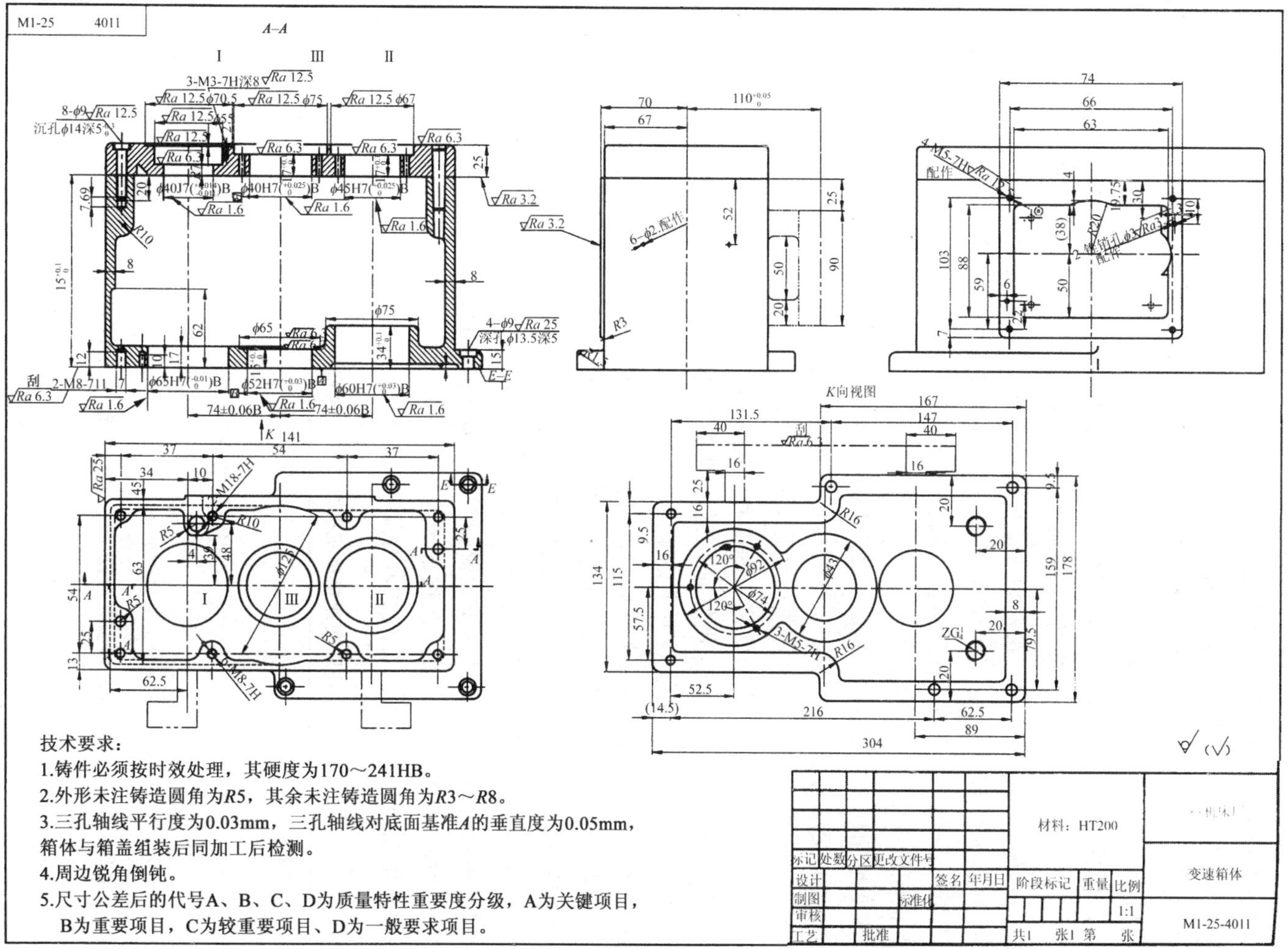

图13-14　钻床变速箱的机械加工工艺

c. 因变速箱体和箱盖上的同轴孔组成三组平行孔系，为保证同轴孔的同轴度，要求箱体和箱盖装配后要一起加工三组平行孔系。

②材料特性、加工方案及工艺措施

a. 变速箱壳体的材料 HT200 为灰铸铁，其切削加工性能较好，根据其批量生产的性质，采用树脂砂造型比较合适。

b. 按材料特性，选择钨钴类 YG6 镗刀作为粗镗刀具，选 YG3 作为精镗刀具。

c. 加工时应遵循基准（面）先行、先粗后精的原则，粗精工序分开。首先对平面和孔进行粗加工，再精加工基准面、孔，消除粗加工时所产生的变形，以确保箱体的高精度要求。

d. 按照箱体、箱盖组合加工的要求，应先加工箱体和箱盖的结合面和箱体基准面，组装后配作定位圆锥销之后采用镗模进行镗孔，保证三组平行孔系孔距获得较高的尺寸精度，并保证同轴孔的同轴度要求。

e. 该变速箱体的安装基面 A 面是设计基准面，由于从镗孔时装夹的方便性和防止工件在压紧时的变形考虑，在镗削加工过程中不宜选择其作为主要定位基准。为此，在选择箱体的侧面设置工艺底脚（毛坯铸造时铸出，加工完成后去掉），作为镗削的主要定位基准和夹紧力作用点，A 面则作为次要定位基准和辅助夹紧点。由于 A 面与三组平行孔系有 0.05mm 的垂直度要求，因此，要保证工艺底脚定位面与 A 面的垂直度要求不超过 0.02mm，所以从粗加工开始就必须注意保证该零件孔与面及面与面的垂直度要求。

f. 在进入精加工时，应充分考虑以侧面工艺底脚面和 A 面作为精基准来精镗三组平行孔系，为保证侧面工艺底脚面和 A 面的垂直度要求，可采用铲刮的方式。

g. 由于箱盖上的台阶孔不方便直接采用镗模同轴承安装孔一起同时加工，加上这些台阶孔的尺寸精度及与轴承孔的同轴度没有严格的要求，故在三组孔精镗后，拆下箱盖，采用一面两销定位方式，即以已加工孔及箱盖结合面定位，在车床上分三次安装车出。

(3) 钻床变速箱体机械加工工艺过程卡片

编制钻床变速箱体加工工艺过程卡片见表 13-7。

表 13-7　钻床变速箱体机械加工工艺过程卡片

工序号	工序名称	工序内容	工艺装备
1	铸造	箱体、箱盖毛坯分别铸造，箱体侧面加工艺底脚	—
2	时效	箱体、箱盖毛坯人工时效处理	—
3	清砂	箱体、箱盖毛坯去除边锋、毛刺、浇口、冒口及型砂等	—
4	钳工	箱体按图画出各面及轮廓线，并注意找正三组平行孔系与工艺底脚底面、上下两安装面的轮廓的位置	—

续表

5	粗铣	箱体： ①先以 *A* 面定位，按线校正，压牢。粗铣与三孔垂直的上平面，留余量 2～2.5mm；再以上平面定位粗铣下方 *A* 基准安装平面 ②利用角铁，以 *A* 面作主要基准，以工艺底脚对面侧窗口凸台作辅助基准并搭压，按划线找正。粗铣工艺底脚安装面并留余量 2～4mm；再以底脚面定位，粗铣侧窗口凸台面 箱盖：粗铣两平面，留余量 2～4mm	X52 立铣盘铣刀
6	半精铣	箱体： ①先以 *A* 面定位，压牢。半精铣与三孔垂直的上平面，留磨余量 0.2～0.3mm；再以上平面定位精铣 *A* 基准安装平面，留刮研余量 0.20mm ②利用角铁，以 *A* 面作主要基准，以工艺底脚对面侧窗口凸台作辅助基准并搭压，精铣工艺底脚安装面至图纸尺寸；再以底脚面定位，精铣侧窗口凸台面至图纸尺寸 箱盖：精铣两平面，与箱体安装平面留磨余量 0.2～0.3mm	X52 立铣盘铣刀
7	平磨	①箱体：以 *A* 基准面定位，吸牢，磨上平面至图纸尺寸 ②箱盖：以上平面为基准，吸牢，磨与箱体安装的平面至图纸尺寸	M7130
8	钻	箱盖：钻模四周对正，钻箱盖上安装面 8-ϕ9mm 安装孔，锪沉孔，钻 2-ϕ8mm 锥销孔至 2-ϕ7mm 箱体：钻模四周对正，钻攻各安装孔、螺钉孔	钻模，Z525 立钻
9	钳	①箱体、箱盖安装，配作 2-ϕ8mm 锥销孔，并配 2-ϕ8mm 锥销 ②划三组平行孔系加工位置线	—
10	镗削	工艺底脚面主定位，*A* 基准角铁上辅助定位，找正，粗镗三平行孔Ⅰ轴 ϕ65H7 与 ϕ40J7，Ⅱ轴 ϕ52H7 与 ϕ50H7，Ⅲ轴 ϕ60H7 与 ϕ45H7，留余量 1～1.5mm，Ⅱ轴 ϕ65 至图纸尺寸	T68 镗床镗刀，通用角铁
11	刮削	刮变速箱安装面 *A* 面，要求安装面 *A* 与侧面底脚的垂直度公差为 0.02mm	铲刮刀检具
12	精镗削	侧面底脚面为主定位基准，以 *A* 面作辅助基准，镗模安装，找正，单刀半精镗、双刃浮动铰镗三孔Ⅰ轴 ϕ65H7 与 ϕ40J7，Ⅱ轴 ϕ52H7 与 ϕ50H7，Ⅲ轴 ϕ60H7 与 ϕ45H7 至图纸尺寸	T68 镗床或专机，专用镗模
13	检验	按图样要求检验	—
14	钳	拆开	—
15	铣	敲掉工艺底脚，铣平	X52
16	表面处理	箱体内腔涂黄色漆	—
17	车	已加工孔及安装平面定位，分三次安装，车各处台阶孔Ⅰ轴 ϕ70.5mm 与 ϕ55mm，Ⅱ轴 ϕ75mm，Ⅲ轴 ϕ67mm 至图纸尺寸	C630，平盘式车床夹具
18	钻	钻攻箱盖上其余螺孔	钻模，Z525 立钻
19	检验	按图样要求检验	—

参考文献

[1]赵志修主编.机械制造工艺学.北京:机械工业出版社,1985

[2]陆剑中,孙家宁主编.金属切削原理与刀具.北京:机械工业出版社,2001

[3]郑修本主编.机构制造工艺学.北京:机械工业出版社,1995

[4]宋昭祥主编.机械制造基础.北京:机械工业出版社,1998

[5]王先逵主编.机械制造工艺学.北京:清华大学出版社,1989

[6]姚智慧等主编.机械制造技术.哈尔滨:哈尔滨工业大学出版社,2002

[7]肖继德,陈宁平主编.机床夹具设计.第二版.北京:机械工业出版社,2000

[8]徐圣群主编.简明机械加工工艺手册.上海:上海科学技术出版社,1989

[9]张德泉主编.机械制造装备及其设计.天津:天津大学出版社,2003

[10]王建峰主编.机械制造技术.北京:电子工业出版社,2002

[11]张俊生主编.金属切削机床与数控机床.北京:机械工业出版社,2002

[12]苏建修主编.机械制造基础.北京:机械工业出版社,2001

[13]王凡主编.实用机械制造工艺设计手册.北京:机械工业出版社,2011